Diätetik innerer Erkrankungen.

Diätetik innerer Erkrankungen

zum praktischen Gebrauche für
Ärzte und Studierende

von

Professor Dr. **Theodor Brugsch.**

Berlin.
Verlag von Julius Springer.
1911.

ISBN-13:978-3-642-89580-7 e-ISBN-13:978-3-642-91436-2
DOI: 10.1007/978-3-642-91436-2

Softcover reprint of the hardcover 1st edition 1911

Inhaltsverzeichnis.

Vorwort.

Das kleine Buch, das hier dem Leser übergeben ist, hegt bescheidene Wünsche. Aus der Praxis des Krankenhauses heraus geboren, will es nur der Praxis dienen und stellt sich als höchstes Ziel, den Arzt praktisch in die Ziele und Aufgaben der Diätetik einzuführen. Es bevormundet ihn nicht, es zeigt ihm nur den Weg, den er zu gehen hat: es soll also ein wirklicher Führer sein. Eine Bitte möchte der Verfasser nur noch für sein Buch aussprechen; gewiß wird sich der Leser für diesen oder jenen speziellen Fall in wenigen Minuten Rat holen können, wird auch wohl hier und da ganz willkommen einen diätetischen Speisezettel vorfinden; aber das soll nicht der Hauptzweck dieses Büchleins sein; es ist ja nicht lang, und der Leser hat es bald durchstudiert und damit ohne große Mühen die Prinzipien der Diätetik in sich aufgenommen, die er, wie ungeprägtes Gold, selbst ausmünzen soll; dabei wird der Leser in dieser Diätetik zweierlei vorfinden, was ihn auf den ersten Blick vielleicht erstaunen mag: Eine den einzelnen Kapiteln vorausgehende kurze wissenschaftliche Erörterung über den physiologischen und pathologischen Stoffwechsel- oder Verdauungsmechanismus und dann einen Anhang über die diätetische Küche. Was das Erstere anlangt, so ist gewiß nicht eine praktische Diätetik der Ort für den Autor, um sich mit eigenen und fremden wissenschaftlichen Anschauungen auseinanderzusetzen, trotzdem muß aber der Leser über den Standpunkt des Verfassers orientiert sein und muß ihn — wenn auch nur vorübergehend während des Studiums dieser Schrift — sich zu eigen machen, erst dann kann er die diätetischen Prinzipien verstehen und sich selbst diätetische Anschauungen erwerben. Wie alles in der inneren Medizin, so steht ja heute auch die Diätetik nicht mehr allein auf einem empirischen

Bein; das andere Bein ist die wissenschaftliche Erkenntnis. — Was nun die diätetische Küche anbelangt, so muß sich der Arzt, will er nicht bei diätetischen Anordnungen ratlos dem Patienten gegenüber stehen, gewisse Kenntnisse der Küchentechnik erwerben; deshalb sei dem Leser auch das Studium dieses Kapitels empfohlen, das an sich ja nicht ein diätetisches Kochbuch ersetzen will, sondern dem Arzt für alle Fälle einen gewissen praktisch-diätetischen Berater für die Küche abgeben soll. Wer in Sanatorien, größeren klinischen Anstalten etc. für den Betrieb einer diätetischen Küche zu sorgen hat, dem sei das im gleichen Verlage von Jürgensen herausgegebene Kochbuch empfohlen, das auch den weitgehendsten Ansprüchen an die normale und diätetische Küche genügt. Und schließlich noch Eines. Heute hat jeder Autor sein Buch vor der Leserwelt gewissermaßen zu rechtfertigen, ja ich möchte fast sagen, zu entschuldigen. Auf diesem Standpunkte steht allerdings der Verfasser nicht, denn nicht das Bedürfnis schafft ein gutes Buch, sondern ein gutes Buch schafft sich das Bedürfnis nach ihm. In letzter Linie entscheidet also auch für die Existenzberechtigung dieses Buches die Bedürfnisfrage; in dieser Beziehung wagt der Autor für das Buch zu hoffen.

Berlin, im November 1910.

Theodor Brugsch.

I. Die physiologischen Grundlagen der Ernährungslehre.

Die Diätetik ist die Lehre der Ernährung, d. h. der zweckgemäßen Ernährung. Der Gesunde pflegt sich nicht nach wissenschaftlichen Prinzipien zu ernähren: er befriedigt seinen Appetit, seinen Durst nach den Gewohnheiten seines Landes, seiner Familie, seiner Individualität. Jene gewissermaßen instinktive Befriedigung seines Nahrungsbedürfnisses, dessen Regulatoren Hunger, Durst, Appetit und Sättigungsgefühl sind, ist die beste Gewähr für eine gedeihliche Ernährung, und in der Tat beobachtet man ja bei ausgewachsenen Menschen in gesunden Lebenszeiten eine außerordentliche Gleichmäßigkeit des Körpergewichtes. Hierin liegt ein Maßstab für eine richtige Ernährung. Ein anderer, allerdings weit weniger im allgemeinen gewürdigter Maßstab, sollte die Frage der Leistungsfähigkeit eines Menschen bei einer bestimmten Kost sein. Diese Frage hat vom medizinischen Standpunkte aus für das tägliche Leben scheinbar weniger Bedeutung als für die Frage der Massenernährung bestimmter sozialer Volksschichten z. B. der Arbeiter, der Soldaten im Frieden und im Felde etc. Hier setzen Schwierigkeiten der Beurteilung ein, die sich zum Teil nur empirisch, zum anderen Teil nur wissenschaftlich lösen lassen, vor allem darum, weil ökonomische Gesichtspunkte, die ja bei Massenernährung von großer Tragweite sind, mitspielen. Hier beginnen schon die Aufgaben des Arztes: die Beurteilung der Zweckmäßigkeit einer Kost von allgemeineren Prinzipien, die Aufstellung von Kostsätzen z. B. für Strafanstalten, Krankenhäuser, Waisenhäuser etc. Im allgemeinen wird allerdings die Aufgabe des Arztes, z. B. des Hausarztes, meist eine mehr persönliche sein: die Überwachung der Ernährung eines Kranken; hängt doch das Schicksal des Kranken, seine Widerstandsfähigkeit zum allergrößten Teil überhaupt von der Ernährung in gesunden und kranken Tagen ab. Morbidität und Mortalität in unterernährten Volkskreisen pflegen größer zu sein, als in gutsituierten Gesellschaftsklassen. Der Gesunde pflegt zwar ohne weiteres sich der Kontrolle des Arztes über die Ernährung zu entziehen. Anders in kranken Tagen! Da wird es zur Pflicht des Arztes, daß er sich um die Ernährung kümmert. Dabei geht es aber nicht an, daß sich der Arzt bei der Behandlung eines Kranken mit der Bemerkung begnügt: der Kranke soll diät leben, jenes beliebte Schlagwort, unter dem alles und nichts zu verstehen ist. Der Arzt muß auf das Genaueste ein diätetisches Regime vorschreiben. Sodann gibt es eine Reihe von Krankheiten, Krankheiten des Stoffwechsels, der Verdauungsorgane, der Nieren, ja selbst des Gefäßsystems, deren Behandlung lediglich die diätetische ist, d. h. deren erfolgreiche Behandlung von der rationellen Nahrungseinstellung abhängig ist. Darum ist der moderne Arzt heute nicht mehr denkbar ohne eine souveräne Beherrschung der Diätetik und der Erfolg, der manchem Spezialisten blüht, fällt auch dem praktischen Arzte wieder zu, wenn er sich der Mühe unterzieht, die Lehre der Diätetik sich gründlich zu eigen zu machen. Nur eines darf nicht dabei geschehen; es soll und darf kein oberflächlicher Schematismus getrieben werden, wenn gleich man ohne Schematismus, d. h. ohne Beispiele auch nicht auskommt. Die physiologischen Grundlagen der Ernährungslehre muß der Arzt wenigstens überblicken können, und das läßt sich ja mit geringen Mühen durchführen. Darum seien auch hier ganz kurz, soweit es zum Verständnisse diätetischer Maximen notwendig ist, diese Grundlagen angeführt.

Das Leben.

Leben heißt Verbrennungsprozeß. Diese fundamentale Erkenntnis verdanken wir Lavoisier und die Entdeckung Lavoisiers, daß bei diesem Verbrennungsprozeß Sauerstoff verbraucht und Kohlensäure gebildet wird, und daß Sauerstoffverbrauch und Kohlensäurebildung von der Ernährung, von der Arbeit und von der Temperatur abhängig sind, bleiben für immerdar Fundamentalsätze der Stoffwechsellehre. Liebig zeigte dann weiter, daß nicht etwa Kohlenstoff und Wasserstoff im Körper verbrennen, sondern Eiweiß, Fett und Kohlehydrate. Wenn allerdings Liebig meinte, daß Fett und Kohlehydrate durch den Sauerstoff verbrennen, Eiweiß durch die Muskulatur abgebaut würde, so irrte er. Zeigte doch Voit, daß der Eiweißumsatz, als dessen Maß durch die Untersuchungen von Bidder und Schmidt die Stickstoffausscheidung des Harns angesehen werden konnte, nicht durch die Muskeltätigkeit gesteigert wird und auch nicht der Menge des zugeführten Sauerstoffs parallel ist. Damit war schon der Grund gelegt zu der Anschauung, daß die Menge des durch die Lungen aufgenommenen Sauerstoffs nicht die Größe und die Art des Stoffwechsels bedingt, eine Ansicht, die sich durch die Untersuchungen Pflügers zu der unsere ganze Stoffwechsellehre fundamental durchziehenden Erkenntnis verdichtet, daß der Stoffwechsel der Gewebe, das zelluläre Sauerstoffbedürfnis den Umfang der Oxydationen bestimmt. Als dann das Gesetz von der Erhaltung der Kraft (R. Mayer und Helmholtz) das naturwissenschaftliche Denken in neue Bahnen lenkte, da zeigte es sich denn, daß auch vor dem Lebensprozeß des Warmblüters und den zwei zutage tretenden Energieformen Wärme und Arbeit, das Gesetz von der Erhaltung der Kraft keinen Halt macht, denn die Wärme, die ein Organismus, also auch der Mensch, entwickelt, entspricht genau der Wärmemenge, die entsteht, wenn die Stoffe organischer Natur, die der Mensch umgesetzt hat, außerhalb seines Organismus verbrannt würden (Rubner). So ergibt sich die Berechtigung einer kalorischen Betrachtungsweise des Stoffwechsels einerseits und die Verpflichtung anderseits, auch die Frage der Ernährung nach kalorischen Gesichtspunkten einzurichten. Zum Ablauf der Lebensfunktionen und zum Ersatz der hierbei verbrauchten Stoffe, die nach außen als Schlacken abgegeben werden, bedürfen wir fortgesetzt neuen Materials, welches dem Organismus als Nahrung zugeführt wird.

Die Nahrung.

Die Nahrung stellt ein Gemenge von Nahrungsmitteln dar, die, je nach dem Stande der Kultur, dem Geschmacke des Menschen durch entsprechende Zubereitung dem Gaumen und Magen annehmbar gemacht sind. Die Nahrungsmittel entstammen fast ausschließlich dem Pflanzen- und Tierreiche und setzen sich wieder aus den Nahrungsstoffen zusammen. Die organischen Nahrungsstoffe sind entweder stickstoffhaltig:

Eiweißstoffe oder eiweißartige Stoffe (Leim usw.). Diese Eiweißstoffe enthalten etwa

C = 50 —55 % der Trockensubstanz
H = 6,8— 7.3 % „ „
N = 15,4—18,3 % „ „
O = 22,8—24,1 % „ „
S = 0,4— 5,0 % „ „

oder die Nahrungsstoffe sind stickstofffrei:

Fette, sie sind Triglyzeride höherer Fettsäuren und zwar der Palmitinsäure, Oleinsäure und Stearinsäure; in der Milch und Butter finden sich auch Triglyzeride niederer Fettsäuren, so das Butyrin, Kapronin, Kaprylin u. a. m. Zu den Fetten im weiteren Sinne gehören auch die sog. Lipoide (Cholestearin, Lezithin, Protargon);

Kohlehydrate (Mono-, Di-, Polysacharide), d. s. Aldehyde bzw. Ketone mehrwertiger Alkohole.

Zu den Nahrungsstoffen lassen sich dann noch einige andere Stoffe, wie sie in pflanzlichen Nahrungsmitteln sich finden, zählen, z. B. Fruchtsäuren, Glyzerin, ferner der Äthylalkohol.

Unter den anorganischen Bestandteilen der Nahrung sind das Wasser, die Salze und der Sauerstoff zu nennen.

Die Verwendung der Nahrungsstoffe im Organismus geschieht nach zwei Richtungen. Die Nahrungsstoffe dienen einmal zur Erhaltung des stofflichen Bestandes der Zellen und zweitens zu Kraftquellen für Arbeitsleistung und Wärmebildung. Aus diesem Grunde muß man zwischen einer stofflichen und einer energetischen Betrachtungsweise der Nahrungsmittel unterscheiden.

Als stickstoffhaltiger Bestandteil bildet das Eiweiß die Grundsubstanz der Zellen, der kleinsten Individuen unseres Organismus. Da es stickstoffhaltig ist, kann Eiweiß nicht aus Fett und Kohlehydrat gebildet werden. (Wohl aber kann z. B. beim Diabetes aus Eiweiß Zucker gebildet werden.) In der Nahrung bildet das Eiweiß sowohl eine Quelle der Kraft, als auch dient es zum Ersatz des stetig sich abnutzenden Körpereiweißes. Es kann also nicht ohne Schaden für den betreffenden Organismus aus der Nahrung fortgelassen werden; hat nämlich die Eiweißverarmung in einem Organismus einen gewissen Grad überschritten, so hört das Leben auf.

Die Fette stellen, dynamisch betrachtet, eine hervorragende Kraftquelle für den Organismus vor; in dieser Beziehung sind sie dem Eiweiß wie den Kohlehydraten überlegen, doch haben sie im Stoffwechsel keine Bedeutung nach der stofflichen Seite hin, insofern sie nicht als Ersatz der zugrunde gegangenen Zellelemente dienen können, vielmehr wird ein Überfluß von Nahrungsfett im Körper stets nur als toter Ballast, als Fettpolster, abgelagert, um zu Zeiten der Not in den Umsatz gezogen zu werden.

Neben diesen Ablagerungen als gewissermaßen toter Nährstoff haben gewisse Fette allerdings eine wichtige stoffliche Rolle in der Struktur der Zellen zu erfüllen, das sind die sog. Lipoide, d. h. die fettähnlichen Substanzen. Das, was wir beispielsweise als fettige Degeneration bezeichnen, ist nur das Freiwerden der Fette aus der Struktur zugrunde gegangenen Protoplasmas. Im Körper kann das Fett aus Kohlehydraten entstehen, ob es aus Eiweiß entstehen kann, ist möglich, aber nicht erwiesen.

Als Quelle der Kraft spielen die Kohlehydrate für den Organismus eine außerordentlich wichtige Rolle und sind in dieser Beziehung dem Eiweiß überlegen. Die Kohlehydrate werden im Organismus, soweit sie nicht zur Verbrennung herangezogen worden sind, als Glykogen, d. i. eine leicht lösliche Stärke, abgelagert, hauptsächlich in Leber und Muskulatur, von wo sie je nach Bedarf wieder in den Umsatz gezogen werden können. Stofflich dienen sie nicht als Ersatz zugrunde gegangener Zellen wie das Eiweiß, doch spielen die Kohlehydrate in mancher Beziehung auch stofflich insofern eine Rolle, als sie Bausteine des Nukleinmoleküls (und zwar als Pentose) sind, ferner an das Eiweiß (Glykoproteid) als Hexose gebunden sein können und sich im Zerebron (als Galaktose) finden.

Daß die Kohlehydrate intermediär aus Eiweiß entstehen können, ist in Stoffwechselversuchen wahrscheinlich gemacht worden. Ob sie aus Fetten entstehen können, ist nur insoweit mit Sicherheit zu beantworten, als das Glyzerin (zu 11 % allerdings nur im Neutralfett enthalten) in Kohlehydrat übergehen kann.

Die bei der **Verbrennung der Nahrungsstoffe** im bzw. außerhalb des Organismus freiwerdende Wärmemenge wird nach Kalorien berechnet. Man versteht unter einer großen Kalorie (abgekürzt Kal.) diejenige Wärmemenge, die nötig ist, um 1 l Wasser von 0^{0} auf $+ 1^{0}$ zu erwärmen, unter einer kleinen Kalorie (abgekürzt kal.) die zur Erwärmung von 1 g Wasser von 0^0 auf $+ 1^0$ notwendige Wärmemenge; daher ist 1 Kal. = 1000 kal.

Um die Verbrennungswärme der Nahrungsstoffe festzustellen, werden diese in entsprechenden Apparaten unter reichlicher Zufuhr von Sauerstoff in CO_2 und H_2O verbrannt, d. h. in die gleichen Endprodukte, in die die Fette und die Kohlehydrate auch in unserm Organismus zerfallen. Infolgedessen kann man die im Kalorimeter ermittelten Werte für Fett und Kohlehydrate auch der Verbrennungswärme dieser Stoffe in unserm Organismus zugrunde legen. Anders dagegen mit dem Eiweiß. Im Kalorimeter verbrennt das Eiweiß zu H_2O, CO_2 und Stickgas. In unserm Organismus geht aber schon ein Teil des Eiweißes zu Verlust durch die Reste der Verdauungssäfte bei der Eiweißverdauung (= Kot) und dann dadurch, daß der N-haltige Anteil des Eiweißes im Harn als Harnstoff zur Ausscheidung kommt; dieser liefert aber noch im Kalorimeter eine dem Organismus ungenutzt abgeflossene Verbrennungswärme. Deshalb kommt also von der gesamten Verbrennungswärme, die das Eiweiß außerhalb des Organismus liefert, nur ein Teil (ca. 80 %) dem Organismus zugute (der sog. physiologische Nutzeffekt nach Rubner).

Es verhalten sich sonach die Nahrungsstoffe hinsichtlich ihrer Verbrennungswerte in unserem Organismus nach Rubner folgendermaßen:

1 g Eiweiß liefert bei seinem Übergang in Harnstoff, Kohlensäure und Wasser 4,1 Kal., Kalorimeterwert 5,5—6 Kal.;

1 g Fett liefert bei seinem Übergang in Kohlensäure und Wasser 9,3 Kal., Kalorimeterwert 9,3 Kal.;

1 g Kohlehydrat liefert bei seinem Übergang in Kohlensäure und Wasser 4,1 Kal., Kalorimeterwert 4,1 Kal.;

Alkohol liefert bei seinem Übergang in Kohlensäure und Wasser 7,0 Kal.

Es ist hier bereits der Alkohol unter die Nahrungsstoffe mit eingereiht, da er ebenfalls neben den anderen angeführten Nahrungsstoffen als Brennmaterial dynamisch in Frage kommt.

Diese einzelnen Nahrungsstoffe können sich in der Nahrung untereinander vertreten, und zwar nach Maßgabe ihrer Wärmeproduktion (Gesetz der Isodynamie der Nahrungsstoffe, Rubner). So sind beispielsweise nach Rubner 100 Teilen Fett isodynam:

	direkt am Tier bestimmt	nach Kalorimetermessung
Eiweißstoffe des Muskels	225	213
Muskelfleisch	243	235
Stärkemehl.	232	229
Rohrzucker	234	235
Traubenzucker	256	255

Allerdings ist die Vertretung der Nahrungsstoffe nach ihrer Wärmeproduktion streng genommen nur für Fette und Kohlehydrate gültig, während das Eiweiß stets dem Organismus zugeführt werden muß und bis zu einem gewissen Grade durch keinen andern Nahrungsstoff ersetzt werden kann.

Die Größe der Gesamtzersetzung.

Jeder Mensch hat ein bestimmtes Kalorienbedürfnis, d. h. er bedarf der Zufuhr einer bestimmten Menge Nahrung (die auch von einer bestimmten Zusammensetzung sein muß, s. w. u.), damit sein Körperbestand erhalten bleibt. Dieses „Kalorienbedürfnis“ (der Nahrungsbedarf ist dabei von dynamischen Gesichtspunkten aus bewertet) ist unter gleichen körperlichen Verhältnissen beim einzelnen Individuum annähernd konstant, schwankt indessen unter gewissen veränderten körperlichen Verhältnissen.

So beträgt der minimale Umsatz bei einem gesunden, nüchternen und annähernd vollständig ruhenden, erwachsenen Menschen rund eine Kalorie pro Kilogramm Körpergewicht und Stunde. Bei einem im gewöhnlichen Sinne ruhenden Menschen, der sich nicht in vollständiger Muskelruhe befindet, ist das Kalorienbedürfnis etwa 1,3—1,5 Kalorien pro Kilogramm Körpergewicht und Stunde, also rund 0,3—0,5 Kalorien höher als beim absolut ruhenden. Bei körperlicher Arbeitsleistung steigt das Kalorienbedürfnis entsprechend der Arbeitsleistung.

Folgende Werte lassen sich für erwachsene Individuen von mittlerer Ernährung und mittlerer Körpergröße pro Tag und Kilogramm Körpergewicht ungefähr aufstellen:

Bei absoluter Bettruhe	24—30	Kalorien
Bei gewöhnlicher Bettruhe	30—34	,,
Außer Bett, ohne körperliche Arbeit .	34—40	,,
Bei mittlerer Arbeitsleistung	40—45	,,
Bei starker Arbeitsleistung	45—60	,,

Diese Werte treffen allerdings nur für Individuen mittlerer Ernährung zu; unter anderen Verhältnissen zeigen sich erhebliche Abweichungen.

So berechnet Rubner für verschieden große, bzw. verschieden schwere Personen den Energiebedarf bei leichter mechanischer Tätigkeit folgendermaßen:

Gewicht in kg	Oberfläche in m²	Kalorien des Umsatzes	Kalorien pro kg
80	2,283	2864	35,8
70	2,088	2631	37,7
60	1,885	2368	39,5
50	1,670	2102	42,0
40	1,438	1810	45,2

(Doch zeigt sich auch unter diesen scheinbar ungleichen Verhältnissen eine Konstanz, insofern der Umsatz pro Quadratmeter Körperoberfläche für alle gleich ist.)

Sofern man einem Menschen eine seinem Kalorienbedarf angepaßte und stofflich richtig (vgl. w. u.) zusammengesetzte Kost verabreicht, befindet sich das Individuum im Kaloriengleichgewicht. Ist der Kalorienwert der Nahrung größer, so nimmt das Körpergewicht zu, indem Ansatz von Glykogen und vor allem Fett stattfindet; ist der Kalorienwert geringer, als dem Bedürfnis des Organismus entspricht, so kommt es zur Einschmelzung. (Vgl. hierzu auch die Kapitel Fettsucht und Überernährungskuren.)

Die Faktoren, welche das Kalorienbedürfnis steigern, sind in erster Linie, wie aus der Zusammenstellung auf S. 7 zu ersehen ist, körperliche Tätigkeit, Muskelarbeit. Ja selbst Sitzen erhöht den Umsatz gegenüber einer Lage im Bett, bei der alle Muskeln entspannt sind. Geistige Arbeit hingegen als solche pflegt mit keiner Erhöhung des Umsatzes einherzugehen. Dagegen steigert der Aufenthalt in Höhenluft deutlich den Umsatz, bei einem Aufenthalt in etwa 3000 Meter um rund 25 %, bei einem Aufenthalt in 4500 Meter Höhe um etwa 60 % und mehr. (Das trifft indessen nur für das Gebirge zu, nicht für Ballonfahrten.)

Was den Umsatz unter pathologischen Verhältnissen anbelangt, so finden sich erhebliche Abweichungen nach oben beim Basedow, nach unten beim Myxödem; im übrigen sind die Abweichungen selbst im Fieber relativ gering, oft nicht mehr wie 10—15 % betragend. Die Krankheiten, die man früher unter die Erkrankungen mit Verlangsamung des Stoffwechsels zusammengefaßt hat (also Gicht, Diabetes, Fettsucht), zeichnen sich im großen ganzen durch einen beinahe normalen Stoffwechsel im Sinne des Gesamtumsatzes aus. Auch heute spielt noch in Ärzte- wie Laienkreisen der Begriff der Anregung des Stoffwechsels eine große Rolle. Derartige Anregungen, wie sie die frische Luft, der Sonnenschein und viele hydrotherapeutische Maßnahmen darbieten, gehen mit allem anderen einher denn mit einer wirklichen Beeinflussung oder Änderung des Umsatzes. Hier spielen lediglich nervöse Impulse eine Rolle, welche zwar den Organismus umzustimmen, nicht aber das zelluläre Stoffwechselbedürfnis zu beeinflussen vermögen.

Es mag auch an dieser Stelle davor gewarnt werden, die Oxydationskraft des Organismus etwa prüfen zu wollen durch die Verfolgung der Oxydation leicht oxydabler Körper (Benzol oder dgl.). Derartige Methoden sagen uns gar nichts über die Oxydationskraft des Organismus; darunter müssen wir die Größe des Kraft- und Stoffwechsels verstehen.

Unter den Bedingungen, unter welchen es zu einer Änderung des Stoffumsatzes kommt, spielt die Temperatur der Luft eine Rolle. Das ist besonders bei Tieren deutlich. Jedoch zeigt sich beim Menschen nur dann Erhöhung des Umsatzes, wenn die Temperatur unter 16° C sinkt. Steigerung der Lufttemperatur führt beim Menschen zu keiner Verminderung des Umsatzes. Die Steigerung des Umsatzes bei niederer bzw. die Minderung bei steigender Temperatur nennen wir nach Rubner chemische Wärmeregulation. Sie bezweckt (neben der physikalischen Wärmeregulation: Veränderung der Strahlung und Leitung der Wärme von der Haut, Abgabe von Wasserdampf, Schweiß durch die Haut, Muskelbewegung) die Aufrechterhaltung der normalen Körpertemperatur. Der Mensch lebt indessen nicht in der Lufttemperatur, sondern in der Temperatur seiner Kleider und zwar hier bei einer Temperatur von 33° C. Er muß also sich bei einem Überschuß der Nahrung infolge der spezifischen dynamischen Wirkung der Nahrung (s. w. u.) sich der überschüssigen Wärme durch Abgabe von Wasserdampf entledigen. Ist die Luft mit Feuchtigkeit gesättigt, so sucht der Organismus die Wärmeabgabe nach Möglichkeit einzuschränken. Daher führt eine feuchtigkeitsgesättigte Luft zu einer Einschränkung der Arbeitslust, andrerseits auch ev. zur Überhitzung des Organismus.

Was diese spezifisch dynamische Wirkung anbelangt,

so ist sie in folgendem begründet. Bei einem Menschen, bei dem die chemische Wärmeregulation ausgeschaltet ist (der also in der Temperatur seiner Kleider lebt), muß der Wärmewert der zugeführten Nahrung größer sein als der Hungerumsatz, wenn Kaloriengleichgewicht zwischen Umsatz und Zufuhr erzielt werden soll; und zwar liegt das sog. „Fütterungsminimum" nach Rubner bei Zufuhr nur von Eiweiß 40 % höher als das Hungerminimum, bei Zufuhr von Rohrzucker 6 % höher als dieses und bei Zufuhr von Fett 14 % höher. Allerdings lebt der Mensch nicht dauernd nur von Eiweiß, infolgedessen ist bei gemischter Nahrung das Fütterungsminimum gegenüber dem Hungerminimum unbedeutender; es beträgt nach Rubner nur 14,4 % gegenüber dem Hungerminimum.

Erschwert ist die Abgabe der Wärme bei Fettsucht und darin liegt eines jener Momente, die die Fettsucht, abgesehen vom ästhetischen Standpunkte, als bedenklich erscheinen lassen. So vermag sich ein Fettsüchtiger bei einer Temperatur von 36 bis 37° Außentemperatur bei einem Feuchtigkeitsgehalte der Luft über 50 % selbst im nackten Zustande nur unter Erhöhung der Eigentemperatur ins Wärmegleichgewicht zu setzen!

Mischungsverhältnisse der einzelnen Nahrungsstoffe untereinander, Berechnung der Kost.

Bei frei gewählter Kost pflegt im allgemeinen nach Rubner das Verhältnis der stickstoffhaltigen Nahrungsstoffe zu den stickstofffreien (Kohlehydraten und Fetten) ein derartiges zu sein, daß etwa 16—19,2 % auf das Eiweiß entfallen, der Rest auf die eiweißfreien Nahrungsstoffe.

Eine Ernährung ohne Eiweiß ist nicht durchführbar; man muß zur Erhaltung des Protoplasmabestandes eines Organismus dem Körper stets ein bestimmtes Quantum Eiweiß zuführen: Erhaltungseiweiß. Reicht die Menge Eiweiß aus, die dem Organismus mit der Nahrung zugeführt wird, um den Eiweißgehalt des Organismus zu erhalten, so befindet sich das Individuum im Stickstoffgleichgewicht. Im anderen Falle geht mit dem Harn mehr Stickstoff zu Verlust, als mit der Nahrung zugeführt wird. Im allgemeinen genügt es vollständig, wenn etwa 16—20 % des gesamten Kalorienwertes der Nahrung durch Eiweiß vertreten werden, der Rest muß durch Kohlehydrate oder Fette gedeckt werden; dabei sind die Kohlehydrate insofern den Fetten überlegen, als sie größere „Eiweißsparer“ sind, d. h. durch reichliche Kohlehydratfütterung kann man das Eiweißminimum der Nahrung stärker als bei Fettfütterung reduzieren, ohne daß das Individuum aus dem Stickstoffgleichgewicht kommt. Das trifft allerdings nur zu, wenn man entweder nur Eiweiß und Kohlehydrat reicht oder Eiweiß und Fett. Gibt man im Stoffwechselversuch sowohl Fette wie Kohlehydrate zum Eiweiß, so verhalten sich beide in bezug auf ihre eiweißsparende Wirkung isodynam. Man wird im allgemeinen die Kost so einrichten, daß sie zu etwa 20 % aus Eiweiß besteht, zu 50 % aus Kohlehydraten und zu etwa 30 % aus Fett.

Die Rechnung gestaltet sich dann sehr einfach; Beispiel: Ein 70 kg schwerer Patient braucht bei Bettruhe pro Kilogramm Körpergewicht 30 Kalorien; erforderliche Kalorienzahl der Nahrung = 2100; davon sollen 20 % = 420 Kalorien auf Eiweiß entfallen, mithin notwendig $\frac{420}{4,1}$ g Eiweiß in der Nahrung, d. i. 102 g; 50 % auf Kohlehydrate = 1050 = $\frac{1050}{4,1}$ g Kohlehydrate = 256 g; und 630 Kalorien auf Fett, d. i. = $\frac{630}{9,3}$ = 67 g.

Stellt man eine Nahrung zusammen, so hat man auch auf das Volumenverhältnis der Nahrungsmittel zu achten, denn von dem Volumen der Nahrung hängt das Übersättigungs- bzw. Sättigungsgefühl ab. Im allgemeinen haben die Vegetabilien ein sehr großes Volumen, die animalischen Nahrungsmittel ein geringeres; eine Ausnahme macht die Milch: so entspricht z. B. 1 g reines Fett 14 g Milch an Brennwert; der Kalorienwert der Gemüse (vgl. Tabelle) ist sehr gering.

Je größer das Volumen der Nahrung, desto größer ist auch die mechanische Inanspruchnahme des Magendarmkanals; infolgedessen wird man bei einer rationellen Ernährung die Komposition der Nahrung so wählen, daß die Vegetabilien nicht einseitig bevorzugt werden.

Normalkost.

Man hat sich stets und ständig bemüht, gewissermaßen eine Normalkost ausfindig zu machen, die kalorisch ausreichend und schmackhaft ist und möglichst wenig den Darmkanal belästigt

(Voit). Die Aufstellung eines solchen Kostsatzes wird wichtig vor allem in Ernährungsfragen größerer Volksmassen und ist deshalb nationalökonomisch von fundamentaler Bedeutung.

Als Grundlage einer solchen Kost empfiehlt Voit folgendes Maß:

118 g Eiweiß, 500 g Kohlehydrate, 56 g Fett;

sie repräsentieren 3055 Kalorien.

Es sollen diese Nahrungsmittel in gut assimilierbarer, leicht verdaulicher Kost gereicht werden. Voit hält die Nahrung für ausreichend für einen Menschen, der täglich 8—10 Stunden mäßig schwer arbeitet. Wichtig bei dieser Normalkost ist vor allem auch die Frage der Eiweißration. In dieser Beziehung auf ähnlichem Standpunkt wie Voit steht Rubner und Atwater. Ersterer hält bei leichterer Arbeit 127 g Eiweiß, Atwater 125 g für notwendig. Für schwerer arbeitende Menschen (z. B. Soldaten) sieht Voit 145 g Eiweiß, Rubner 165 g und Atwater 150 g als erforderlich an; es gründen sich diese Zahlen auf statistischer Erhebung.

Gegen die hohe Eiweißration in der Kost sind Siven und Chittenden mit seinen Mitarbeitern aufgetreten. Chittenden hielt sich neun Monate hindurch im N.-Gleichgewicht, bei einer Kost, die pro Kilogramm Körpergewicht 27—28 Kalorien darbot und ca. 40 g Eiweiß pro Tag betrug! Weitere Versuche Chittendens an Professoren, Lehrern, Athleten, Soldaten über Monate hindurch, ergaben, daß man mit einer Kost bestehen kann, bei der die Eiweißzufuhr auf die Hälfte der normalen Kost heruntergedrückt ist.

Chittenden sieht daher für einen Soldaten im Felde eine Kost, die 50 g Eiweiß (8 % der Gesamtkalorien) enthält, als hinreichend an. (Vergleiche demgegenüber das Voitsche Maß an Eiweiß = 118 g, d. h. 15 % der Gesamtkalorien für einen leichte Arbeit verrichtenden Mann.)

Entschieden liegt in den Chittendenschen Aufstellungen ein großer Fehler; ob eine Kost zureichend ist, entscheidet, wie eingangs von uns ausgeführt wurde, nicht allein, ob sich ein Organismus mit ihr wochenlang im Körpergewicht halten kann, sondern entscheidet die Leistungsfähigkeit bei der Kost. In dieser Beziehung dürfte die Befolgung der Chittendenschen Maximen ein Defizit der Leistung bedingen, ja eine große Gefahr bedeuten.

Viel vertrauenerweckender hinsichtlich der Garantie der Leistungsfähigkeit des Individuums erscheinen demgegenüber die folgenden Standardkosten, wie sie von Voit, Rubner, Atwater aufgestellt und für einen 70 kg schweren Mann berechnet sind.

	Gewicht in g		
	Voit	Rubner	Atwater
Leichte Arbeit			
Eiweiß	—	123	100
Fett	—	46	—
Kohlehydrate	—	377	—
Kalorien	—	2445	2700
Mittelschwere Arbeit			
Eiweiß	118	127	125
Fett	56	52	—
Kohlehydrate	500	509	—
Kalorien	3055	2968	3400
Schwere Arbeit			
Eiweiß	145	165	150
Fett	100	70	—
Kohlehydrate	500	565	—
Kalorien	3574	3362	4150

An diese Kostsätze hat man sich im ganzen auch bei der Verpflegung der Truppen im Frieden und Felde in der preußischen und französischen Armee gehalten.

Schließlich seien noch die Diätkostsätze einiger Krankenhäuser nach statistischen Erhebungen angeführt (Rubner):

	Eiweiß	Fett	Kohlehydrate	Kalorien
München	92	54	157	1381
Augsburg	94	57	222	1823
Halle	92	30	393	2267
England	107	69	533	3266

Der Nahrungsbedarf beim Wachstum und in der Rekonvaleszenz.

Ungleich große und schwere ausgewachsene Individuen haben pro Kilogramm Körpergewicht auch im gleichen Zustande der Muskelruhe keinen gleichen Umsatz (vergleiche hierzu die kleine Tabelle auf Seite 8); bezieht man indessen den Umsatz auf die Körperoberfläche, so zeigt sich, wie schon erwähnt wurde daß, auf den Quadratmeter Oberfläche berechnet, der Umsatz gleich groß ist. Diese Berechnung des Umsatzes auf den Quadratmeter Oberfläche führt nun auch bei wachsenden Individuen zu gleichem Resultat; so produziert ein 4 kg schweres Kind nach Rubner 422 Kalorien, ein 40 kg schwerer Erwachsener 2106 Kalorien. Bei beiden aber ist der Umsatz, auf die Einheit der Fläche bezogen, gleich. Dabei ergab sich aus Untersuchungen von Rubner und Heubner an einem 7½ monatlichen mit Kuhmilch genährten Kinde, daß dieses bei einer Aufnahme von 682,8 Kalorien 12,2 % der Kalorien im Körper behielt, also ansetzte. Es nimmt also das Kind über den Nahrungsbedarf Kalorien zu sich; sinkt diese Aufnahme nur um 15 %, so steht das Wachstum still.

Der Rekonvaleszent verhält sich ja ähnlich; allerdings zeichnet er sich dadurch aus, daß nach anfänglichem Sinken der Kalorienproduktion der Verbrauch außerordentlich ansteigt (um 30 bis 50 % die Normalwerte übersteigend, nach Untersuchungen von Svenson).

Verdaulichkeit und Ausnutzung der Nahrung.

Wichtig ist weiter die Beurteilung der Nahrung vom Standpunkte der Verdaulichkeit. Will man diesem Begriff eine nähere Definition geben, so kann man sagen: eine Nahrung ist um so verdaulicher, je schneller sie den Magen verläßt. Es hängt der Grad der Verdaulichkeit von verschiedenen Momenten ab: einmal von der Menge der auf einmal zugeführten Kost, ihrem Volumen, ihrer speziellen chemischen Zusammensetzung bzw. von der Art ihrer Zubereitung, von der mechanischen Beschaffenheit usw. Auch die Zeiten, in denen man bestimmte Nahrungsmittel genießt, sind bei der Verdaulichkeit zu berücksichtigen. So werden am Abend manche Speisen schlechter vertragen als am Mittag.

Unter den einzelnen Nahrungsstoffen ist wohl Fett das am schwersten Verdauliche, da es den Magen am langsamsten verläßt; zudem kommt noch hinzu ein Regurgitieren alkalischen Darmsaftes durch den Pförtner in den Magen infolge des Fettes hinein, wodurch die Pepsin-Salzsäureverdauung im Magen gehemmt wird. Es ist daher im allgemeinen ein Nahrungsmittel um so „verdaulicher", je fettfreier es zubereitet worden ist, bzw. je fettfreier es von Natur ist. Auch die Art, wie die Nahrungsmittel genossen werden, spielt eine große Rolle; in größeren Klumpen genossenes, also schlecht gekautes Fleisch bleibt im Magen weit länger liegen als in feiner Form in den Magen eingebrachtes. Die Kohlehydrate werden, da ihre Verdauung im Magen an sich schon sistiert, um so leichter weiter geschoben, je feiner verteilt sie in den Magen eingebracht werden und je besser sie im Munde durchgespeichelt sind.

Ein sehr wichtiges Adjuvans ist im Hinblick auf das Moment der Verdaulichkeit einer Nahrung der Appetit. Über den Einfluß des Appetits auf die Magensaftsekretion sind wir durch die Untersuchungen von Pawlow an Magenfistelhunden belehrt worden: es erhellt aus diesen Versuchen der große Einfluß des psychischen Momentes beim Sehen, Riechen, Schmecken einer Speise auf die Sekretion der Verdauungsdrüsen. Mit um so größerem Appetit eine Speise genossen wird, um so bekömmlicher wird sie in dubio sein; daher beobachtet man z. B. auch bei vielen Kranken, die manche als leicht verdaulich anzusehende Nahrungsmittel nicht verdauen, daß sie oft an sich schwer verdauliche Nahrungsmittel gut vertragen, nur weil sie danach einen Heißhunger tragen. Man soll also in der Norm sowohl wie auch beim Kranken dem Appetit in weitestem Maße Rechnung tragen und das geschieht dadurch, daß man eine Kost möglichst abwechselungsreich gestaltet und daß man auch die Art und Weise der Zubereitung einer Nahrung möglichst schmackhaft wählt; aus diesem Grunde kann man meist auch nicht die sog. Gewürze bzw. Genußmittel entbehren.

Während die Aufgabe des Magens in der Hauptsache darin besteht, den Nahrungschymus in Lösung zu bringen und schubweise in den Dünndarm zu schieben, wobei das Eiweiß durch Pepsin-Salzsäure zu nicht mehr koagulablen Peptonen abgebaut wird, während die Stärke und das Fett nicht weiter verändert werden (nur der Rohrzucker wird invertiert), ist die Aufgabe des Darms (im engeren Sinne) die der „Verdauung" der Ingesta bis zu ihrer Überführung in resorptionsfähige Körper, und deren Resorption.

Die Verarbeitung der Ingesta geschieht im Dünndarm durch den Pankreassaft, die Galle und den Darmsaft. Durch den Pylorus treten die Ingesta, mit dem Magensaft gemischt, in das Duodenum ein. Der Eintritt des sauren Chymus in das Duodenum ruft reflektorisch Sekretion von Pankreassaft und Galle hervor; diesen Säften mischt sich der Darmsaft hinzu.

Durch das kohlensaure Alkali des Pankreassaftes und durch den Darmsaft wird die stark saure Reaktion des Magenchymus abgestumpft, wodurch die Wirkung des Pepsins ausgeschaltet und die fermentative Funktion des im Pankreassaft enthaltenen Trypsins im Dünndarm auf dem Wege bis zum Ileum möglich wird. Das Trypsin (welches aus dem Trypsinogen durch „Enterokinase" aktiviert ist) baut das **Eiweiß** bis zu abiureten Spaltungsprodukten ab. Gleichzeitig zerlegt auch das Erepsin, ein in der Darmschleimhaut enthaltenes Ferment, nicht mehr koagulable Eiweißkörper in abiurete Spaltungsprodukte. Pankreassaft, Galle und Darmsaft, deren Wirkungen sich gegenseitig erheblich unterstützen, bewirken weiter eine Spaltung des **Fettes** in Glyzerin und Fettsäuren, welch letztere zum Teil wieder durch Alkali zu Seifen gebunden werden.

Die Verdauung der **Kohlehydrate** wird eingeleitet durch das Ptyalin, ein diastatisches Ferment des Mundspeichels, welches die Stärke über das Erythrodextrin, Achroodextrin bzw. bis zur Maltose abbaut. Die Kohlehydratverdauung wird indessen durch den sauren Magensaft unterbrochen. Letzterer invertiert den Rohrzucker in Dextrose und Lävulose. Die durch den Mundspeichel noch nicht gespaltene Stärke wird durch die Diastase des Pankreassaftes bis zur Maltose bewirkt; diese wird wieder durch eine Maltase des Darmsaftes völlig in die einfachsten Hexosen aufgespalten. Durch ein ähnlich wirkendes Ferment wird auch der Milchzucker zerlegt.

Durch alle diese fermentativen Spaltungen hydrolytischer Art, zu denen sich im untersten Teile des Dünndarms noch Gärungsprozesse und Fäulnisprozesse bakterieller Natur gesellen, werden die Nahrungsstoffe in die einfachsten Produkte zerlegt und damit resorptionsfähig.

Gleichzeitig mit der chemischen Veränderung des Chymus geht eine peristaltische, vom Pylorus zum After gerichtete Bewegung des Darminhaltes einher; bedingt wird diese Bewegung durch die mit einer Geschwindigkeit von 0,1—2 cm in der Minute fortschreitende Peristaltik der glatten Muskulatur der Darmwandung.

Beim Menschen erreicht der Chymus frühestens nach zwei Stunden die Grenzen des Dickdarms. Auf dieser Wanderung des Chymus im Dünndarm erfolgt die Resorption der in Lösung gebrachten Verdauungsprodukte. Die resorbierende Fläche des Dünndarms ist durch die in das freie Darmlumen hineinragenden Darmzotten künstlich vergrößert; die Darmzotten selbst, deren Stroma von Blut und Lymphgefäßen reichlich durchzogen wird, sind als die eigentlichen Resorptionsorgane anzusehen. Das resorbierte Fett tritt als emulgiertes Neutralfett in die Lymphe und durch diese in den Ductus thoracicus über, nur ein kleinerer Teil nimmt den Weg in die Blutbahn. Wasser, Zucker, Salz, Eiweiß gelangt in die Blutbahn (und zwar in die Pfortader), nur ein kleiner Teil dagegen in die Lymphbahn. Wie die Fette hinter der Darmwand zu Neutralfett wieder synthetisiert werden (dabei besteht die Möglichkeit, daß ein kleiner Teil des Neutralfettes auch ungespalten resorbiert wird), so scheinen auch die einfachsten Bausteine des Eiweißes (Aminosäuren, Peptide) nach der Resorption hinter der Darmwand zu Eiweiß (und zwar zu Serumalbumin und -globulin) wieder synthetisiert zu werden.

Bereits im untersten Teile des Dünndarms, vor allem aber im **Dickdarm** finden Gärungs- und Fäulnisprozesse statt. Der Hauptsitz dieser Gärungs- und Fäulnisprozesse ist das Colon ascendens und das Colon transversum. Die Fäulnis- und Gärungserreger stammen von außen: es sind mit der Luft eingeführte Bakterien, die stets im Dickdarm bzw. im unteren Ileum anzutreffen sind. Die Fäulnis betrifft das Eiweiß; durch die reichliche Anwesenheit von Galle und der organischen Säure ist die Eiweißfäulnis im Dünndarm gehemmt, die alkalische Reaktion des Dickdarms dagegen erlaubt im weitesten Maße die Eiweißfäulnis, bei der es unter Umständen zum Auftreten von Phenol, Skatol, Indol, Schwefelwasserstoff, Ammoniak u. a. m. kommt. Die Gärung der Kohlehydrate, u. a. auch die Gärung der schwer verdaulichen Zellulose — sofern sie noch nicht verholzt ist — beginnt bereits im unteren Ileum und setzt sich dann weiter auf den Dickdarm fort; hier kommt es zum Auftreten von Milchsäure, Essigsäure, Buttersäure, Valeriansäure u. a. m. Die Neutralfette können (in geringem Grade) auch durch bakterielle Prozesse zerlegt werden.

In dem Maße, als der Darminhalt im Dickdarm durch die sehr langsame Peristaltik dieses Darmteiles vorwärts schreitet, wird von den in Lösung gebrachten Stoffen resorbiert, wodurch der Darminhalt eingeengt und zu zylindrischen, dem Darmlumen entsprechenden Massen geformt wird. Als Kot werden die nichtresorbierten Massen der Nahrung, vermischt mit den Residuen der Darmsäfte und etwa abgeschilferten Darmepithels, ferner den Darmbakterien, in das Rektum eingeleitet, wo sie Drang zur Kotentleerung verursachen. Reflektorisch wird dabei der Verschluß der Sphincter ani internus et externus aufgehoben und die Bauchpresse in Bewegung gesetzt.

Neben der Verdaulichkeit einer Nahrung spielt in Ernährungsfragen die Resorbierbarkeit einer bestimmten Kost eine Rolle; Fette beispielsweise können in der Nahrung nicht beliebig viel verabreicht werden, da bei allzu großer Menge der Darm die Fette schlecht resorbiert. Kohlehydrate, soweit es sich natürlich um die wasserlöslichen handelt, werden im allgemeinen am besten resorbiert; das Eiweiß wird gut resorbiert, wenn es in animalischer Form zugeführt wird, schlechter, wenn es in vegetabilischer Form zugeführt wird, weil die Darmsäfte im allgemeinen die schlecht verdaulichen Zellulosehüllen, in denen das Eiweiß eingeschlossen ist, nicht sprengen können. Auch diese Momente sind bei der Bestimmung einer Kost in Rücksicht zu ziehen und werden uns veranlassen, im allgemeinen das Eiweiß in animalischer Form zuzuführen. Die Resorbierbarkeit für Eiweiß und Kohlehydrate verschiedener Brote hängt im wesentlichen davon ab, wie fein die Mehle dieser Brote vermahlen sind.

Zur Veranschaulichung der Verdaulichkeit einzelner Nahrungsmittel mag folgende Tabelle nach den Untersuchungen von Pentzoldt wiedergegeben werden.

Es verließen den Magen in:

1—2 Stunden inkl.:

100—200 Wasser rein,
220 Wasser kohlensäurehaltig,
200 Tee }
200 Kaffee } ohne Zutat,
200 Kakao }
200 Bier,
200 leichte Weine,
100—200 Milch gesotten,
200 Fleischbrühe ohne Zutat,
200 Peptone aller Art mit Wasser,
100 Eier weich.

2—3 Stunden:

200 Kaffee mit Sahne,
200 Kakao mit Milch,
200 Malaga,
200 Ofner Wein,
300—500 Wasser,
300—500 Bier,
300—500 Milch gesotten,
100 Eier roh und Rührei, hart oder Omelette,
100 Rindfleischwurst roh,
250 Kalbshirn gesotten,
250 Kalbsbries gesotten,
12 Austern roh,
200 Karpfen gesotten,
200 Hecht gesotten,
200 Schellfisch gesotten,
200 Stockfisch gesotten,
150 Blumenkohl gesotten,
150 Blumenkohl als Salat,
150 Spargel gesotten,
150 Kartoffel, Salzkartoffel,
150 Kartoffel als Brei,
150 Kirschen, Kompott,
150 Kirschen roh,
70 Weißbrot frisch und alt, trocken oder mit Tee,
70 Brezel,
50 Albert-Biskuits,

3—4 Stunden:

230 junge Hühner gesotten,
230 Rebhühner gebraten,
220—260 Tauben gesotten,
195 Tauben gebraten,
250 Rindfleisch roh, gekocht,
250 Kalbsfüße gesotten,
160 Schinken gekocht, roh,
100 Kalbsbraten warm und kalt,
100 Beefsteak gebraten, kalt oder warm,

100 Beefsteak roh, geschabt,
100 Lendenbraten,
200 Rheinsalm gesotten,
72 Kaviar gesalzen,
200 Neunaugen in Essig, Bücklinge geräuchert,
150 Schwarzbrot,
150 Schrotbrot,
150 Weißbrot,
100—150 Albert-Biskuits,
150 Kartoffel-Gemüse,
150 Reis gesotten,
150 Kohlrabi gesotten,
150 Möhren gesotten,
150 Spinat,
150 Gurken, Salat,
150 Radieschen roh,
150 Äpfel.

4—5 Stunden:

210 Tauben gebraten,
250 Rindsfilet gebraten,
250 Beefsteak gebraten,
250 Rindszunge geräuchert,
100 Rauchfleisch in Scheiben.
250 Hase gebraten,
240 Rebhühner gebraten,
250 Gans gebraten,
280 Ente gebraten,
200 Heringe in Salz,
150 Linsen als Brei.
200 Erbsen als Brei.
150 Schnittbohnen gesotten.

Ferner sei eine kurze Übersicht über die Ausnützung einiger animalischer und vegetabilischer Nahrungsmittel nach Rubner[1]) hier wiedergegeben.

[1]) Über die Ausnützung einiger Nahrungsmittel im Darmkanal des Menschen. Münchener Dissertation 1880.

Ausnützung einiger animalischer Nahrungsmittel

Es kommen im Kot zum Vorschein bei verschiedenen männlichen Versuchspersonen:	Rinderbraten		Milch			Käse mit Milch			21 hart gesottene Eier	Milch	
	frisch 884 g, trocken 366,8	frisch 738 g, trocken 306,4	bei 2050 g	bei 3075 g	bei 4100 g	200 g Käse + 2251 Milch	218 g Käse + 2050 Milch	517 g Käse + 2209 Milch	948 g	1500—1700 Uffelmann	3000 Prausnitz
	Prozent										
Trockensubstanz	4,7	5,6	8,4	10,2	9,4	6	6,8	11,3	5,2	9	9
Stickstoff . . .	2,5	2,8	7	7,7	12	3,7	2,9	4,9	2,9	—	11,2
Fett	21,1	17,2	7,1	5,6	4,7	2,7	7,7	11,9	5	—	—
Asche	15,0	14,5	46,8	48,2	44,5	26,1	30,7	45,6	18,4	47,7	37,1
Organ. Substanz	—	—	5,4	—	—	4,6	—	—	—	6,9	6,9
			Eisen 0,0099—0,0115 g (H. v. Hoeßlin)								

Ausnützung einiger vegetabilischer Nahrungsmittel.

	Pro Tag verzehrt samt der Zutat (Fett)						Im Kot ausgeschieden				
	g frisch	Trockensubstanz	Stickstoff	Fett	Kohlehydrate	Asche	Trockensubstanz	Stickstoff	Fett	Kohlehydrate	Asche
							Prozent				
Weißes Weizenbrot (Semmel)	—	439	8,8	—	—	10	5,6	19,9	—	—	30,2
do. (Weißbrot)	500 Mehl	421	7,6	—	391	9,9	5,2	25,7	—	1,4	25,4
do.	860 Mehl	779	13	—	670	17,2	3,7	18,7	—	0,8	17,3
Roggenbrot	—	438	10,5	—	—	18,1	10,1	22,2	—	—	30,5
Grob. Roggenbrot . . .	1360	765	13,3	—	659	19,3	15	32	—	10,9	36
Norddeutscher Pumpernickel	—	423	9,4	—	—	8,2	19,3	42,3	—	—	96,3
Spätzeln (dasselbe Mehl wie oben das Weißbrot)	—	743	11,9	—	558	25,4	4,9	20,5	—	1,6	20,9
Makkaroni	645	626	10,9	72,2	462	21,8	4,3	17,1	5,7	1,2	24,1
do. mit Kleber	695	664	22,6	73,4	418	32	5,7	11,2	7	2,3	22,2
Mais (Polenta)	—	738	14,6	48,6	563	26,8	6,7	19,2	17,5	3,2	30
Reis (Risotto)	—	638	8,9	74,1	493	23,8	4,1	20,4	7,1	0,9	15
Erbsenbrei	—	521	20,4	—	357	30,1	9,1	17,5	—	3,6	32,5
do. (übermäßige Portion)	—	960	32,7	—	588	44,8	14,5	27,8	—	7	38,9
Weizenkleber	200 (trocken)	—	—	—	—	—	—	2,5	—	—	—
Kartoffeln	3078	968	11,4	143,8	718	64	9,4	32,2	3,7	7,6	15,8
Gelbe Rüben	2566	352	6,5	47,3	282	41,2	20,7	39	6,4	18,2	33,8
Wirsing	3831	493	13,2	87,8	247,0	73,3	14,9	18,5	6,1	15,4	19,3
Kuchen	821	758	1,36	157,8	585	—	3,3	—	1,8	1,9	

Wasser und Salze.

Außer den organischen Nahrungsstoffen Eiweiß, Fett und Kohlehydraten bedarf der Organismus ständig der Zufuhr von anorganischen Salzen und Wasser, da der Organismus, ob im Hunger oder bei der Ernährung, stets Wasser und Salze abgibt, deren Verlust er decken muß. Zu einem Teile dienen wohl die Salze in unserem Körper osmotischen Vorgängen, zu einem großen Teile stellen sie indessen Konstituenten des Eiweißes dar; so z. B. der Phosphor, Schwefel, Eisen. Ist der Ersatz mangelhaft, so verfällt der Organismus in den Salzhunger, der ev. zum Tode führt.

Für den erwachsenen Menschen ist die untere Grenze des täglichen Bedarfs an Phosphorsäure in der Nahrung nach Ehrström 1—2 g, der Bedarf an Kalk nicht größer wie 1,0 g; Magnesiagleichgewicht wird nach Pertram und Renwell bei einer täglichen Zufuhr von 0,4—0,5 mg erreicht; für Eisen läßt sich der tägliche Bedarf nicht in einer Zahl ausdrücken; die gewöhnliche Kost des erwachsenen Menschen enthält nach v. Traudt ungefähr 0,02—0,03 g Eisen.

Genußmittel.

Die einfache Mischung von Nahrungsstoffen stellt noch keine Kost dar; dazu gehört die Würzung durch bestimmte Substanzen, die in den natürlichen Nahrungsmitteln, dem Fleisch, Gemüse, Eiern, Milch usw., reichlich vorhanden sind, zum Teil auch erst bei der Zubereitung der Nahrung durch Kochen, Braten usw. entstehen. Über die Natur dieser Stoffe sind wir im allgemeinen wenig orientiert; sie haben aber die große Bedeutung für unsere Ernährung, daß durch sie der Appetit und damit die Sekretion der Verdauungsdrüsen angeregt wird. Die Diätetik hat also in erster Linie auch auf den Wohlgeschmack der Speisen zu achten, der lediglich durch die sog. Genußmittel in den Nahrungsmitteln bestimmt wird. Abwechslung der Kost, geschickte Zubereitung sind zwei wesentliche Faktoren einer rationellen Ernährung in Krankheiten.

Als Reizmittel betrachten wir Getränke, wie Kaffee, Tee, Kakao, Bier, Wein, sonstige Alkoholika (letztere können auch für die Zugabe der Ernährung gebraucht werden), durch die unsere durch Überarbeitung, Überreizung darniederliegenden Nervenspannkräfte wieder geweckt werden. Deswegen werden sie auch für die Diätetik in Krankheiten besonders wichtig.

Zusammensetzung der gewöhnlichen Nahrungsmittel

nach Atwater u. Bryant,

Report of the Storr's Agricultural Experiment Station 1899, S. 113.

Nahrungsmittel	Ungenießbare Abfälle	Genießbarer Anteil						
		Wasser	Unverwertbare Nährstoffe	Verwertbare Nährstoffe				
				Eiweiß	Fett	Kohle-hydrate	Asche	Brennwert pro 100 g
Animalische Nahrungsmittel.	%	%	%	%	%	%	%	Kal.
Rindfleisch (roh)								
Brust	23,3	54,6	2,1	15,3	27,1	—	0,7	325
Bauchfleisch	10,2	60,2	1,9	18,3	19,9	—	0,7	270
Nierenbraten (mager) . .	13,1	67,0	1,2	19,1	12.1	—	1,0	200
Nierenbraten (mittel) . .	13,3	60,6	1,8	17,9	19,2	—	0,8	260
Nierenbraten (fett) . . .	10,2	54,7	1,9	17.0	26,2	—	0,9	324
Hals	27,6	63.4	1,6	19,5	15,7	—	0,7	234
Rippen	20.8	55,5	2,0	17.0	25,3	—	0,7	317
Lendenstück	20,7	56.7	2,0	16,9	24,2	—	0,7	304
Unterschenkel	36,9	67.9	1,4	19,8	11,0	—	0,7	190
Zunge	26,5	70,8	1,3	18,3	8.7	—	0,8	163
Schulter und	16.4	68,3	1,5	19,0	10,7	—	0,8	185
Vorderes Viertel	18,7	60,4	1,8	17,4	20,3	—	0,7	270
Hinteres Viertel	15,7	59,8	1,8	17,8	20.5	—	0,7	273
Seite mager	19,5	67,2	1,3	18,7	12,5	—	0,9	200
Seite mittel	17,4	59,7	1,8	17,6	20.9	—	0,7	275
Seite fett	13,2	47,8	2,5	15,7	34,6	—	0,5	280
Leber	7,0	71,2	1,2	20,4	4,3	1,7	1,2	137
Rindfleisch (in Konserven und gekocht)								
Geräuchert	4,7	54,3	3,5	29,1	6,2	—	6,8	187
Brust in Konserven . .	21,4	50,9	3,2	17,8	23,5	—	4,2	302
Bauchfleisch, gewürzt als Konserve	12,1	49,9	2,7	14,2	31,4	—	2,2	360
Rumpf als Konserve . .	6,0	58,1	2,2	14,8	22,1	—	2,8	275
Gekocht, eingelegt . . .	—	51,8	2,2	24,7	21,4	—	1,0	312
Gebraten, eingelegt . .	—	51,8	2,7	25,5	17,8	—	3,0	281
Gekochtes Rindfleisch . .	—	38,1	2,7	25,4	33,2	—	0,7	425
Filet, gekocht	—	48,2	2,4	21,6	27,2	—	1,0	310
Nierenbraten, gekocht . .	—	54,8	2,0	22,8	19,4	—	0,9	274
Kaldaunen, mit Gewürz eingelegt	—	86,5	0,6	11,3	1,1	—	0,2	61

Zusammensetzung der gewöhnlichen Nahrungsmittel

Nahrungsmittel	Ungenießbare Abfälle	Genießbarer Anteil						
		Wasser	Unverwertbare Nährstoffe	Verwertbare Nährstoffe				
				Eiweiß	Fett	Kohlehydrate	Asche	Brennwert pro 100 g
Animalische Nahrungsmittel.	%	%	%	%	%	%	%	Kal.
Kalbfleisch (frisch).								
Brust	21,3	66,0	1,5	18,9	13,3	—	0,8	210
Kotelett	3,4	70,7	1,3	19,7	7,3	—	0,8	156
Bauchfleisch	—	68,9	1,3	19,9	9,9	—	0,8	182
Keule	14,2	70,0	1,3	19,6	8,6	—	0,9	167
Lende	16,5	69,0	1,3	19,3	10,3	—	0,8	205
Hals	31,5	72,6	1,1	19,7	6,6	—	0,8	150
Rippen	24,3	72,7	1,2	20,1	5,8	—	0,8	140
Unterschenkel	62,7	74,5	1,0	20,1	4,4	—	0,8	130
Vorderes	24,5	71,7	1,2	19,4	7,6	—	0,7	157
Hinteres	20,7	70,9	1,2	20,1	7,9	—	0,8	163
Seite	22,6	71,3	1,2	19,6	7,7	—	0,8	160
Leber	—	73,0	0,9	9,7	5,0	—	1,0	90
Lamm (frisch).								
Brust	19,1	56,2	2,0	18,5	22,4	—	0,8	294
Keule	17,4	63,9	1,7	18,6	15,7	—	0,8	231
Lende	14,8	53,1	2,2	18,1	26,9	—	0,8	335
Hals	17,7	56,7	1,9	17,2	23,6	—	0,8	300
Schulter	20,3	51,8	2,2	17,6	28,2	—	0,8	344
Vorderes	18,8	55,1	2,0	17,8	24,5	—	0,8	310
Hinteres	15,7	60,9	1,8	19,0	18,1	—	0,8	255
Seite	19,3	58,2	2,0	17,1	21,9	—	0,8	283
Lamm (gekocht).								
Schnitzel, rasch abgebraten	13,5	47,6	2,5	21,0	28,4	—	1,0	361
Keule, gebraten	—	67,1	1,4	19,1	12,1	—	0,6	200
Schaf (frisch).	21,3	50,9	2,4	14,6	31,9	—	0,7	366
Bauchfleisch	9,9	46,2	2,6	14,7	36,4	—	0,5	410
Keule	18,4	62,8	1,7	17,9	17,1	—	0,8	241

Zusammensetzung der gewöhnlichen Nahrungsmittel

Nahrungsmittel	Ungenießbare Abfälle	Genießbarer Anteil						
		Wasser	Unverwertbare Nährstoffe	Verwertbare Nährstoffe				
				Eiweiß	Fett	Kohlehydrate	Asche	Brennwert pro 100 g
Animalische Nahrungsmittel.	%	%	%	%	%	%	%	Kal.
Schaf (frisch).								
Lende	16,0	50,2	2,4	1,55	31,4	—	0,6	365
Hals	27,4	58,1	2,0	16,4	23,4	—	0,7	395
Schulter	22,5	61,9	1,7	17,2	18,9	—	0,7	255
Vorderes	21,2	52,9	2,2	15,1	29,4	—	0,7	345
Hinteres	17,2	54,8	2,1	16,2	26,7	—	0,6	325
Seite	18,1	54,2	2,1	15,8	27,5	—	0,7	330
Schaf (gekocht und in Blechdosen).								
Gebratene Keule . . .	—	50,9	2,1	24,3	21,5	—	0,9	310
Gewürzt, in Blechdosen .	—	45,8	3,0	27,9	21,7	—	3,2	330
Zunge, in Blechdosen . .	—	47,6	3,1	23,7	22,8	—	3,6	230
Schwein (frisch).								
Rippen und Schulter . .	18,1	51,1	2,3	16,8	29,5	—	0,7	353
Bauchfleisch	18,0	59,0	1,9	17,9	21,1	—	0,8	278
Lende, Schnitzel	19,7	52,0	2,2	16,1	28,6	—	0,8	342
Keule	10,7	53,9	2,1	14,8	27,5	—	0,6	326
Schulter	12,4	51,2	2,3	12,9	32,5	—	0,6	365
Seite	11,5	34,4	3,2	8,8	52,5	—	0,4	517
Schwein (gewürzt, eingesalzen und geräuchert)								
Speck	7,7	18,8	4,8	9,6	64,0	—	3,3	650
Schinken	13,6	40,3	3,6	15,8	36,9	—	3,6	420
Schulter	18,2	45,0	3,8	15,4	30,9	—	5,0	361
Mageres Salzfleisch . . .	11,2	19,9	5,1	8,1	63,7	—	4,3	540
Fettes Salzfleisch . . .	—	7,9	5,4	1,8	81,9	—	2,9	785
Schweinsfüße, gewürzt .	35,5	68,2	1,4	15,8	14,1	—	0,7	202

Zusammensetzung der gewöhnlichen Nahrungsmittel

Nahrungsmittel	Ungenießbare Abfälle	Genießbarer Anteil						
		Wasser	Unverwertbare Nährstoffe	Verwertbare Nährstoffe				
				Eiweiß	Fett	Kohlehydrate	Asche	Brennwert pro 100 g
Animalische Nahrungsmittel.	%	%	%	%	%	%	%	Kal.
Schwein (gekocht).								
Gebratene Schweinskottelettes	—	33,6	3,1	24,1	35,7	—	1,7	445
Gebratene Steaks . . .	—	33,2	3,3	19,3	43,1	—	1,1	495
Würste.								
Bologneser	3,3	60,0	2,4	18,1	16,7	0,3	2,8	240
Frankfurter.	—	57,2	2,3	19,0	17,7	1,1	2,6	255
Schweinswurst	—	39,8	3,1	12,6	42,0	1,1	1,7	458
Geflügel und Wild (frisch).								
Junge Hühner, am Rost gebraten	41,6	74,8	1,0	20,9	2,4	—	0,8	115
Huhn	25,9	63,7	1,6	18,7	15,5	—	0,8	230
Gans	17,6	46,7	2,5	15,8	34,4	—	0,6	400
Truthahn	22,7	55,5	1,9	20,5	21,8	—	0,8	187
(Gekocht und in Dosen).								
Kapaun	10,4	59,9	1,7	26,2	10,9	—	1,0	220
Gebratener Indian . . .	—	67,5	1,3	17,1	10,9	0,8	2,4	188
Charadrins (gebraten und in Dosen)	—	57,7	1,7	21,7	9,7	1,6	7,6	217
Wachtel in Dosen . . .	—	66,9	1,6	21,1	7,6	1,1	1,7	172
Fische (frisch).								
Barsch, schwarz	54,8	76,7	1,0	20,0	1,6	—	0,9	103
Blaufisch	48,6	78,5	1,0	18,8	1,1	—	1,0	92
Stockfisch	29,9	58,5	0,5	10,8	0,2	—	0,6	50
Filets vom Stockfisch . .	9,2	79,7	0,9	18,1	0,5	—	0,9	85
Flunder	61,5	84,2	0,7	13,8	0,6	—	1,0	66

Zusammensetzung der gewöhnlichen Nahrungsmittel

Nahrungsmittel	Ungenießbare Abfälle	Genießbarer Anteil						
		Wasser	Unverwertbare Nährstoffe	Verwertbare Nährstoffe				
				Eiweiß	Fett	Kohlehydrate	Asche	Brennwert pro 100 g
Animalische Nahrungsmittel.	%	%	%	%	%	%	%	Kal.
Fische (frisch).								
Filet von Heilbutte . . .	17,7	75,4	1,1	18,0	4,9	—	0,8	125
Seeforelle	48,5	70,8	1,3	17,3	9,8	—	0,9	170
Makrele	44,7	73,4	1,3	18,1	6,7	—	0,9	145
Weißfisch	53,5	69,8	1,4	22,2	6,2	—	1,2	156
Schaltiere (frisch).								
Mya arenaria in Schalen .	41,9	85,8	1,0	8,3	0,9	2,0	2,0	43
Venus mercenaria in Schalen	67,5	86,2	0,9	6,3	0,4	4,2	2,0	45
Austern in Schalen . . .	81,4	86,9	0,8	6,0	1,1	3,7	1,5	52
Austern	—	88,3	0,6	5,8	1,2	3,3	0,8	50
Krabben mit harten Schalen	52,4	77,1	1,4	16,1	1,9	1,2	2,3	94
Hummer	61,7	79,2	1,1	15,9	1,7	0,4	1,7	88
Fische (in Konserven und Blechdosen).								
Eingesalzener Stockfisch .	24,9	53,5	6,8	20,9	0,3	—	18,5	95
Eingesalzener Stockfisch ohne Gräten . . .	1,6	55,0	5,5	24,9	0,3	—	14,3	112
Heilbutte, geräuchert . .	7,0	49,4	5,0	20,1	14,3	—	11,3	225
Hering, geräuchert . . .	44,4	34,6	5,2	35,8	15,0	—	9,9	300
Makrele, eingesalzen . .	19,7	43,4	5,0	16,8	25,1	—	9,7	311
Lachs in Dosen	14,2	63,5	1,9	21,1	11,5	—	2,0	201
Sardinen in Dosen . . .	5,0	52,3	3,1	22,3	18,7	—	4,2	275
Hummern in Dosen . . .	—	77,8	1,3	17,6	1,0	0,4	1,9	88
Venus mercenaria in Dosen	—	82,9	1,0	10,2	0,8	3,0	2,1	65
Austern in Dosen . . .	—	83,4	0,8	8,5	2,3	3,9	1,1	75
Eier.								
Eier, roh	11,2	73,7	1,1	13,0	10,0	—	0,8	153
Eier, gekocht	11,2	73,2	1,2	12,8	11,4	—	0,6	166

Zusammensetzung der gewöhnlichen Nahrungsmittel

Nahrungsmittel	Ungenießbare Abfälle	Genießbarer Anteil: Wasser	Unverwertbare Nährstoffe	Verwertbare Nährstoffe: Eiweiß	Fett	Kohlehydrate	Asche	Brennwert pro 100 g
Animalische Nahrungsmittel.	%	%	%	%	%	%	%	Kal.
Molkereiprodukte etc.								
Vollmilch	—	87,0	0,5	3,2	3,8	5,0	0,5	68
Magermilch	—	90,5	0,3	3,3	0,3	5,1	0,5	37
Kondensierte Milch, gesüßt	—	26,9	1,2	8,5	7,9	54,1	1,4	321
Obers	—	74,0	1,1	2,4	17,6	4,5	0,4	190
Käse	—	34,2	3,4	25,1	32,0	2,4	2,0	415
Butter	—	11,0	4,9	1,0	80,8	—	2,3	750
Oleomargarin etc.	—	9,5	5,7	1,2	78,9	—	4,7	745
Schweineschmalz etc.	—	—	5,0	—	95,0	—	—	880
Diverse animalische Nahrungsmittel.								
Aspik	—	13,6	3,2	88,7	0,1	—	1,6	468
Sulze	—	77,6	0,3	4,2	—	17,4	1,5	90
Pflanzliche Nahrungsmittel (Zerealien usw.).								
Rollgerste	—	11,5	4,0	6,6	1,0	76,1	0,8	360
Buchweizenmehl	—	13,6	3,5	5,2	1,1	75,9	0,7	352
Kornmehl, fein	—	12,6	3,6	5,8	1,2	76,3	0,5	358
Kornmehl, grob	—	12,5	4,0	7,5	1,7	73,5	0,8	358
Zerealine	—	10,3	4,2	7,8	1,0	76,3	0,4	364
Hominy	—	11,8	3,8	6,8	0,5	76,9	0,2	368
Hominy, gekocht	—	79,3	0,9	1,8	0,2	17,4	0,4	83
Hafermehl und Hafergrütze	—	7,8	5,6	13,4	6,6	65,2	1,4	395
Reis	—	12,3	3,7	6,5	0,3	76,9	0,3	354
Reis, gesotten	—	72,5	1,1	2,3	0,1	23,8	0,2	111
Reismehl	—	12,9	3,6	5,3	0,8	76,9	0,5	354
Weizenmehl	—	11,4	4,5	10,7	1,7	70,9	0,8	362
Klebermehl	—	12,0	4,6	11,0	1,6	70,1	0,7	360
Kleienmehl	—	11,3	4,7	10,3	2,0	70,4	1,3	361

Zusammensetzung der gewöhnlichen Nahrungsmittel

Nahrungsmittel	Ungenießbare Abfälle	Genießbarer Anteil: Wasser	Unverwertbare Nährstoffe	Verwertbare Nährstoffe: Eiweiß	Fett	Kohlehydrate	Asche	Brennwert pro 100 g
	%	%	%	%	%	%	%	Kal.
Pflanzliche Nahrungsmittel (Zerealien usw.).								
Weizenpräparate:								
„Frühstückspeise"	—	9,6	4,5	9,3	1,6	74,0	1,0	367
Makkaroni	—	10,3	4,5	10,4	0,8	73,0	1,0	361
Makkaroni, gekocht	—	78,4	1,3	2,3	1,4	15,6	1,0	89
Spaghetti	—	10,6	4,0	9,4	0,4	75,1	0,5	361
Nudeln	—	10,7	4,2	9,1	0,9	74,3	0,8	361
Brot:								
Schwarzbrot	—	43,6	2,8	4,2	1,6	46,2	1,6	228
Kornbrot	—	38,9	3,5	6,5	4,2	45,2	1,7	257
Roggenbrot	—	35,7	3,4	7,3	0,5	52,0	1,1	255
Grahambrot	—	35,7	3,4	6,9	1,6	51,3	1,1	261
Weizenbrot	—	38,4	3,2	7,5	0,8	49,1	1,0	248
Weißes Weizenbrot	—	35,3	3,3	7,1	1,2	52,3	0,8	263
Soda-Biskuits	—	22,9	4,7	7,2	12,3	51,8	1,1	364
„Roles"	—	29,2	3,6	6,9	3,7	55,8	0,8	300
Gebähtes Brot	—	24,0	4,1	8,9	1,4	60,3	1,3	306
Zwieback:								
Boston (split)	—	7,5	5,0	8,5	7,7	69,9	1,4	405
Milch- u. Oberszwieback	—	6,8	5,0	7,5	10,9	68,5	1,3	402
Grahamzwieback	—	5,4	4,8	7,7	8,5	72,5	1,1	418
Austernzwieback	—	4,8	5,4	8,8	9,5	69,3	2,2	419
Sodazwieback	—	5,9	4,9	7,6	8,2	71,8	1,6	430
Wasserzwieback	—	6,8	5,0	8,3	7,9	70,6	1,4	407
Cakes, Kuchen usw.:								
Bakers Cakes	—	31,4	3,3	4,8	4,1	55,8	0,6	294
Kaffeecakes	—	21,3	3,8	5,5	6,8	61,9	0,7	348
Lebzelten	—	18,8	4,3	4,5	8,1	62,1	2,2	356
Schwammkuchen	—	15,3	4,4	4,8	9,6	64,5	1,4	382
Dropkuchen	—	16,6	4,5	5,9	13,2	59,2	0,6	397
Melassenkuchen	—	6,2	4,7	5,6	7,8	74,0	1,7	408
Zuckerplätzchen	—	8,3	4,5	5,4	9,2	71,6	1,0	410
Pfeffernüsse	—	6,3	4,7	5,0	7,7	74,3	2,0	406
Waffeln	—	6,6	4,8	6,7	7,7	73,0	1,2	408
In Fett gebackene Kuchen	—	18,3	4,8	5,2	18,9	52,1	0,7	417

Zusammensetzung der gewöhnlichen Nahrungsmittel

Nahrungsmittel	Ungenießbare Abfälle	Genießbarer Anteil						
		Wasser	Unverwertbare Nährstoffe	Verwertbare Nährstoffe				Brennwert pro 100 g
				Eiweiß	Fett	Kohlehydrate	Asche	
Pflanzliche Nahrungsmittel (Zerealien usw.).	%	%	%	%	%	%	%	Kal.
Pasteten, Puddings usw.:								
Apfelpastete	—	42,5	3,1	2,4	8,8	41,8	1,4	267
Oberspastete	—	62,4	2,2	3,2	5,7	25,7	0,8	175
Pudding aus indischem Mehl	—	60,7	2,5	4,5	4,3	26,9	1,1	173
Reiscrêmepudding . .	—	59,4	2,1	3,2	4,1	30,7	0,5	182
Tapiocapudding . . .	—	64,5	1,0	2,8	2,9	28,2	0,6	157
Zucker, Stärke usw.								
Zucker, gekörnt	—	—	—	—	—	100,0	—	394
Staubzucker	—	—	—	—	—	100,0	—	394
Rohzucker	—	—	—	—	—	95,0	—	374
Ahornzucker	—	—	—	—	—	82,0	—	327
Melasse	—	—	—	—	—	70,0	—	276
Ahornsirup	—	—	—	—	—	71.0	—	280
Kornstärke	—	—	—	—	—	90,0	—	377
Tapioca	—	11,4	0,1	0,3	0,1	88,0	0,1	371
Sago	—	12,2	1,4	7,7	0,4	78,1	0,2	366
Gemüse.								
Spargel, frisch	—	94,0	0,7	1,3	0,2	3,3	0,5	21
Spargel, gekocht. . . .	—	91,6	1,0	1,7	3,0	2,1	0,6	43
Limabohnen, grün . . .	55,0	68,5	2,7	5,3	0,6	21,6	1,3	116
Limabohnen, getrocknet .	—	10,4	6,7	12,8	1,4	65,6	3,1	344
Französische Bohnen, frisch	7,0	89,2	1,0	1,7	0.3	7,2	0,6	40
Französ. Bohnen, gekocht[1]	—	95,3	,5	0,6	1,0	1,9	0,7	20
Weiße Bohnen, getrocknet	—	12,6	7,5	15,8	1,6	59,9	2,6	337
Bohnen, gebacken . . .	—	68.9	2,8	4,8	2,3	19,6	1,6	124
Rote Rüben, frisch . . .	20,0	87,5	1,0	1,2	0,1	9,4	0,8	45
Rote Rüben, gekocht[1] .	—	88,6	1,2	1,7	0,1	7,2	1,2	37
Kohl	15,0	91,5	0,7	1,2	0,3	5,5	0,8	31

[1]) Mit Butter.

Zusammensetzung der gewöhnlichen Nahrungsmittel

Nahrungsmittel	Ungenießbare Abfälle	Genießbarer Anteil						
		Wasser	Unverwertbare Nährstoffe	Verwertbare Nährstoffe				Brennwert pro 100 g
				Eiweiß	Fett	Kohlehydrate	Asche	
Pflanzliche Nahrungsmittel (Zerealien usw.).	%	%	%	%	%	%	%	Kal.
Karotten, frisch	20,0	88,2	1,0	0,7	0,4	8,9	0,8	44
Blumenkohl	—	92,3	0,7	1,3	0,5	4,7	0,5	30
Celery	20,0	94,5	0,6	0,8	0,1	3,2	0,8	18
Süßer Mais	61,0	75,4	1,8	2,3	1,0	19,0	0,5	98
Gurken	15,0	95,4	0,4	0,6	0,2	3,0	0,4	17
Lattich	15,0	94,7	0,5	0,9	0,3	2,9	0,7	19
Zwiebel, frisch	10,0	87,6	0,8	1,2	0,3	9,6	0,5	47
Zwiebel, gekocht	—	91,2	0,8	0,9	1,6	4,8	0,7	39
Pastinaca edulis	20,0	83,0	1,2	1,2	0,5	13,0	1,1	64
Erbsen, getrocknet	—	9,5	7,6	17,3	0,9	62,5	2,2	232
Grüne Erbsen	45,0	74,6	2,2	5,2	0,5	16,7	0,8	95
Grüne Erbsen, gekocht[1]	—	73,8	2,5	5,1	3,1	14,4	1,1	108
Kartoffel	20,0	78,3	1,4	1,7	0,1	17,7	0,8	81
Kartoffel, gekocht, gesotten	—	75,5	1,7	1,9	0,1	20,0	0,8	91
Kartoffelpüree	—	75,1	2,0	2,0	2,7	17,1	1,1	105
Kürbis	50,0	93,1	0,6	0,7	0,1	5,0	0,5	24
Rettich	30,0	91,8	0,7	1,0	0,1	5,6	0,8	29
Rhabarber	40,0	94,4	0,6	0,4	0,6	3,5	0,5	22
Spinat, frisch	—	92,3	1,0	1,6	0,3	3,2	1,6	22
Spinat, gekocht[1]	—	89,8	1,1	1,6	3,7	2,7	1,1	52
Süße Kartoffel, frisch	20,0	69,0	2,1	1,3	0,6	26,2	0,8	120
Süße Kartoffel, gekocht	—	51,9	3,0	2,2	1,9	40,3	0,7	195
Tomaten	—	94,3	0,4	0,7	0,4	3,8	0,4	22
Kohlrüben	30,0	89,6	0,8	1,0	0,2	7,8	0,6	39
Gemüse (in Dosen).								
Spargel	—	94,4	0,6	1,2	0,1	2,8	0,9	18
Bohnen, gebacken	—	68,9	2,7	4,8	2,3	19,7	1,6	122
Französische Bohnen	—	93,7	0,7	0,8	0,1	3,7	1,0	20
Limabohnen	—	79,5	1,7	3,0	0,3	14,3	1,2	74
Süßer Mais	—	76,1	1,7	2,1	1,1	18,3	0,7	95

[1]) Mit Butter.

Zusammensetzung der gewöhnlichen Nahrungsmittel

Nahrungsmittel	Ungenießbare Abfälle	Genießbarer Anteil: Wasser	Unverwertbare Nährstoffe	Verwertbare Nährstoffe: Eiweiß	Fett	Kohlehydrate	Asche	Brennwert pro 100 g
Pflanzliche Nahrungsmittel (Zerealien usw.).	%	%	%	%	%	%	%	Kal.
Erbsen, grün	—	85,3	1,4	2,7	0,2	9,6	0,8	52
Tomaten	—	94,0	0,5	0,9	0,2	3,9	0,5	22
Obst usw. (frisch).								
Äpfel	25,0	84,6	1,6	0,3	0,5	12,8	0,2	57
Aprikosen	6,0	85,0	1,5	0,9	—	12,2	0,4	53
Bananen	35,0	75,3	2,7	1,0	0,5	10,9	0,6	88
Brombeeren	—	86,3	1,5	1,0	0,9	9,9	0,4	52
Kirschen	5,0	80,9	2,0	0,8	0,7	15,1	0,5	70
Johannisbeeren	—	85,0	1,7	1,2	—	11,6	0,5	51
Feigen	—	79,1	2,2	1,2	—	17,0	0,5	73
Trauben	25,0	77,4	2,4	1,1	1,4	17,3	0,4	86
Heidelbeeren	—	81,9	2,0	0,5	0,5	14,9	0,2	66
Zitronen	30,0	89,3	1,2	0,8	0,6	7,7	0,4	40
Muskatellermelonen	50,0	89,5	1,1	0,5	—	8,4	0,5	39
Orangen	27,0	86,9	1,4	0,6	0,2	10,5	0,4	46
Vegetabilische Nahrungsmittel. Obst (frisch).								
Birnen	10,0	84,4	1,7	0,5	0,4	12,7	0,3	56
Korinthen	5,0	78,4	2,2	0,8	—	18,2	0,4	76
Pflaumen	6,0	79,6	2,1	0,7	—	17,1	0,5	72
Himbeeren	—	84,1	1,7	1,4	0,9	11,4	0,5	59
Erdbeeren	5,0	90,4	1,0	0,8	0,5	6,8	0,5	39
Wassermelonen	60,0	92,4	0,9	0,3	0,2	6,0	0,2	28
Obst usw. (getrocknet).								
Äpfel	—	28,1	7,5	1,3	2,0	59,6	1,5	262
Aprikosen	—	29,4	7,7	3,7	0,9	56,5	1,8	249
Zitronen	—	19,0	8,3	,4	1,3	70,3	,7	295

Zusammensetzung der gewöhnlichen Nahrungsmittel.

Nahrungsmittel	Ungenießbare Abfälle	Genießbarer Anteil: Wasser	Unverwertbare Nährstoffe	Verwertbare Nährstoffe: Eiweiß	Fett	Kohlehydrate	Asche	Brennwert pro 100 g
	%	%	%	%	%	%	%	Kal.
Pflanzliche Nahrungsmittel (Zerealien usw.).								
Korinthen	—	17,2	8,6	1,9	1,5	67,0	3,8	289
Datteln	10,0	15,4	8,8	1,6	2,5	70,7	1,0	311
Feigen	—	18,8	8,7	3,4	0,3	67,0	1,8	284
Rosinen	10,0	14.6	9,1	2,0	3,0	68,7	2,6	310
Pflaumen	15,0	22,3	8,3	1,6	—	66,1	1,7	271
Früchte usw. (in Dosen).								
Aprikosen	—	81,4	1,9	0,7	—	15,7	0,3	65
Brombeeren	—	40,0	6,1	0,6	1,9	50,9	0,5	223
Blaubeeren	—	85,6	1,6	0,5	0,5	11,5	0,3	53
Kirschen	—	77,2	2,3	0,9	0,1	19,1	0,4	80
Holzäpfel	—	42,4	5,7	0,3	2,2	49,0	0,4	117
Pfirsiche	—	88,1	1,3	0,5	0,1	9,8	0,2	42
Birnen	—	81,1	1,9	0,3	0,3	16,2	0,2	68
Erdbeeren (gedämpft)	—	74,8	2,6	0,5	—	21,7	0,4	88
Nüsse.								
Mandeln	45,0	4,8	10,9	17,8	49,4	15,6	1,5	591
Ölnüsse	86,0	4,4	11,4	23,7	55,1	3,2	2,2	617
Kastanien (frisch)	16,0	45,0	5,9	5,3	4,9	37,9	1,0	200
Kokosnüsse	49,0	14,1	9,2	4,8	45,5	25,1	1,3	542
Haselnüsse	52,0	3,7	10,7	13,3	58,8	11,7	1,8	645
Walnüsse	62,0	3,7	10,6	13,1	60,7	10,3	1,6	656
Erdnüsse	25,0	9,2	10,7	21,9	31,7	22,0	1,5	496

II. Diätetik in Krankheiten.

Die Diätetik bei Erkrankungen des Menschen, sei es bei Erkrankungen des Stoffwechsels, des Magen-Darmkanals, sei es bei Erkrankungen des Kreislaufs, der Nieren, der Haut etc., hat im großen ganzen dasselbe Ziel zu verfolgen wie beim Gesunden: d. h. ausreichende Ernährung zur Erhaltung der Leistungsfähigkeit des Individuums bzw. zur Herbeiführung eines derartigen Zustandes. Dieses Ziel läßt sich indessen nur erreichen durch eine weitgehende Anpassung der dargereichten Nahrung an den speziellen Krankheitsfall. Haben wir es doch bald mit Störungen des Kohle hydratstoffwechsels, mit Störungen des Purinstoffwechsels, Fettstoffwechsels, Eiweißstoffwechsels und bald mit Störungen der Resorption bzw. der Verdauung, d. h. der Zerlegung der Nährstoffe im Magendarmkanal oder aber mit Störungen der Exkretion der Nahrungsschlacken, der Salze etc. zu tun, die uns zu einer engen Auswahl der Nährstoffe, d. h. der Nahrungsmittel zwingen. So muß schließlich der Arzt eine genaue Kenntnis der diätetischen Küche wie der Diätetik im einzelnen sich zu eigen machen. Die Kenntnis der ersteren soll ihm die allgemeine Zusammenstellung des dritten Kapitels vermitteln; daß er sich eine Kochschürze umbinden und nun kochen lernen soll, ist gar nicht erforderlich; wohl aber soll er über gewisse Technizismen der Küche orientiert sein, um seiner Klientel auch hier mit Ratschlägen an die Hand zu gehen. Er muß beispielsweise wissen, wie man eine Haferschleimsuppe, eine Kraftbrühe bereitet u. dgl. mehr. Übernimmt er einen Krankheitsfall, so ist er, sofern die Ernährung notzuleiden droht, oder sofern es sich um eine Ernährungsstörung handelt, verpflichtet, nicht nur im allgemeinen Anweisungen über die Art der Ernährung zu geben (es sei denn, daß es sich um eine kurzdauernde fieberhafte Erkrankung handelt), er soll vielmehr den

Speisezettel skizzieren. Bei der Aufstellung des Speisezettels muß er von kalorischen Gesichtspunkten ausgehen. Das ist schnell gelernt: bei bettlägerigen Kranken genügen pro Kilogramm Körpergewicht 30—35 Kal. Man berechnet sich dann die notwendigen Eiweißmengen (15—20 % der Gesamtkalorien) und deckt den Rest durch Kohlehydrate und Fette. Leicht verdauliches Eiweiß ist in der Milch enthalten, die man durch Sahne kalorisch hochwertiger gestalten kann. (Überhaupt ist von der Sahne, wo sie vertragen wird, nach Möglichkeit Gebrauch zu machen.) Indessen kann man Eiweiß auch in Form von Fleisch geben, das fettfrei weit verdaulicher und um so verträglicher ist, je lockerer die Faser ist. Die Kraftbrühen etc. sind keine Eiweiß enthaltenden Nahrungsmittel! Sie haben einen anderen Zweck zu erfüllen, nämlich den der Anregung des Appetits, jenes mächtigen Faktors der Verdauung. Eier als Mittel zur Deckung des Eiweißbedarfs sind weniger willkommen als der Eidotter in Emulsion als kalorisch hochwertiges Nahrungsmittel. In guter frischer Butter, die sich reichlich allen Nahrungsmitteln beimengen läßt und die auch roh auf Zwieback etc. gern genossen zu werden pflegt, haben wir das bequemste Mittel auch schwereren Kranken eine reichliche Kalorienmenge mit der Nahrung zuzuführen. Speck, Knochenmark, Wurst etc. sind nur für derben Magen, z. B. bei einem Diabetiker als Kalorienspender geeignet.

Was die Kohlehydrate anbelangt, so wird man sie nur in Form feinstvermahlener Mehle als Suppen, Breie oder Speisen anwenden. Schwarzbrot, d. h. zellulosereichere Brote haben ihre spezielle Indikation; bei darniederliegendem Ernährungszustande haben nur die Weißbrote oder noch besser die gerösteten Weißbrote oder Zwiebacke, die zum Teil dextrinisiert, zum Teil in Maltose schon übergeführt sind, Anwendung zu finden. Die Gemüse verwenden wir diätetisch meist nur in Musform (durchs Sieb) geschlagen). Von den schwer verdaulichen Leguminosen halten wir uns nach Möglichkeit fern und benützen höchstens die Leguminosenmehle. Obst ist roh nur ohne Schalen zu genießen, nach Möglichkeit aber gekocht und durchs Sieb geschlagen, als Kompott zu verabreichen. Fruchtsäfte, z. B. als Zutaten zu Mehlspeisen, als Getränke mit Wasser können sehr erwünscht sein, und sind auch in vielen Fällen (z. B. Obstipation) indiziert. Bedacht ist auch jeweils auf die Flüssigkeitsmenge, die man in Speisen und Getränken verabreicht, ferner auf die Salz- und

Wassermenge zu nehmen; man vgl. hierzu z. B. die Kapitel der Herz- und Nierenerkrankungen. Was schließlich den Alkohol anbetrifft, so läßt er sich vom Standpunkt der Ernährungslehre vollkommen ausschalten. Dienste leistet er uns in erster Linie bei der Ernährung des Diabetes. (Im Übrigen vergleiche das dritte Kapitel: Diätetische Küche.)

1. Gicht[1]).

Daß es sich bei der Gicht um Ablagerungen von Harnsäure und zwar in der Hauptsache als Mononatriumurat handelt, wobei sich die Ablagerungen meist in den Geweben mit Interzellularsubstanz: dem Knorpel, dem lockeren und festen Bindegewebe, finden, steht fest.

Diese Ablagerungen, bestimmte Gewebe bevorzugend, führen zu zwei Manifestationen: zur arthritisch-uratischen Entzündung (dem eigentlichen Gichtanfall) und zur Bildung indolenter Tophi an gewissen Lieblingsstellen (z. B. an den Sehnen, Schleimbeuteln, Ohrmuscheln).

Die Uratablagerungen entstehen nicht an Ort und Stelle, sondern sind durch das Blut dorthin verschleppt. Die Anhäufung der Harnsäure im Blut ist in letzter Linie die Ursache für das Ausfallen der Urate in den Geweben. Wir wissen nun heute auf Grund ausgedehnter Erfahrung, daß beim Gesunden unter bestimmten Verhältnissen, nämlich bei purinfreier Kost — es wird weiter unten zu erklären sein, was wir darunter verstehen — das Blut harnsäurefrei gefunden wird, daß es dagegen beim Gichtiker auch bei purinfreier Diät harnsäurehaltig ist. Einen wenigstens längere Zeit dauernden Harnsäuregehalt des Blutes unter gleichen Verhältnissen können wir auch bei der Schrumpfniere und bei gewissen Formen der Leukämie (myeloischen Leukämie) antreffen. Eine konstante Anwesenheit von Harnsäure im Blut (konstante Urikämie) ist aber die Vorbedingung für das Ausfallen der Urate: „ohne Urikämie gibt es keine Gicht". Und da es drei Quellen der konstanten Urikämie gibt, so gibt es auch drei Formen der Gicht; die erste ist die wichtigste Form, die Stoffwechsel gicht, die zweite seltenere ist die Nierengicht; ihre Bedeutung liegt darin, daß sich eine Stoffwechselgicht im Verlaufe ihrer Entwickelung oft mit einer Nierengicht kompliziert. Primär pflegt sie als Bleigicht aufzutreten. Die praktisch am wenigsten wichtige Gicht ist die leukämische. (In der Literatur sind nur wenige Fälle dieser Form beobachtet.) Um den Mechanismus der Gicht, ihr Wesen in ihren Formen zu verstehen, um vor allem eine rationelle Diätetik der Gicht zu betreiben, sind eine Reihe von physiologischen Tatsachen anzuführen.

---

[1]) Siehe Brugsch und Schittenhelm, Der Nukleinstoffwechsel und seine Störungen (Gicht, Uratsteindiathese etc.). Jena 1910. Dieser Monographie entstammt auch die Darstellung der diätetischen Gichttherapie.

Die Quelle der Harnsäure in unserem Organismus ist bekanntlich nicht das Eiweiß schlechtweg, sondern ein ganz bestimmtes Eiweiß, das in den Zellkernen, den Nukleoproteiden enthalten ist. In diesen Nukleinen stecken die Muttersubstanzen der Harnsäure, d. s. gewisse Purinbasen.

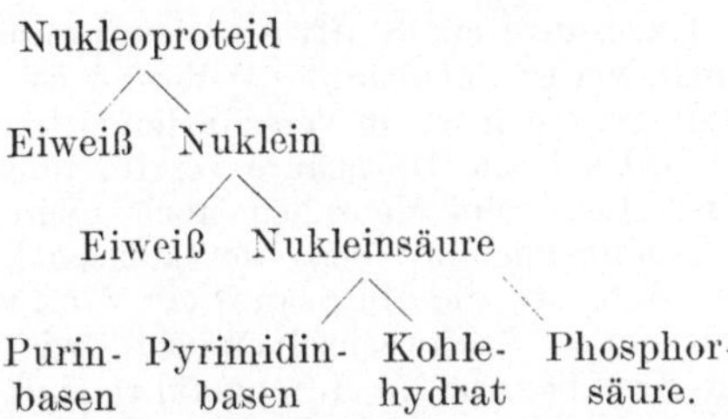

Um diese Purinbasen in ihrer Verwandtschaft mit der Harnsäure und dem Purinkern zu demonstrieren, sei folgende kleine Übersicht geboten. Die einfachste Wasserstoffverbindung ist das Purin.

Treten an Stelle der Wasserstoffatome im Purin Sauerstoffatome, so resultieren die Oxypurine (Hypoxanthin, Xanthin, Harnsäure). Tritt die NH.-Gruppe an Stelle eines H-Atomes, so resultieren die Aminopurine (Adenin, Guanin).

Purinkern = N_1-C_6, C_2, C_5-N_7, C_8, $N_3-C_4-N_9$ (Ring: N_1-C_6; C_2 $C_5-N_7 \rangle C_8$; $N_3-C_4-N_9$)

Purin = N=CH; HC C–NH; ⟩CH; N–C–N (Ring)

Oxypurine

Hypoxanthin $C_5H_4N_4O$ = 6 Oxypurin: HN–CO; HC C–NH ⟩CH; N–C–N

Xanthin $C_5H_4N_4O_2$ = 2·6·Oxypurin: HN–CO; OC C–NH ⟩CH; HN–C–N

Harnsäure $C_5H_4N_4O_3$ = 2·6·8 Oxypurin: HN CO; OC C–NH ⟩CO; HN–C–NH

Aminopurine

Adenin = 6 Amino-purin $C_5H_5N_5$: N=CNH_2; CH C–NH ⟩CH; N C–N

Guanin = 2 Amino-6 Oxypurin $C_5H_5N_5O$: HN–CO; NH_2C C–NH ⟩CH; N–C–N

Die Aminopurine sind wichtig, insofern sie im Zellkerneiweiß, in den Nukleinen, enthalten sind und zwar gebunden in der Nukleinsäure. Unter den Oxypurinen spielt die Harnsäure beim Menschen physiologisch eine große Rolle, insofern sie zum Teil wenigstens Stoffwechselendprodukt ist. Auch Hypoxanthin und Xanthin wird wenigstens in kleineren Mengen beim Menschen ausgeschieden.

Wie wir aus Fermentversuchen an überlebenden Organen wissen, vollzieht sich der Purinstoffwechsel physiologischerweise derart, daß durch eine in allen Organen vorhandene Nuklease die Aminopurine aus der Nukleinsäure befreit werden; auf die freien Aminopurine, Adenin und Guanin, wirkt ein Ammoniak abspaltendes Ferment, eine Purindesamidase, es resultieren Xanthin und Hypoxanthin, und diese werden sodann durch oxydierende Fermente (Xanthinoxydase), die fast in allen Organen vorhanden sind, zur Harnsäure weiter oxydiert.

Stellt die Harnsäure ein Stoffwechselendprodukt vor oder wird sie zum Teil noch weiter abgebaut? Während es bisher z. B. beim Hunde und Rinde gelungen ist, in verschiedenen Organen, z. B. Niere und Leber und Muskel ein Harnsäure zerstörendes Ferment direkt nachzuweisen, ist dies beim Menschen noch nicht geglückt. Wiechowski hat deshalb gemeint, daß der Mensch kein urikolytisches Ferment besitze, daß also die Harnsäure ein Stoffwechselendprodukt darstelle. Durch exakte Stoffwechselversuche, wie sie namentlich in letzter Zeit von Schittenhelm durchgeführt sind, kann es als fest bewiesen angesehen werden, daß in der Tat die Harnsäure beim Menschen zum Teil zerstört wird und nur zu einem Teil unzerstört ausgeschieden wird. Es muß also auf alle Fälle ein urikolytisches Ferment existieren, das die Harnsäure weiter abbaut. Die Frage, welches die Abbauprodukte der Harnsäure sind, wollen wir hier nicht berühren.

Wir haben also in bezug auf den Purinstoffwechsel beim Menschen 4 Fermente oder besser Fermentgruppen: die Nuklease, die Purindesamidase, die Xanthinoxydase und das urikolytische Ferment.

Wenn man einen Menschen längere Zeit purinfrei ernährt, d. h. in der Nahrung die Vorstufen der Harnsäure fortläßt, so scheidet er trotzdem eine bestimmte Menge Harnsäure innerhalb 24 Stunden aus; diese Menge stellt bei jedem Individuum eine Konstante dar, deren 24 stündigen Durchschnittswert wir den endogenen Wert nennen und der bei gesunden Männern zwischen 0,4 und 0,6 g Harnsäure liegt. Verfüttert man purinbasenhaltiges Material, z. B. Nukleinsäure, so erhöht sich der Harnsäurewert des Urins über den endogenen Wert hinaus, und zwar geschieht die Ausscheidung dieser exogenen Harnsäure sehr schnell, innerhalb zweier Tage, wobei im Durchschnitt etwa 50 % der in der Nukleinsäure verfütterten Purinbasen als Harnsäure und zu einem minimalen Teil als Purinbasen zum Vorschein kommen, der Rest als Harnstoff beziehungsweise als Ammoniak. Bei der Gicht liegen die Verhältnisse anders: Abgesehen davon, daß der endogene Harnsäure-Wert an sich schon tifer liegt, verläuft die exogene Harnsäure-Ausscheidung nach Verfütterung der gleichen Menge Nukleinsäure langsamer als beim Gesunden.

Wir haben nun mit Schittenhelm diesen langsamen Verlauf als Folgen einer Purinstoffwechselanomalie aufgefaßt, indem wir zeigten, daß bei der Gicht sämtliche Fermente langsamer wirken, infolgedessen wird die Harnsäure langsamer gebildet und langsamer zerstört und schließlich wird sie (durch eine sekundäre Erhöhung des Schwellenwertes in den Nieren) langsamer ausgeschieden.

Daß speziell die Harnsäure nicht schlechtweg durch die Nieren retiniert wird, das beweist einmal die Tatsache, daß man die Harnsäure im Blute bald nach der Verfütterung nicht erheblich vermehrt nachweisen kann und weiter die Tatsache, daß die Menge der verfütterten Purinbasen, die als Harnsäure nicht zum Vorschein kommt, als Harnstoff wieder ausgeschieden wird. (Auf die Eigenart der Purinbasenausscheidung soll hier nicht eingegangen werden.)

Das wesentlichste — wenigstens was das Zustandekommen der Urikämie anbetrifft — dieser Form der Gicht, der von mir und Schittenhelm genannten Stoffwechselgicht, bleibt die Veränderung der Zerstörung und Verlangsamung der Ausscheidung der Harnsäure, ihr steht bei der sog. Nierengicht nur die (gewöhnlich mehr temporäre) alleinige Verschlechterung der Ausscheidung gegenüber. Aber sowohl bei der Stoffwechselgicht wie bei der Nierengicht braucht zum Zustandekommen der Urikämie die intermediäre Harnsäurebildung keine sehr große zu sein: es kommt auf die Verminderung der Zerstörung und Verschlechterung der Ausscheidung an; allerdings wird ceteris paribus die Urikämie um so größer sein, je größer die intermediäre Harnsäurebildung ist. Demgegenüber handelt es sich bei der leukämischen Form der Gicht um eine Form der Urikämie, die nur dadurch zustande kommt, daß intermediär enorm viel Harnsäure aus den zerfallenden Leukonukleinen gebildet wird, die aber baldmöglichst hier wieder eliminiert wird.

Urikämie darf man nicht mit Gicht identifizieren, dagegen darf man sagen, daß eine Gicht ohne Urikämie nicht denkbar ist. Wie kommt es aber zum Ausfallen der Harnsäure als Urat in das Gewebe und wie zum Anfalle?

Wir müssen hier wissen, in welcher Form kreist die Harnsäure im Blute, müssen ferner ihre Löslichkeitsverhältnisse kennen und schließlich wissen, wie groß der Harnsäurewert im Blute der Gichtiker ist.

Wir dürfen heute sicher sagen, daß die Harnsäure sowohl beim Gichtiker wie bei anderen Zuständen im Blute als Mononatriumurat kreist. Nach Gudzent bildet nun das Mononatriumurat zwei Salze. Das erste (a-Salz oder die Laktamform) ist unbeständig und geht vom Momente ihrer Entstehung in ein b-Salz oder die Laktimform über. Beide Salze unterscheiden sich lediglich durch ihre Löslichkeit, sind aber sonst isomer. Von der labilen Form sind nun in 100 ccm Blutserum **18,4 mg** Lactamurat löslich, von der stabilen **8,3 mg** Laktimurat. Bei der Stoffwechselgicht wird der Wert von 8 mg Urat bei purinfreier Ernährung annähernd erreicht, bei purinhaltiger Ernährung überschritten. Da aber Zerstörung und Ausscheidung der Harnsäure bei der Stoffwechselgicht verlangsamt sind, so ist anzunehmen, daß die Harnsäure bei dieser Form der Gicht gewöhnlich als stabiles Laktimurat kreist; das gleiche darf man ohne weiteres von der Nierengicht annehmen. Das Ausfallen der Urate ist dann als das Ausfallen aus dem harnsäuregesättigten Blute zu deuten. Demgegenüber fällt bei der leukämischen Gicht mit gutem Ausscheidungsvermögen der Harnsäure durch die Nieren die Möglichkeit der Umbildung der Urate aus der Laktamform in die Laktimform weg. Kommt es daher hier zum Ausfallen von Harnsäure als Urat, so ist das nur dadurch möglich, daß sich mehr Harnsäure als 18,4 mg Urat in 100 ccm Blutserum findet; und in der Tat trifft man bei myeloischen Leukämien häufig weit größere Harnsäuremengen im Blute an.

Daß Harnsäureablagerungen in den Geweben zu entzündlichen Prozessen führen (ganz ähnlich dem arthritisch-uratischen Anfalle) wissen wir aus vielen Experimenten; indessen ist aber nur das Mononatriumurat ein Entzündungserreger, nicht dagegen die Harnsäure selbst.

van Loghem spritzte nämlich Kaninchen in Wasser suspendierte Harnsäure unter die Haut ein und konnte bei systematischer mikroskopischer Untersuchung in Schnitten nach Stunden und Tagen feststellen, daß die eingespritzten Harnsäurekristalle allmählich gelöst werden, und daß an dessen Stelle sich ein Niederschlag von Natriumurat bildet. Diese Uratablagerung besteht nach van Loghem aus den typischen Drüsenmassen von Kristallnadeln, welche auch die echten gichtischen Ablagerungen charakterisieren. Die Ähnlichkeit des experimentellen Tophus mit dem gichtischen ist nach einigen Tagen eine vollständige, nämlich dann, wenn alle Harnsäure geschwunden und nur Urate vorhanden sind. Auch in bezug auf die zellulären Vorgänge herrscht nach van Loghem vollständige Übereinstimmung. „Die experimentelle Uratablagerung erzeugt eine starke Reaktion der Umgebung; polynukleäre Leukozyten dringen hinein und leiten den phagozytären Prozeß ein, der mit Riesenzellen und Bindegewebsbildung weitergeht." Die Kristalle verschwinden am Ende teils durch Phagozytose, teils durch Lösung in den Gewebsflüssigkeiten.

van Loghem vermochte nun durch Eingaben von Salzsäure per os diese Uratablagerungen und damit die entzündlichen Erscheinungen zu verhindern (eine Bestätigung erfolgte später durch Silbergleit) und durch große Gaben Alkalien diese Uratablagerungen beim Hunde herbeizuführen.

Diese Versuche geben einen Schlüssel zu den Pfeifferschen am Menschen vorgenommenen Harnsäureinjektionsversuchen. Nach der Injektion aufgeschwemmter reiner Harnsäure trat die entzündliche Reaktion erst nach 12—18 Stunden auf und konnte durch große Dosen von Mineralsäure verhindert werden, während der Gebrauch von Alkalien die Reizerscheinung viel früher und intensiver auftreten läßt. Das muß nach den van Loghemschen Untersuchungen auf dem schnelleren Auftreten und Ausfallen von Mononatriumurat beruhen.

Ziehen wir nun aus dieser Erkenntnis des Wesens der Gicht unsere Konsequenzen in diätetisch-therapeutischer Richtung, so ergibt sich als oberster Grundsatz für uns dem Gichtiker, eine Kost zu verabreichen, durch die der Harnsäurespiegel nach Möglichkeit heruntergedrückt wird. Eine solche Kost ist eine purinfreie Kost; da indessen, auch die fleischfreie Kost nicht ganz purinfrei ist, so sprechen wir besser von einer purinarmen Kost. Die Empfehlung einer purinarmen Kost für die Gicht ist schon frühzeitig ergangen, so von Garrod. Aber noch heutigen Tages gibt es Ärzte, die einer entgegengesetzten Ansicht huldigen, ausgehend von der Tatsache, daß Gichtiker mitunter auch bei sog. purinfreier, d. h. fleischfreier Kost Gichtanfälle durchzumachen haben. Zum Teil liegt das sicherlich daran, daß viele Ärzte die fleischfreie Kost nicht lange genug durchführen lassen. Eine fleischfreie Kost soll vom Gichtiker nach Möglichkeit Monate hindurch durchgeführt werden; erst dann pflegt sich ihr voller Nutzen durch Verminderung der Anfälle zu zeigen.

Aber auch wenn unter längere Zeit durchgeführter purinarmer Diät noch Anfälle ab und zu auftreten, dürfen wir uns dadurch nicht entmutigen lassen; die Ursache liegt eben darin, daß bei der Gicht auch nach Ausschaltung der alimentären Harnsäurebildung u. Umständen intermediär soviel Harnsäure im Blute kreisen kann, um die Löslichkeitsgrenze zu überschreiten (aus der Urikämie wird eine Hyperurikämie). In den meisten derartigen Fällen dürfte es sich aber sicherlich um Diätfehler handeln, welche der Beobachtung entgehen. Es bedarf ja in schwereren Fällen nur relativ geringer exogener Purinzufuhr, um aus der chronisch vorhandenen endogenen Urikämie eine Hyperurikämie zu machen. Die Erkenntnis dessen, was eine purinfreie Diät heißt, ist aber noch keineswegs so verbreitet, wie z. B. diejenige einer kohlehydratfreien Diät, schon deshalb nicht, weil es immer an genauen Analysen der Nahrungsmittel in größerem Umfange fehlte und die vorhandenen nicht weit genug bekannt wurden. Heute verfügen wir über exakte Analysenwerte. Wir verweisen auf die hier angeführten Analysentabellen, insbesondere diejenige von Schmid und Bessau, nach denen es leicht fällt, den Puringehalt der Nahrung zu bemessen. Man erfährt daraus in erster Linie, daß fleischfreie Ernährung sich nicht deckt mit purinfreier Ernährung, indem es eine Reihe von vegetabilischen Nahrungsmitteln gibt, wie Spinat, frische Schoten, Erbsen, Linsen, Körner, Steinpilze, Pfefferlinge u. a., welche einen Puringehalt aufweisen, wie er im Fleische besteht. Die uneingeschränkte Empfehlung aller Vegetabilien als harmlose Kost ohne Auswahl muß demnach heute als ein diätetischer Fehler betrachtet werden.

Wir weisen ferner darauf hin, daß die verschiedenen animalischen Nahrungsmittel recht verschieden in ihrem Puringehalt sind. Insbesondere interessieren die teils recht hohen Werte der Fische, Austern und Krustaceen, welche häufig als relativ harmlos in diätetischen Vorschriften Gichtkranker anzutreffen sind. So hält Duckworth[1]) Hummern, Austern und besonders Schellfisch, wenn sie frisch sind, für ganz unschuldig; Ebstein gestattet das Fleisch der Fische in frischem Zustand und auch Minkowski, der überhaupt das absolute Fleischverbot nicht für richtig hält, verbietet nur fette und nicht ganz frische Fische, weil sie leicht Dyspepsie machen, während er Austern, wenn frisch, für durchaus empfehlenswert ansieht; überhaupt kommt nach Minkowski die Qualität und die Verdaulichkeit der Fleischspeisen bei ihrer Auswahl in erster Linie in Betracht.

Auf einen streng diätetischen Standpunkt stellen sich Noorden, Umber, Brugsch und Schittenhelm, welche mit aller Schärfe betonen, daß der erste und wichtigste Faktor der Gichtbehandlung eine anhaltende strenge Diät ist, welche nicht nur fleischfrei, sondern unter Berücksichtigung der Analysenresultate wirklich purinarm, nach Möglichkeit sogar purinfrei ist, um, wie schon gesagt, den Harnsäurespiegel des Blutes dauernd möglichst niedrig zu halten.

Mit der strengen Diät erreichen wir wohl noch einen anderen Vorteil, auf den bereits v. Noorden hinwies, nämlich den der Schonung der fermentativen Kräfte. Man kann sich vorstellen, daß ähnlich, wie beim Diabetes der Zuckerstoffwechsel, durch eine monatelange und länger fortgesetzte Diät auch der Fermentapparat des Nukleinstoffwechsels infolge der geringeren Inanspruchnahme restituiert wird, so daß sich seine pathologische Beschaffenheit allmählich behebt.

Endlich wird durch die Fernhaltung jeden Purinnachschubes dem Körper Gelegenheit gegeben, sein pathologisches Plus an Harnsäure, das sich in seinen Geweben findet, zu entfernen.

Selbstverständlich muß bei Verordnung einer strengen Diät die Diagnose sicher stehen. Man muß seiner Sache sicher sein, daß es sich in dem Fall um eine echte Arthritis urica handelt. Es ist kein Zweifel, daß gar nicht so selten chronische Arthritiden

[1]) D. Duckworth, Diet in gout. Practitioner, July 1903; derselbe, A treatise on gout. London 1889.

ganz anderer Provenienz mit diätetischen Vorschriften bedacht werden, welche gar nicht am Platze sind. Aber auch bei der echten Gicht muß die Individualität berücksichtigt werden. Wir möchten zwar die Ansicht aussprechen, daß es wohl gelingt bei nötiger Beherrschung der Kochkunst den Kochzettel auch bei Beschränkung auf purinfreie oder purinarme Nahrungsmittel so zu variieren, daß die Diät ebenso dauernd unschwer durchgeführt werden kann, wie eine Diabetikerdiät. Man wird aber doch manchmal nicht umhin können Konzessionen zu machen und da kann man eine weniger strenge Diät unter Heranziehung der analytischen Werte durch Zumessung einer bestimmten Menge Purinkörper verschreiben.

Unsere Therapie für den weiteren Verlauf würde nur zweifellos eine vollkommen feste Basis erst dann erhalten, wenn wir imstande wären, für jeden einzelnen Gichtfall zu bestimmen, wie groß in seinen einzelnen Stadien die Purinzufuhr sein dürfte, die der jeweiligen Urikämie resp. urikolytischen Kräfte entspräche.

v. Noorden und Schliep empfehlen daher eine Toleranzbestimmung, wodurch die Menge purinhaltigen Materials erkannt wird, welche noch ordnungsgemäß verarbeitet und eliminiert werden kann. Hier liegt dann die Toleranzgrenze, bei deren Überschreitung erst die Gefahren beginnen. Um diese festzustellen, verfolgt man in einer purinfreien Ernährungsperiode den Einfluß einer gewissen Fleischmenge (200—400 g) auf die Harnsäureausscheidung. In ganz ähnlicher Weise geht Umber vor. Indem er den Kranken auf purinfreie Kost setzt, bestimmt er zunächst die endogene Harnsäureausscheidung; dann gibt er eine Fleischzulage und beobachtet, wie lange es dauert, bis im Harn wieder der endogene Wert erreicht wird, bis also die durch die Fleischzulage bedingte Erhöhung in der Ausscheidung wieder verschwunden ist. Je mehr Tage dies dauert, desto schwerer ist der Fall und desto strenger muß er gehalten werden. Umber erlaubt dann bestimmt zugemessene Fleischzulagen alle paar Tage und setzt die fleischfreien Intervalle so an, daß sie der durch den Stoffwechselversuch gefundenen Erhöhung entsprechen. So vermeidet er jede Kumulation.

Beide Methoden, die v. Noordensche Toleranzbestimmung und die Umberschen Purinhungertage, haben zweifellos ihre guten Seiten, indem sie das einzig richtige Prinzip der funktionellen Therapie verfolgen. Am besten werden sie wohl kombiniert angewendet, wie Schittenhelm und Schmid betonen. Immerhin ist zu bedenken, daß der Aufschluß durch die Toleranzbestimmung kein ganz eindeutiger ist. Die Harnsäureausscheidung hängt ja von zwei Faktoren ab, von der Harnsäurebildung und der Harnsäurezerstörung. Eine gute Ausscheidung kann daher ebensogut durch gute Bildungs- wie durch schlechte Zerstörungsfähigkeit zustande kommen und also ebensowohl als ungünstiges wie als günstiges Zeichen gedeutet werden. Andererseits braucht eine stark verschleppte Ausscheidung keineswegs das Symptom eines schweren Falles zu sein, da gerade hier die Verhältnisse zwischen Harnsäurebildung und Zerstörung die denkbar günstigen sein können. Es muß daher sowohl die Zeit wie die Menge der in der Zeiteinheit ausgeschiedenen Menge in Betracht gezogen werden, sowie der Grad von Urikämie und die Neigung zur Hyperurikämie.

Namentlich die letztere verdient Berücksichtigung. Von ihr hängt die Häufigkeit, die Heftigkeit und die Dauer der Anfälle ab und aus diesen kann man auf die Neigung zur Hyperurikämie schließen. Ausfall der Stoffwechseluntersuchung und Berücksichtigung des individuellen Verlaufes müssen die Diät im einzelnen Fall bestimmen.

Was die übrigen Nahrungsstoffe anbelangt, so bedarf es bei vernünftiger Verteilung derselben in der Kost keiner besonderen Vorschrift. Umber glaubt allerdings die Eiweißzufuhr einschränken zu müssen, indem er annimmt, daß große Eiweißmengen die endogene Harnsäurekurve in die Höhe treiben. Wir können ihm hierin nicht folgen und sehen keinen Grund, die Auswahl der erlaubten Nahrungsmittel durch eine Beschränkung der Eiweißmenge noch mehr einzuengen.

Fett ist bei normalem Fettstoffwechsel in allen Formen und Mengen gestattet, soweit es die Verdauung nicht behelligt. Bei Komplikation mit Fettsucht ist darauf Rücksicht zu nehmen.

Kohlehydrate, Obst und Gemüse, bilden einen wesentlichen Bestandteil der Gichtikerdiät. In vernünftigen Grenzen genossen, werden sie vorzügliche Dienste leisten. Zu warnen ist nur vor forcierten Obstkuren, wie Trauben-, Zitronen- etc. Kuren, indem diese einerseits leicht zu schädlichen Digestionsstörungen führen können, andererseits aber den Körper mit Alkali überschwemmen, was nach den bereits besprochenen experimentellen Forschungen (s. S. 40) die Löslichkeit des Mononatriumurates im Blute vermindern und die Bildung entzündlicher Uratherde begünstigen muß.

Aus denselben Gründen muß man auch vor dem allzu reichlichen Gebrauch alkalischer Wässer warnen. Wenn wir auch den Wert von Badekuren mit vernünftiger Diätetik und mäßiger Durchschwemmung des Körpers durch Mineralwässer vollauf anerkennen, wenn wir auch natürlich zugeben, daß unter Umständen, namentlich wenn komplizierende Dyspepsien gastrischer oder intestinaler Natur vorliegen, eine mäßige Trinkkur mit selbst alkalischen Wässern auch dem Gichtkranken zuweilen gute Dienste leisten, so müssen wir uns doch für die Gicht der beliebten forcierten Alkalitherapie gegenüber völlig ablehnend verhalten. Die Gründe sind bereits ausführlich besprochen (s. S. 40). Übrigens ist die Möglichkeit in Betracht zu ziehen, daß die manchmal beobachtete günstige Wirkung der alkalischen Wässer mit ihrem Radiumgehalt zusammenhängen.

Als Getränke empfehlen sich erdalkalische Säuerlinge, Limonaden und ähnliche Mischungen. Was den Alkohol anbelangt, so ist er im Hinblick auf seine nachgewiesene Schädigung des Nukleinstoffwechsels am besten völlig zu verbieten. Man kann ja alkoholfreie Weine erlauben und bei sehr großen Alkoholfreunden, die nicht zur Abstinenz zu bringen sind, allenfalls leichte Moselweine. Was den Kaffee und Tee anbelangt, so müßte man sie aus der strengen Diät streichen, weil der Übergang eines kleinen Anteils ihrer Methylpurine in Harnsäure nach den in der Literatur vorliegenden Versuchen möglich ist. Man gestattet daher besser coffeinfreien Kaffee oder Ersatzmittel wie Eichelkaffee und ähnliches.

Ein Wort nur noch über die alkalischen Medikamente. Was Lithium u. a. anbelangt, so warnen wir nochmals vor deren Anwendung. Dasselbe gilt von den Diaminen (Piperazin, Lysidin usw.)

Inwieweit dagegen die Falkensteinsche Salzsäuretherapie [1]) zu empfehlen ist, bedarf noch weiterer Erfahrung [2]). Falkenstein gibt 50—100 Tropfen Salzsäure pro die, auf die einzelnen

[1]) Falkenstein, Die Gicht und die Salzsäure-Jodkur. Berlin 1910.

[2]) Th. Brugsch u. A. Schittenhelm, Die Gicht, ihr Wesen und ihre Behandlung. Therapie d. Gegenw. 1907. Augustheft.

Mahlzeiten verteilt. Wo komplizierende dyspeptische Störungen, Hyp- und Anazidität, vorliegen, was übrigens absolut nicht die Regel ist, dürfte die Verordnung sicher angebracht sein. Brugsch und Schittenhelm haben früher darauf hingewiesen, daß experimentelle Erfahrungen (v. Loghem, Silbergleit u. a.) eine gewisse Basis für die Wirkung der Salzsäuretherapie auch bei magendarmgesunden Gichtkranken schaffen. In Praxis aber stehen ihnen keine einheitlichen Resultate gegenüber. Sie scheint in einzelnen Fällen günstig zu wirken, häufig aber völlig zu versagen und darum möchten wir heute noch, wie früher, unsere Ansicht dahin formulieren, daß ein Versuch bei der Unschädlichkeit der Medikation wohl gemacht werden kann, daß aber über ihre allgemeine Wirksamkeit erst die längere Erfahrung entscheiden muß.

Was die Aufstellung der Diät beim Gichtiker anlangt, so ist der Gichtiker kalorisch ebenso einzustellen, wie der Gesunde. Fettsüchtige Gichtiker werden zweckmäßig langsam entfettet. magere kalorisch reichlich eingestellt. (Siehe die Kapitel Fettsucht und Überernährung.) Die purinarme Diät **darf** (siehe oben) keine eiweißarme sein. Am besten gibt man 15—20 % der gesamten erforderlichen Kalorien an Eiweiß. Als Eiweißträger kann man sich in der Hauptsache der Eier, Milch, Käse bedienen; nur im Notfalle künstlicher Eiweißpräparate (z. B. Kasein, Plasmon etc.).

Als Muster einer purinarmen Diät, die durch reichliche Zugaben von Butter, Sahne, Speck oder durch Fortlassen dieser beliebig kalorisch verändert werden kann, sei hier folgendes Beispiel der Kostordnung aufgestellt:

Morgens: Koffeinfreier Kaffee mit 50 g Sahne oder 100 g Milch, 150 g Weißbrot; 25—50 g Butter, 25—50 g Honig, Fruchtgelee, Marmelade.

II. Frühstück: 2 Eier oder 50—100 g Käse (Emmentaler, Quark, Limburger, Holländer, Fromage de Brie, Sahnenkäse, Roquefort, Kuhkäse, Edamerkäse etc.), Weißbrötchen (50—75 g), 25 g Butter.

Mittags: 300 g einer sämigen Suppe (Grieß, Graupen, Reis, Tapioka, Sago, Hafermehl oder Fruchtsuppe), (cave Bouillon!), 150 g Kartoffeln ev. als Kartoffelmus, 150 g grüne Gemüse (durchs Sieb geschlagen) ev. Salate, 200 g Pudding (Grieß, Reis, Mondamin) mit Fruchtsauce oder Kompott (in das gesamte Mittagessen lassen sich 50—100 g Butter verarbeiten).

Nachmittags: Koffeinfreier Kaffee mit Milch oder Sahne, 50—100 g gerösteten Zwieback mit Butter (25—50 g) und Marmelade.

Abends: Omelette mit Marmelade oder Rührei oder Eier in sonstiger Form (ev. auch eine Mehl-, Grieß- oder Reisspeise mit Fruchtsaucen), 100 g Brot mit 25 g Butter, 50 g Käse, 100 g Obst.

(Eventuell mittags und abends: 2 mal 20 Tropfen Acid. hydrochl. dilut. Tafelgetränk: erdige Säuerlinge z. B. Selters, Römerbrunnen, Wildunger Georg Viktorquelle, Reinhardshausener Reinhardsquelle u a. m., ca. 3/4—1 Liter.)

Bezüglich der diätetischen Behandlung des akuten Gichtanfalls ist zu berücksichtigen, daß hier die Appetenz meist darniederliegt. Es empfiehlt sich in diesem Falle, namentlich bei bestehender Konstipation, die Behandlung mit einem leichten Laxans (Rizinus, Rheum, Senna) einzuleiten und am ersten Tage, falls der Patient bettlägerig ist, diesem eine breiig weiche Diät zu verabreichen:

Morgens: koffeinfreier Kaffee mit Milch, Zwieback mit Butter.

I. Frühstück: Zwieback mit Butter.

Mittags: Hafermehlsuppe, durch's Sieb geschlagenes Gemüse (Morrüben, Blumenkohl, Maronen), Kartoffelmus, Kompott (Apfelmus, Pflaumenmus).

Nachmittags: koffeinfreier Kaffee mit Milch.

Abends: Milchreis oder Grießbrei resp. leichter Pudding mit Kompott oder Fruchtsauce.

(Von medikamentösen Mitteln empfehlen wir im Anfalle Colchicum und Salizyl ev. Morphium.)

I.

Puringehalt der Nahrungsmittel nach J. Schmid und G. Bessau.

(Therapeutische Monatshefte 1901. S. 116.)

100 g	Basen N in g	Harnsäure in g	100 g	Basen N in g	Harnsäure in g
Fleischsorten			Gekocht. Schinken	0,025	0,075
Rindfleisch . . .	0,037	0,111	Roher Schinken .	0,024	0,072
Kalbfleisch . . .	0,038	0,114	Lachsschinken .	0,017	0,051
Hammelfleisch. .	0,026	0,078	Zunge (Kalb) . .	0,055	0,165
Schweinefleisch .	0,041	0,123	Leberwurst . . .	0,038	0,114

100 g	Basen N in g	Harnsäure in g
Braunschweiger Wurst	0,010	0,030
Mortadellenwurst	0,012	0,036
Salamiwurst	0,023	0,069
Blutwurst	0	0
Gehirn (Schwein)	0,028	0,084
Leber (Rind)	0,093	0,279
Niere	0,080	0,240
Thymus (Kalb)	0,330	0,990
Lungen (Kalb)	0,052	0,156
Huhn	0,029	0,087
Taube	0,058	0,174
Gans	0,033	0,099
Reh	0,039	0,117
Fasan	0,034	0,102
Bouillon (100 g Rindfleisch 2 St. lang gekocht)	0,015	0,045
Fische:		
Schellfisch	0,039	0,117
Schlei	0,027	0,084
Kabeljau	0,038	0,114
Aal (geräuchert)	0,027	0,081
Lachs (frisch)	0,024	0,072
Karpfen	0,054	0,162
Zander	0,045	0,135
Hecht	0,048	0,144
Bückling	0,028	0,084
Hering	0,069	0,207
Forelle	0,056	0,168
Sprotten	0,082	0,246
Ölsardinen	0,118	0,354
Sardellen	0,078	0,234
Anchovis	0,145	0,465
Krebse	0,020	0,060
Austern	0,029	0,087
Hummern	0,022	0,066
Eier:		
Hühnerei	0	0
Kaviar	0	0

100 g	Basen N in g	Harnsäure in g
Milch und Käse:		
Milch	0	0
Edamer Käse	0	0
Schweizer Käse	0	0
Limburger Käse	Spuren	Spuren
Tilsiter Käse	0	0
Roquefort	0	0
Gervais	0	0
Sahnenkäse	0,005	0,015
Kuhkäse	0,022	0,066
Gemüse:		
Gurken	0	0
Salat	0,003	0,009
Radieschen	0,005	0,015
Blumenkohl	0,008	0,024
Welschkraut	0,007	0,021
Schnittlauch	Spuren	Spuren
Spinat	0,024	0,072
Weißkraut	0	0
Mohrrüben	0	0
Grünkohl	0,002	0,006
Braunkohl	0,002	0,006
Rapunzel	0,011	0,033
Kohlrabi	0,011	0,033
Sellerie	0,005	0,015
Spargel	0,008	0,024
Zwiebel	0	0
Schnittbohnen	0,002	0,006
Kartoffeln	0,002	0,006
Pilze:		
Steinpilze	0,018	0,054
Pfefferlinge	0,018	0,054
Champignons	0,005	0,015
Morcheln	0,011	0,033
Obst:		
Bananen	0	0
Ananas	0	0
Pfirsiche	0	0
Weintrauben	0	0
Tomaten	0	0
Birnen	0	0

100 g	Basen N in g	Harnsäure in g	100 g	Basen N in g	Harnsäure in g
Pflaumen	0	0	Zerealien:		
Preißelbeeren . .	0	0	Grieß	0	0
Apfelsinen . . .	0	0	Graupe	0	0
Aprikosen . . .	0	0	Reis	0	0
Blaubeeren . . .	0	0	Tapioka	0	0
Äpfel	0	0	Sago	0	0
Mandeln	0	0	Hafermehl . . .	0	0
Haselnüsse . . .	0	0	Hirse	0	0
Walnüsse	0	0			
Hülsenfrüchte:			Brote:		
Frische Schoten .	0,027	0,081	Semmel.	0	0
Erbsen	0,018	0,054	Weißbrot	0	0
Linsen	0,054	0,162	Kommißbrot . .	Spuren	Spuren
Bohnen	0,017	0,051	Pumpernickel . .	0,003	0,009

Die gefundenen Zahlen zeigen, daß die Werte für Muskelfleisch innerhalb relativ geringer Grenzen schwanken. Beträchtlichere Unterschiede zeigen die verschiedenen Fischarten; besonders die kleineren Sorten (Sardinen, Sardellen, Anchovis) geben auffallend hohe Werte. Es dürfte dies dadurch zu erklären sein, daß bei letzteren nicht das abpräparierte Muskelfleisch, sondern der ganze Fisch, wie er meist genossen wird, analysiert wurde. Die relativ großen Werte einiger häufig genossenen Vegetabilien geben gleichfalls eine gewisse Direktive für die Aufstellung einer Kostordnung, da sie bei Genuß von größeren Mengen eine nicht zu vernachlässigende Purinquelle darstellen.

II.

Puringehalt der hauptsächlichsten Nahrungsmittel nach Walker Hall.

Auf 100 g kommen	g Harnsäure	Auf 100 g kommen	g Harnsäure
Kabeljau	0,0699	Schwein (Lende). . .	0,1458
Scholle	0,0954	„ (Hals) . . .	0,0681
Heilbutt	0,1224	Kaninchen	0,1140
Lachs	0,1398	Milch	0,0006
Kaldaunen	0,0687	Schinken	0,1386
Hammel	0,1158	Rind (Brust)	0,1365
Kalb (Lende)	0,1395	„ (Lende)	0,1566
„ (Hals	0,0900	„ (Leber)	0,3303

Auf 100 g kommen g Harnsäure		Auf 100 g kommen g Harnsäure	
Kalbsbries	1,2075	Blumenkohl	0
Hahn	0,1554	Spargel	0,0258
Truthahn	0,1512	Gerösteter Kaffee	1.24
Bouillon	0,1512	Kartoffel	0,0024
Fleischextrakt	2,0—5,0	Tee	1,35—3,58
Weißbrot	0	Schokolade	1,43
Schwarzbrot	0,0400	Kakao	1,30
Hafermehl	0,0636	Bier	0,0159
Reis	0	Pale ale	0,0177
Erbsenmehl	0,0468	Porter	0,0186
Bohnen	0,0765	Bordeaux	0
Linsen	0,0750	Volnay	0
Tapioka	0	Sherry	0
Kohl	0	Porto	0
Salat	0		

1 Tasse Tee (Ceylon)	enthält	0,0805
1 „ „ (indischer)	„	0,0700
1 „ „ (chinesischer)	„	0,025—0,046
1 „ Kaffee	„	0,110—0,250
1 „ Schokolade	„	0,268—0,572
1 „ Kakao (10 g)	„	0,130

Der Gehalt an Purinbasen ist in dieser Tabelle, welche dem Buche von Henri Labbé „La Diathèse urique“, Paris 1908, entnommen ist, in die entsprechenden Harnsäuremengen, die ihnen entsprechen, umgerechnet. Dabei ist jedoch zu erinnern, daß die großen Mengen Purinkörper, die im Kaffee, Tee, Schokolade, Kakao enthalten sind, Methylpurine darstellen und nur zum kleinsten Teil als Harnsäurebildner in Betracht kommen.

III.

Purinbasengehalt einiger Nahrungsmittel nach A. Hesse.

Medizinische Klinik 1910, Nr. 16.

Auf 100 g kommen g Harnsäure		Auf 100 g kommen g Harnsäure	
Thymus	1,308	Hühnerfleisch	0,186
Leber	0,372	Rehfleisch	0,182
Niere	0,320	Taubenfleisch	0,154
Hirn	0,233		
		Forelle	0,213
Rindfleisch	0,175—0,189	Lachs	0,201
Hammelfleisch	0,189—0,191	Hecht	0,222
Kalbfleisch	0,178—0,189	Kabeljau	0,131
Schweinefleisch	0,181—0,185	Seezunge	0,137

Auf 100 g kommen g Harnsäure		Auf 100 g kommen g Harnsäure	
Kaviar	0,110	weiße Bohnen	0,098
Austern	0,217	Erbsenmehl	0,108
		Weizenmehl	0,116
Schnittbohnen	Spur	Roggenmehl	0,096
Karotten	0,007		
Kartoffel	0,019	Milch	0,010
Spargel	0,057	Eier	Spur
Blumenkohl	0,078		
grüne Erbsen	0,079		

Der Gehalt an Purinbasen ist in dieser Tabelle in Harnsäure umgerechnet.

2. Die Glykosurien.

a) Glykosurien und Diabetes mellitus.

Unter Glykosurie verstehen wir das Auftreten resp. das über ein bestimmtes als physiologisch anzusehendes Maß vermehrte Auftreten von Zucker im Urin. Die Natur dieses Zuckers wird mit dem Worte Glykosurie nicht präzisiert, obgleich „Glykose“ (= Dextrose = Traubenzucker) nur einen Zucker, allerdings den im Harn unter pathologischen Verhältnissen am häufigsten vorkommenden Zucker bedeutet.

Die Glykosurie ist ein Symptom, das sich z. B. experimentell beim Tier durch allerlei Vergiftungen leicht auslösen läßt, und dem man beim Menschen vorübergehend (transitorische Glykosurie) häufiger unter gleichen Verhältnissen begegnet, das auch alimentär vorübergehend ausgelöst werden kann und das, sobald es sich um eine stabile Glykosurie handelt, das Hauptsymptom des Diabetes mellitus ist.

Die gewöhnlichen Glykosurien sind wie schon gesagt, Dextrosurien; in ganz seltenen Fällen handelt es sich um Lävulosurien und Pentosurien. Die beiden letzteren werden, auch in diätetischer Beziehung, gesondert besprochen.

Jede Glykosurie ist die Folge vermehrten Zuckerdurchtritts durch die Nieren. Diese Möglichkeit ist gegeben, wenn der Blutzuckergehalt ansteigt (Glykosurie infolge Hyperglykämie), oder indem der Schwellenwert für die Zuckerdurchlässigkeit in der Niere kleiner wird (renale Glykosurie). Die dritte Möglichkeit, daß der Zucker im Blute in einer abnormen lockeren Bindung kreist, wodurch er leichter ausscheidbar wird, brauchen wir nicht zu diskutieren.

Die normale Zuckerausscheidung liegt (nach Lavesson) bei Männern zwischen 0,023—0,083 %, bei Frauen zwischen 0,010—0,05 %, bei Kindern zwischen 0,010—0,065 %, in keinem Falle also über 0,1 %. Man darf übrigens nicht die Größe der Reduktion einer alkalischen Kupferlösung durch den Harn als Größe der Zuckerausscheidung bei so geringen Zuckermengen ansehen, da normalerweise im allgemeinen nur 15—20 % der gesamten Reduktionsgröße auf Zucker entfällt, der Rest auf Harnsäure und Kreatinin bzw. auf nicht näher definierbare Stoffe. Das wird natürlich anders, sobald es sich um große Zuckermengen handelt.

Der Blutzuckergehalt beträgt ebenfalls im allgemeinen nicht mehr als 0,1 % Dextrose. Vorübergehende abundante Zufuhr von Kohlehydraten (Mono- und Disacchariden) kann zum vorübergehenden Anstieg des Kohlehydratspiegels im Blute und zur alimentären Glykosurie führen. Dauernde Hyperglykämie findet man beim Diabetes mellitus.

Alimentäre Glykosurie: Jeder Organismus vermag per os verabreichte Mengen Zucker bis zu einer gewissen, für den einzelnen Menschen individuellen Grenze normalerweise umsetzen. Wird diese Grenze (Assimilationsgrenze nach Hofmeister) überschritten, d. h. wird dem Organismus darüber hinaus Zucker zugeführt, so vermag er denselben nicht mehr vollkommen umzusetzen. Es kommt zu einer Überschwemmung mit Zucker, zu einem Übertritt ins Blut, dessen Zuckergehalt sich erhöht (Hyperglykämie), und die regulatorisch wirkende Niere reagiert darauf derart, daß sie eine bestimmte Menge Zuckers aus dem Blut mit dem Harn austreten läßt (Glucosuria e saccharo Naunyns). Auf diese Weise kann man bei jedem Menschen durch Zuckerzufuhr eine Glykosurie erzeugen; dies gelingt aber nicht bei Zufuhr polymerisierter Kohlehydrate (Stärke), weil deren Umsetzung und Resorption im Darm gradatim erfolgt und dadurch nie eine so akute Überschwemmung gesetzt werden kann.

Es gibt nun eine Reihe von Krankheitszuständen, in denen die Assimilationsgrenze für Zucker herabgesetzt ist und bei denen man mit Mengen, mit denen beim normalen Menschen keine Zuckerausfuhr mit dem Urin hervorgerufen werden kann, eine Glykosurie zu erzeugen vermag. Man findet diese Erscheinung zuweilen bei organischen und anorganischen Erkrankungen des Nervensystems (Gehirnkrankheiten aller Art, am häufigsten bei luetischen, ferner bei traumatischen Neurosen, multipler Sklerose,

Manie, Melancholie, hysterischem Irresein u. a. m.), bei fieberhaften Krankheiten, beim Morbus Basedowii, bei chronischem Alkoholismus sowie bei destruierenden Leberkrankheiten (Leberzirrhose, akute gelbe Leberatrophie, Fettleber), wenn auch gerade bei letzteren die alimentäre Lävulosurie relativ regelmäßiger zu beobachten ist. Zur Probe auf alimentäre Glykosurie gibt man am besten nüchtern oder auf leeren Magen (zwei Stunden nach dem ersten Frühstück) 100 g chemisch reinen Traubenzucker in Wasser oder Tee gelöst und läßt nunmehr den Urin, der vor Anstellung des Versuches als zuckerfrei befunden wurde, zweistündlich in getrennten Portionen aufsammeln. Jede Portion wird für sich qualitativ und quantitativ auf Zucker untersucht. Eine eventuell auftretende alimentäre Glykosurie kann 4—8 Stunden anhalten und 1—20 % des eingegebenen Zuckers ausführen.

Zu einer **spontanen transitorischen Glykosurie** (ohne Zufuhr übermäßiger Mengen von Zucker) kommt es in seltenen Fällen von fieberhaften Infektionskrankheiten. Ebenso beobachtet man Glykosurie vorübergehend in manchen Fällen nach Einnahme von Schilddrüsenpräparaten, bei schwer asphyktischen Zuständen, sowie besonders bei gewissen Vergiftungen (Phosphor, Arsen, Uransalze, Kohlenoxyd, Amylnitrat, Chloral, Chloroform, Äther, Sublimat u. a.). Im einzelnen ist es nicht bekannt, worin immer deren Genese liegt. Die diätetische Therapie dieser Glykosurien deckt sich mit der der leichtesten Grade des Diabetes.

Diabetes mellitus. Dauernde diabetische Glykosurie, bei der vor allem auch Zufuhr polymerisierter Kohlehydrate (Stärke) mit der Nahrung die Zuckerausfuhr erhöht (Glucosuria ex amylo Naunyns) nennt man Diabetes mellitus. Bei ihm besteht gewöhnlich auch eine Hyperglykämie, indem der Blutzuckergehalt anstatt 0,1 bis 0,15 % (oberste normale Grenze) 0,16 bis 1,1 und 1,6 % betragen kann. Der Urin kann in seinem Zuckergehalt der Höhe des Blutzuckergehaltes einigermaßen parallel gehen und es finden sich in ihm dann von Spuren aufwärts bis zu 10 und mehr Prozent Zucker. Allerdings findet man mitunter auch hohen Blutzuckergehalt und niedrigen Harnzuckergehalt.

Den Diabetes mellitus, die Zuckerharnruhr, klassifiziert man gewöhnlich in drei Formen: den leichten Diabetes mellitus, die mittelschwere und die schwere Form.

Im wesentlichen führt bei der leichten Form Beschränkung der Kohlehydrate bzw. eine kohlehydratfreie Diät zu Aglykosurie, bei der mittelschweren Form sind zur Herstellung einer Aglykosurie kohlehydratfreie Diät und Beschränkung der Eiweißzufuhr der Nahrung erforderlich, bei der schweren Form ist die Aglykosurie durch Modifizierung der Diät nicht oder nur durch weitgehende Beschränkung des Eiweißes bei Fehlen der Kohlehydrate zu erreichen.

Wesen des menschlichen Diabetes. In vielen Fällen läßt sich keine bestimmte Organerkrankung feststellen. Solche Fälle bezeichnen wir als Fälle von „reinem Diabetes". In anderen Fällen bestehen indessen Erkrankungen bestimmter Organe, deren Beziehungen zum Zuckerstoffwechsel man experimentell hat feststellen können, so am Pankreas, Schilddrüse, Leber, Nebenniere, Nervensystem.

Um das Wesen des Diabetes zu verstehen, müssen wir von physiologischen Erfahrungen ausgehen. Die Kohlehydrate (sei es, daß sie in Form der Stärke, oder Malzzuckers, Milchzuckers, des Rohrzuckers oder einfacher Monosaccharide eingeführt werden) werden im Darmkanal bis in die einfachsten Bruchstücke aufgespalten (Monosaccharide) und durch die Pfortader der Leber zugeführt; die Leber macht aus diesen Monosacchariden ein in Wasser kolloidal lösliches Polysaccharid, das Glykogen, das in der Leber kompostiert wird. Geringe Mengen Glykogens finden sich auch in anderen Organen, z. B. der Muskulatur, doch bleibt die Leber dasjenige Organ, in dem hauptsächlich die Zuckeraufstapelung statthat. Die Leber stellt einmal ein Reservoir und gleichzeitig eine Schleuse im Kohlehydratstoffwechsel dar. Sobald nämlich der Organismus an irgend einer Stelle Kohlehydrat verlangt, z. B. zur Ausführung einer Muskelleistung, öffnet die Leber die Schleuse, indem vermöge eines diastatischen Fermentes aus dem Glykogen wieder Dextrose gebildet und diese durch die Vena hepatica ins Blut geworfen wird, um dahin zu gelangen, wo sie verbraucht wird. Die Glykogendepots in den Muskeln sind wohl Reservedepots, zur schnellen Bereitschaft von Kohlehydrat im arbeitenden Muskel. Wir wissen auch, auf welche Weise der Reiz zur Leber vermittelt wird, um hier die Dextrose frei zu machen. Der Zuckerstich zeigt uns, daß am Boden des IV. Ventrikels eine Stelle existiert, deren Reizung die Leber veranlaßt, plötzlich das Glykogen als Dextrose ins Blut zu schütten; diese Überschüttung führt zur Hyperglykämie und damit zur Glykosurie. Der Weg von dem Zuckerstichzentrum führt durch die Bahn des Sympathikus und zwar des linken Grenzstranges zur Nebenniere und von hier durch den Splanchnikus zur Leber; sobald der Splanchnikus durchschnitten wird, ist die Auslösung des Zuckerstichs gehindert. Es ist dieses Experiment von einer gewissen fundamentalen Bedeutung, insofern nämlich uns hier für viele Glykosurien das Verständnis ihrer Genese eröffnet wird. Man kann die Glykosurien nach dem Vorgange von Pollak in folgendes Schema nach dem Mechanismus ihres Zustandekommens bringen.

A. Renale Glykosurien:

a) ohne Hyperglykämie: Phlorizinglykosurie;

b) mit oder ohne Hyperglykämie: Glykosurien durch Nierengifte;

B. Glykosurie infolge Hyperglykämie:

a) unabhängig vom Glykogengehalt der Organe: Pankreasdiabetes;

b) abhängig vom Glykogengehalt der Organe und bedingt durch Splanchnikusreizung;

α) zentrale, analog der Piqûre: Koffein, Strychnin, sensible Nervenreizung, Asphyxie;

β) periphere: Adrenalin, Asphyxie.

Wie steht es nun mit dem menschlichen Diabetes mellitus? Daß wir es nicht mit einem renalen Diabetes mellitus zu tun haben, ist sicher; ja die Existenz überhaupt einer renalen Form des Menschen mit herabgemindertem Blutzuckergehalt bzw. normalem ist noch ganz unsicher. Der Diabetes ist jedenfalls Folge einer Hyperglykämie. Diese ist das führende Syndrom und man wird sich fragen, wie diese zustande kommt. Beim menschlichen Diabetes ist sie entschieden wie beim Pankreasdiabetes des Hundes unabhängig vom Glykogengehalt der Organe, dabei ist auch beim menschlichen Diabetes (so wenig übrigens wie beim Pankreasdiabetes des Hundes) die Fähigkeit der Leber Zucker zu bilden aufgehoben. Sicherlich ist also die letzte Ursache allein nicht in einer Dyszooamylie der Leber zu suchen; die Leber ist also kein eigentliches diabetogenes Organ.

Es sind für die Erklärung der Hyperglykämie zwei Möglichkeiten vorhanden, einmal die Annahme eines verminderten Zuckerverbrauchs oder die Annahme einer gesteigerten Zuckerbildung (oder die Kombination beider). Die erstere Annahme hat ja in der Tat zunächst viel Bestechendes an sich. Der Zucker wird ausgeschieden, weil er nicht verbrannt worden ist. Indessen ist da folgendes zu sagen: Die Abbau- und Oxydationsprodukte des Zuckers kann der Diabetische ohne weiteres verbrennen; z.B. die Glykuronsäure, Zuckersäure, Schleimsäure u. a. Lediglich das Dextrosemolekül wird nicht abgebaut. Am ehesten muß man deshalb an Störung fermentativer Kräfte, die das Dextrosemolekül zerlegen, denken. Allerdings hat das Suchen nach glykolytischen Fermenten im Blut, Pankreas, mit und ohne Aktivierungen durch Leber und Muskulatur uns noch nicht die Wirksamkeit solcher Fermente über allen Zweifel erheben können; aber selbst wenn solche Fermente irgendwo existierten, so spricht trotzdem gegen eine primäre Störung derselben die Tatsache, daß der diabetische Mensch (wie auch der pankreasdiabetische Hund) noch imstande ist, Zucker zu verbrennen; das zeigt sich z. B. durch Ansteigen des respiratorischen Quotienten bei der Arbeit. Die einfache klinische Beobachtung des Diabetischen spricht des weiteren dagegen; so die leicht festzustellende Abhängigkeit der Glykosurie von nervösen Einflüssen bei gleich eingestellter Diät; ferner die Tatsache, daß beim Diabetes bei Herabminderung der Kohlehydrate in der Nahrung sich die Glykosurie nicht in annähernd dem gleichen Verhältnis mindert. Ferner die Tatsache, daß manche Kohlehydrate besser vertragen werden, trotzdem sie, wie wir wissen, ebenfalls bis zur Dextrose abgebaut und als solche resorbiert werden. Alle diese Beobachtungen sprechen, wie gesagt, gegen die Annahme einer primären Oyxdationsstörung. Dagegen hat die Erklärung der Hyperglykämie durch gesteigerte Zuckerbildung alles für sich. Unsere Vorstellung geht dabei von experimentellen Erfahrungen aus. So ruft Adrenalin die stärkste Hyperglykämie hervor. Diese Adrenalinhyperglykämie beruht auf einer Mobilisierung der Kohlehydrate, die sich hemmen läßt durch Einwirkung des Pankreas (daher der Pankreasdiabetes nach Zülzer ein positiver Adrenalindiabetes). Nur müssen unsere Vorstellungen über die Art der Mobilisierung sehr weitgehende sein.

Die Zuckerausschüttung geschieht ja zunächst in der Leber aus dem dort abgelagerten Reserveglykogen; und diese diastaseartige Ausschüttung ist das Pankreas zu hemmen in der Lage; aber darüber hinaus erstreckt sie die mobilisierende Wirkung des Adrenalins (bzw. des wirksamen Faktors des chromaffinen Systems). Das Adrenalin bewirkt eine Glykogenneubildung, d. h. eine Zuckerausschüttung aus dem zur Zuckerbildung befähigten Substrat, welch letzteres keineswegs bloß die Leberzellen darstellt, sondern das ganze lebende Protoplasma. Das Material zur Zuckerbildung braucht dabei nicht ein Kohlehydrat zu sein, sondern kann auch das Eiweiß und zwar in diesem die Aminosäuren (deren Beziehungen zum Zucker nach Desamidierung experimentell und in vivo dargetan ist) sein, ev. sogar auch das Fett (hier nicht nur das Glyzerin, sondern auch die freien Fettsäuren).

Und diese zuckerbildende Eigenschaft des Protoplasmas ist entschieden beim Diabetes gesteigert, das virtuell-zuckerführende Protoplasma (Kraus) ist reizbarer geworden und antwortet auf jeden Reiz — sei es Nahrungs- oder nervöser Reiz — mit gesteigerter Zuckerbildung.

Nur dürfen wir uns die Dinge nicht so einfach vorstellen, daß etwa Pankreas und chromaffines System allein in ihren Gegenwirkungen die Pathologie des Diabetes zu klären imstande sind, kennen wir doch eine Reihe von Organen und Organfunktionen, die sicherlich hier in dieses kohlehydratmobilisierende Getriebe hemmend und fördernd einwirken. Wir können darüber kurz folgendes sagen: Der Pankreasdiabetes, d. h. die z. B. beim Hunde nach vollkommener Exstirpation des Pankreas eintretende konstante Glykosurie stellt einen Diabetes dar, dessen Wesen als Wegfall einer Hemmung am ehesten zu denken ist; und zwar bezieht sich — wie oben schon ausgeführt — diese Hemmung auf die wohl durch das chromaffine Gewebe (Adrenalin-Nebenniere) bewirkte Zuckermobilisierung. Andererseits wird wieder die antidiabetogene Wirkung des Pankreas durch die Schilddrüse gehemmt, durch die Nebenschilddrüse gefördert, und auch die Hypophyse scheint in derartigen Beziehungen zum Kohlehydratstoffwechsel zu stehen. Nimmt man die Beziehungen des Nervensystems hinzu, so haben wir eine große Summe von Korrelationen vor uns, deren Störung an irgend einer beliebigen Stelle bereits das Symptomenbild des Diabetes erzeugen kann.

Wir werden also im wesentlichen den Diabetes aufzufassen haben als einen zur Zuckerausschüttung und damit zur Hyperglykämie führenden Reizzustand, wahrscheinlich in letzter Linie bedingt durch eine Überfunktion des chromaffinen Systems. Der tatsächliche Nichtverbrauch des Zuckers im Diabetes beruht auf der Verschwendung des Zuckers, d. h. stellt eine sekundäre Störung dar. Die Größe des Reizzustandes bedingt die Schwere des Diabetes.

Die Therapie des Diabetes mellitus ist die **diätetische Therapie**. Unser vor Augen stehendes Ziel ist das, die Zuckerausscheidung herabzusetzen oder zu verhüten, mit anderen Worten, die Toleranz des Diabetikers für Kohlehydrate zu steigern; wissen wir doch durch viel tausendfache Erfahrung, daß durch diätetische Schonung sich das Dissimilationsvermögen für Kohlehydrate hebt, durch Überlastung sich verschlechtert (Naunyn-Hoffmannsches Gesetz). Allerdings können diese Prinzipien keine ganz allgemeine Geltung haben, zum mindesten erschöpfen sie auch nicht unsere ganzen Aufgaben der Diabetestherapie.

Das wesentliche Prinzip in der Diätetik des Diabetes ist die Begrenzung der Nahrung, quantitativ und qualitativ. Dabei ist nicht allein Rücksicht zu nehmen auf die Zufuhr der Kohlehydrate, sondern auch auf die Zufuhr des Eiweißes. Das gilt nicht nur für die schweren und mittelschweren Fälle, sondern auch schon für die leichten Fälle. Ja es ist überhaupt wahrscheinlich, daß die Besserung der Toleranz, an diesem Begriff müssen wir unbedingt festhalten, lediglich dadurch bedingt ist, daß ein gewisser von der Nahrung zur Zuckerbildung ausgehender Reiz eingeschränkt ist. Dafür spricht zum Beispiel auch die relativ gute Ausnützung des Hafermehls bei manchen Diabetikern schwersten Grades, die große Mengen Eiweißzucker ausschieden; dafür spricht auch, daß man mit einer starken Reduzierung der Nahrung bei der schwersten Form des Diabetes meist bessere Resultate erzielt, als mit weitestgehender Beschränkung der Kohlehydrate.

Wir werden also bei der Einstellung eines Diabetikers folgende Dinge abzuwägen haben: die Größe der Nahrungszufuhr überhaupt, die Größe der Kohlehydratzufuhr und die Größe der Eiweißzufuhr. Auf diese drei Dinge muß der Toleranzbegriff beim Diabetes ausgedehnt werden.

Der Kalorienumsatz beim Diabetiker.

Die Zahl der einwandfreien 24 stündigen Untersuchungen über den Umsatz des Diabetikers, die in der Literatur vorliegen, ist außerordentlich gering. Kurzdauernde, etwa mit dem Apparate von

Zuntz-Geppert ausgeführte Respirationsversuche zur Bestimmung des Gesamtumsatzes sind beim Diabetiker unbrauchbar. Aus eigenen Versuchen der jüngsten Zeit ergibt sich, daß sowohl der Diabetiker der leichten Form wie der schweren Form einen 24stündigen Kalorienumsatz aufweist wie der normale Mensch, sofern er auf Erhaltungsdiät gesetzt ist. Anders liegen die Dinge, wenn man einen Diabetiker überfüttert bzw. unterernährt. Bei abundanter Ernährung fallen a priori die Kohlehydrate fort, es tritt Eiweiß in größerer Menge, desgleichen Fett in den Umsatz. Dadurch muß gegenüber dem Gesunden an sich schon wegen der spezifisch dynamischen Wirkung des Eiweißes der Umsatz steigen. Weiter lehrt die Erfahrung, daß üppig ernährte Diabetiker selbst mit kalorischer Zufuhr von 50—60 bis 70 Kalorien sich nicht im kalorischen Gleichgewicht zu halten vermögen, daß also beim Diabetiker die Nahrung einen den Umsatz steigernden Einfluß ausübt. Gelingt es doch auch nicht beim schweren Diabetiker bei allerreichlichster Zufuhr der Nahrung N-Ansatz zu erzielen! Dagegen zeigt sich andererseits, daß der Diabetiker bei starker Einschränkung der Nahrungszufuhr kalorisch unter Umständen sein Auslangen findet, daß also der Diabetiker auch seinen Umsatz bis unter die Norm einzuschränken vermag.

In Rücksicht muß man selbstverständlich ziehen, daß der Kalorienwert der Nahrung beim Diabetiker durch den Zuckerverlust im Harn entwertet wird.

Beispielsweise: ein 70 kg schwerer Patient bekommt mit der Nahrung 2450 Kalorien zugeführt, das sind 35 Kalorien pro Kilogramm Körpergewicht. Er scheidet dabei rund 100 g Dextrose durch den Harn aus. Folglich gehen ihm 100 × 4,1 Kalorien von der Nahrung verloren, das sind 410 Kalorien; dieser Betrag ist also von dem Brennwert der Nahrung abzuziehen, so daß ihm de facto nur 2450 — 410 = 2040 Kalorien oder 29,1 Kalorien pro Kilogramm Körpergewicht zur Verfügung stehen.

Man wird also stets einen Diabetiker unter Berücksichtigung des Brennwertes des ausgeschiedenen Zuckers kalorisch einstellen. In unserem Beispiel müßte also, wenn der Diabetiker auf 35 Kalorien pro Kilogramm Körpergewicht eingestellt werden sollte, der Brennwert der Nahrung um 410 Kalorien erhöht werden. Es spielt dabei gar keine Rolle, woher der Zucker stammt, ob lediglich aus den genossenen Kohlehydraten oder auch aus dem

Eiweiß, da hier die ausgeschiedene Dextrose rein dynamisch bewertet wird.

Als kalorisches Maß empfehlen sich beim Diabetiker wie beim Gesunden in der Ruhe 30—35 Kalorien pro Kilogramm Körpergewicht, bei mittelschwerer Arbeit 35—40, bei schwerer Arbeit 40—45 Kalorien. Da indessen der schwerere Diabetiker meist nur geringe körperliche Arbeit leistet, genügt eine Einstellung von auf 35 Kalorien pro Kilogramm Körpergewicht. Gewisse Ausnahmen müssen wir für die schwere Form des Diabetes machen, wo wir unter Umständen die Kalorienzufuhr noch stärker erniedrigen (s. S. 81).

Die Vorteile und Nachteile der Kohlehydratentziehung beim Diabetes.

Die Beschränkung der Kohlehydrate, die in leichten bzw. mittelschweren Fällen die Glykosurie vermindern, ist nicht nur indiziert, weil man dadurch die Toleranz hebt (während umgekehrt durch große Zufuhr die Toleranz vermindert wird), der Wert der Beschränkung liegt auch darin, daß sich mit der Verminderung der Glykosurie auch die Hyperglykämie vermindert und das soll unser therapeutisches Hauptziel sein; ist doch die Glykosurie nur Symptom des erhöhten Blutzuckerspiegels (normal ist der Blutzuckergehalt nicht höher als 0,1 %; beim Diabetes ist er oft weit über diesen Wert erhöht).

Ganz gewöhnlich macht man die Hyperglykämie, welche das Maß der Zuckervergeudung darstellt, auch verantwortlich für die Vulnerabilität und Infektiosität der Gewebe des Diabetikers. Das ist allerdings wahrscheinlich, wenn auch noch nicht über allen Zweifel sichergestellt. Diabetiker, welche sich ganz leicht entzuckern lassen, können gleichwohl an dieser hochgradigen Vulnerabilität, besonders der äußeren Teile leiden. Vermutlich hat man darin eine parallel laufende Äußerung der diabetischen Anlage zu sehen. Wenn wir also auch nur mit Einschränkung die Hyperglykämie als das Maß der ganzen Erkrankung gelten lassen, so werden wir diätetisch trotzdem als die wesentlichste Forderung der Diabetes mellitus-Behandlung die Besserung der Hyperglykämie aufstellen (Kraus). Man kann nun nicht ohne weiteres aus dem Grade der Glykosurie auf den Grad der Hyperglykämie schließen, doch kann man das eine sagen: bis auf die ganz seltenen (vielleicht überhaupt nicht existierenden) Fälle von Nierendiabetes entspricht einer erheblichen Glykosurie auch eine bedeutende Hyperglykämie. Der gegenteilige Schluß ist nicht gerechtfertigt, da die Glykosurie schwinden kann, wenngleich für uns nachweislich noch nicht der Zuckerspiegel im Blute wesentlich gesunken zu sein braucht. Es ist dies nur dadurch zu erklären, daß beim Diabetes mellitus gegenüber dem Normalen die Niere einen höheren Schwellenwert des Blutzuckers aufweist. Erst allmählich pflegt dann im allgemeinen bei einem aglykosurischen Diabetiker auch der Zuckerspiegel im Blute zu sinken.

Es könnte nach diesen Auseinandersetzungen als die einfachste Diabetesbehandlung diejenige erscheinen, bei der man von vornherein einem Diabetiker die gesamten Kohlehydrate der Nahrung streicht und im übrigen eine kalorisch zureichende Kost verabreicht. Indessen stehen einer derartigen wahllosen Ausschaltung der Kohlehydrate aus der Nahrung Nachteile, z. T. recht schwerwiegender Natur, gegenüber. Einmal in subjektiver Weise für den Patienten. In der Norm genießen wir ja 50 % der gesamten Energiemenge der Nahrung in Form von Kohlehydraten. Diese sind erstens ein leicht bekömmliches und assimilierbares Nahrungsmittel, zweitens außerordentlich wohlschmeckend, und drittens pflegen wir im allgemeinen die Kohlehydrate als Unterlagen für den Genuß von Fetten und Eiweiß zu benutzen (z. B. die Kartoffeln beim Mittagessen, die mit Butter bedeckten Brotschnitte usw.). Werden daher einem Patienten sämtliche Kohlehydrate entzogen, so wird das subjektive Wohlbefinden desselben sehr gestört, da die gute Laune nicht zum kleinsten Teile von der Befriedigung des Gaumens, namentlich durch die frugalsten Nahrungsmittel, abhängt.

Aber ganz abgesehen von diesen subjektiven Momenten bringt die strikte Entziehung der Kohlehydrate beim Diabetes intermediäre Stoffwechselstörungen mit sich, die unter Umständen den Tod des Diabetikers durch das Coma diabeticum zur Folge haben können. Selbst der Gesunde reagiert schon auf die Ausschaltung der Kohlehydrate aus der Nahrung mit dem Auftreten von Azetonkörpern.

Darunter versteht man Verbindungen, die untereinander in Beziehung stehen, das sind die β-Oxybuttersäure, die Azetessigsäure und das Azeton. Die β-Oxybuttersäure entsteht durch Oxydation aus der Azetessigsäure. Aus der Azetessigsäure entsteht durch Abspaltung von CO_2 Azeton. Diese drei Körper entstehen wohl dauernd im Stoffwechsel aus den Nahrungsfetten, zum Teil wohl auch aus dem Eiweiß, werden aber sofort total zu CO_2 und H_2O, verbrannt sind also nur intermediar auftretende Spaltprodukte.

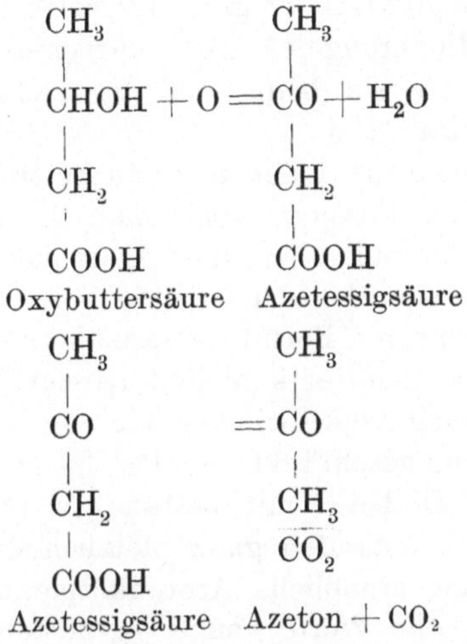

$$\begin{array}{ccc} CH_3 & & CH_3 \\ | & & | \\ CHOH & + O = & CO + H_2O \\ | & & | \\ CH_2 & & CH_2 \\ | & & | \\ COOH & & COOH \\ \text{Oxybuttersäure} & & \text{Azetessigsäure} \end{array}$$

$$\begin{array}{ccc} CH_3 & & CH_3 \\ | & & | \\ CO & = & CO \\ | & & | \\ CH_2 & & CH_3 \\ | & & CO_2 \\ COOH & & \\ \text{Azetessigsäure} & & \text{Azeton} + CO_2 \end{array}$$

In pathologischen Zuständen kommt es nun infolge sekundärer Oxydationsstörung zur Ausscheidung von Azeton (Azetonurie), Azetessigsäure (Diazeturie) und β-Oxybuttersäure im Urin; das Azeton wird dabei als leicht flüchtiger Körper zu einem Teile auch durch die Lungen abgegeben. Im allgemeinen erscheint keiner dieser Körper für sich allein im Harne, und wo sich Azeton vorfindet, latsen sich auch Azetessigsäure und Oxybuttersäure nachweisen. Das Azeton entsteht wahrscheinlich erst außerhalb des Körpers durch die leicht zersetzliche Azetessigsäure, so daß sich die Ausscheidung der Azetonkörper re vera auf die Azetessigsäure und β-Oxybuttersäure (letztere wird in überwiegender Menge ausgeschieden) beschränkt. Früher hat man eine Oxydation der β-Oxybuttersäure in Azetessigsäure angenommen. Durch neuere Untersuchungen ist gezeigt worden, daß der Körper nicht nur die β-Oxybuttersäure zu Azetessigsäure zu oxydieren vermag, sondern daß er auch die Azetessigsäure zu β-Oxybuttersäure umwandelt.

Die Ausscheidung der Azetonkörper beim Gesunden bei einer reinen Fett-Eiweißdiät kann nach Verlauf mehrerer Tage schon erheblichere Grade aufweisen (bis zu mehreren Gramm β-Oxybuttersäure, und wenigen Gramm Azeton bezw. Azetessigsäure), im absoluten Hunger trifft man mitunter Werte einer täglichen β-Oxybuttersäureausscheidung bis zu 20—30 g an. Trotzdem ist die Ausscheidung dieser Azetonkörper beim Gesunden unter Fortlassung der Kohlehydrate (es gibt hier sicher eine Gewöhnung, die schließlich zur Minderung der Azetonkörperausscheidung führt) nie so hochgradig, wie sie beim Diabetes mellitus unter Umständen gefunden wird.

Beim Diabetes mellitus findet man das Auftreten von Azetonkörpern bei allen drei Formen, wenn man die kohlehydratfreie Diät verabfolgt; während aber die Azetonkörperausscheidung unter diesen Verhältnissen bei der leichten Form (und auch meist noch bei der mittelschweren Form) sich annähernd in den Grenzen hält wie beim Gesunden unter kohlehydratfreier Kost, ja allmählich infolge Gewöhnung verschwinden oder bis auf einige Zentigramm Azetonurie eingeschränkt werden kann, tritt bei der schweren Form des Diabetes mit beständiger stärkster Zuckermobilisierung unter Umständen ganz plötzlich nach Entziehung der Kohlehydrate eine erhebliche Azetonkörperausscheidung ein, die außerordentlich hohe Werte von β-Oxybuttersäure aufweisen kann. Man hat Werte von 100 g und mehr β-Oxybuttersäure im Harn gefunden. Infolge der hierdurch intermediär entstehenden Azidosis kann es dann, wie wir durch die Naunynsche Schule wissen, zum Auftreten von Coma diabeticum kommen. Andererseits bedeutet der Verlust großer Mengen dieser Körper auch dem Diabetiker ein kalorisches Defizit in seiner Ernährung.

Aber selbst bei kohlehydrathaltiger Diät kann es bei der schweren Form des Diabetes zu einer Azidosis kommen, indem auch aus dem Eiweiß Zucker gebildet und ausgeschieden wird, und so intermediär die Kohlehydratverbrenuung auf ein Minimum reduziert wird. Es ist nämlich nicht das Kreisen der Kohlehydrate im Blute, was die Azidosis verhindert, sondern die Verbrennung der Kohlehydrate, an deren Feuer die Azetonkörper verbrennen können. Wo sich also dauernd trotz reichlicher Kohlehydratzufuhr eine Azidosis findet, spricht das a priori für das Bestehen der schweren Form des Diabetes.

Aus diesem Grunde ist die Einstellung der Nahrung des Diabetikers in bezug auch auf die Kohlehydrate von außerordentlich weittragender Bedeutung nach zwei Richtungen: Man darf dem Diabetiker die Kohlehydrate auf die Dauer weder wahllos gestatten noch verbieten, man muß ihn genau von Fall zu Fall „einstellen", nachdem man zuvor seine „Toleranz" gegenüber diesen Nahrungsstoffen festgestellt hat.

Feststellung der Toleranz beim Diabetiker.

Die prozentische Feststellung des Zuckergehaltes im Urin des Diabetikers besagt wenig: wir müssen eine eingehende Kenntnis der genossenen Nahrung, vor allem auch nach der quantitativen Seite hin, voraussetzen. Man berechnet dann den Kalorienwert, den Eiweißgehalt, den Kohlehydratgehalt der Nahrung, die Flüssigkeitszufuhr, bestimmt ferner die Urinmenge während der entsprechenden 24stündigen Periode, den Zuckergehalt des Urins und berechnet daraus die 24 stündig ausgeschiedene Zuckermenge. Durch qualitative Proben überzeuge man sich von der An- oder Abwesenheit von Azeton (Legal) und Azetessigsäure (Gerhardtsche Eisenchloridprobe); sind diese beiden Proben negativ ausgefallen, so fehlt sicher die β-Oxybuttersäure im Harne. Ist Azetessigsäure in erheblicherem Maße vorhanden (der Harn wird burgunderrot nach Zusatz von Eisenchloridlösung), dann bestimmt man die Linksdrehung des vergorenen Harns; ist diese stärker als — 0,2°, so handelt es sich um erheblichere Grade von β-Oxybuttersäureausscheidung.

Man kann auch approximativ aus dem Grade der Linksdrehung des vergorenen Harns die β-Oxybuttersäureausscheidung berechnen: Jedem Grad Linksdrehung im Saccharimeter entspricht dann 2,2 g β-Oxybuttersäure. Oder aber man hält sich an die ausgeschiedenen Ammoniakmengen. Mengen von 2—3 g zeigen mäßige Azidosis, solche von 4—5 g eine hochgradige Azidosis an.

Schließlich kann man auch den Grad der Azidosis ermessen aus der Menge der zur Alkalisierung des Harns per os notwendig zu verabreichenden Menge Natron bicarbonicum. Bis zu 10 g täglich benötigtes Natron bicarbonicum zeigt geringe Azidosis an; machen selbst 20 bis 30 g Natron bicarbonicum den Harn nicht sauer, so ist die Azidosis hochgradig.

Auf diese Weise orientieren wir uns über die Menge der genossenen Kohlehydrate, des ausgeschiedenen Zuckers und ziehen die Bilanz zwischen der Kohlehydrateinnahme und -Ausgabe unter gleichzeitiger Berücksichtigung der Azetonkörper. Ist die Bilanz positiv, so hat der Kranke einen Teil der mit der Nahrung verabreichten Kohlehydrate assimiliert; ist die Bilanz negativ, so stammt die Mehrausscheidung aus einer anderen Quelle als den in der Nahrung verabreichten Kohlehydraten.

Diese Mehrausscheidung könnte einmal aus Resten von Kohlehydraten stammen, die noch im Körper zirkulieren bzw. als Glykogen aufgespeichert waren, oder aber der Körper muss aus anderen Nahrungsstoffen Zucker gebildet haben. In der Diabeteslehre stellen wir uns praktisch auf den Standpunkt, daß aus Eiweiß Zucker entstehen kann; infolgedessen beziehen wir im allgemeinen beim Diabetes die Mehrausscheidung von Zucker gegenüber der Zufuhr von Kohlehydraten in der Nahrung auf Zuckerbildung aus Eiweiß; wie weit diese Lehre wissenschaftlich als einwandfrei zu gelten hat, sei hier nicht erörtert. Rein praktisch ist sie aber in der Diabetestherapie ein Postulat.

Will man die Toleranz des Diabetikers ergründen, will man überhaupt feststellen, mit welcher Form des Diabetes wir es zu tun haben — und danach müssen wir ja den Weg in unserer Therapie einschlagen —, so genügt keineswegs die einmalige Feststellung der Kohlehydratzufuhr und -Ausscheidung, vielmehr müssen wir durch längere Zeit hindurch täglich Einnahme und Ausgabe an Kohlehydraten bestimmen unter Berücksichtigung der übrigen Nahrung. Hierbei muß man aber bei der Ausrechnung der Bilanzen auf eines Bedacht nehmen: Schwankt die tägliche Zufuhr der Nahrung überhaupt und der Kohlehydrate im besonderen von Tag zu Tag sehr stark, so wird die tägliche Bilanz unsicher; man achte also darauf, daß die Zufuhr der Nahrung in bezug auf Kaloriengehalt, Eiweiß- und Kohlehydratgehalt eine annähernd konstante in der ersten Periode, in der der betreffende Patient zur Untersuchung kommt, bleibt; diese Untersuchungsperiode braucht nur wenige Tage zu dauern, wenn man dem Patienten aufgibt, die Nahrung genau so zu wählen, wie er sie in den letzten Tagen vor seiner Behandlung gewählt hat. (Dabei muß allerdings die Nahrung genau abgewogen werden.) Bei dieser Diät beläßt man dann den Patienten etwa drei Tage. Jetzt kann man bereits erkennen, ob der Patient einen Teil der Kohlehydrate noch assimiliert oder nicht, d. h. ob er zur leichten Form gehört oder zur schweren. Im ersteren Falle, wo wir also eine relativ große positive Bilanz festgestellt haben werden, kann man dann getrost dem Patienten, der also lediglich eine Empfindlichkeit gegenüber den Kohlehydraten besitzt, die Kohlehydrate aus der Nahrung völlig entziehen, ohne eine schwerere Schädigung durch eine Azidosis besorgen zu müssen.

Meist wird noch am ersten Tage bzw. auch noch mehrere Tage nach der Kohlehydratentziehung Zucker ausgeschieden, bis dann dieser allmählich decrescendo verschwindet, gleichzeitig unter Auftreten von geringen Mengen von Azetonkörpern. Man hat alsdann den Befund eines leichten Diabetes mellitus erhoben und kann nun, nachdem der Patient einige Zeit lang kohlehydratfrei geblieben ist, mit der Verabreichung von Kohlehydraten in kleiner Menge, und zwar zunächst in Form von Brot beginnen. (Man beginnt mit der Verabreichung von 20 g Kohlehydraten, steigt dann, wenn der Harn zuckerfrei bleibt, auf 30, 50, 100 usw. und stellt schließlich die Grenze der Kohlehydratmenge in der Nahrung fest, bei der soeben eine Zuckerausscheidung erfolgt — Toleranzgrenze.) Entsprechend den Kohlehydratabstrichen müssen natürlich Fettzulagen gewährt werden zur Deckung des Kalorienbedarfes.

Haben wir anderseits in den ersten Tagen unserer Beobachtung festgestellt, daß der Zuckerkranke eine negative Zuckerbilanz oder eine nur geringe positive Zuckerbilanz aufweist, so wird man, um die Gefahr einer Azidosis zu vermeiden, nicht brüsk die Kohlehydrate der Nahrung entziehen, sondern allmählich mit der Kohlehydratzufuhr herabgehen, unter stetiger Verfolgung der Bilanz und stetiger Kontrolle der Azetonkörperausscheidung; man kann in Etappen von 2—3 Tagen getrost um kleinere Beträge der Kohlehydratzufuhr herabgehen, sofern keine Azetonkörperausscheidung erfolgt, wobei man dann in vielen Fällen feststellt, daß sich das Assimilationsvermögen mit der Verminderung der Kohlehydratzufuhr bessert; in solchen Fällen kann man in mehr oder minder kürzeren Fristen getrost auf kohlehydratfreie Diät übergehen (und zwar unter eventueller Beschränkung der Eiweißzufuhr, s. w. u.), wobei sich dann nach einiger Zeit (8—10 Tagen) herausstellt, daß der Patient zuckerfrei wird (mittelschwere Form). In diesen Fällen ist ein Auftreten von Azetonkörpern nicht von übler prognostischer Bedeutung.

Beispiel.

	Zufuhr der Kohlehydrate	Ausscheidung der Kohlehydrate	Bilanz
Tag 1.	120	140	—20
„ 2.	120	135	—15

	Zufuhr der Kohlehydrate	Ausscheidung der Kohlehydrate	Bilanz
Tag 3.	80	90	—10
„ 4.	80	96	—16
„ 5.	60	77	—17
„ 6.	60	72	—12

Bei der schweren Form des Diabetes, bei der sich keine Besserung der Assimilation auch bei größerer Beschränkung der Kohlehydratzufuhr zeigt, ist die auf längere Zeit hin erfolgende Entziehung von Kohlehydraten oft von schlechten Folgen (Azidosis) begleitet. Trotzdem soll man bei bestehender Azidosis, sofern die tägliche Ausscheidung von β-Oxybuttersäure nicht mehr als einige Gramm beträgt, auch bei der schweren Form nicht allzu ängstlich mit der Herabsetzung der Kohlehydratzufuhr sein, wenn der Patient bei entsprechender Gesamternährung und kleiner Eiweißzufuhr ins Stickstoffgleichgewicht zu bringen ist. Gerade in diesen Fällen beobachtet man oft, wie durch eine langsame Einschränkung der Kohlehydrate die Azidosis sich bessert.

Man wird bei der Feststellung der Toleranz sehr bald erkennen, daß die Glykosurie bei der mittelschweren und schweren Form, die ineinanderfließende Übergänge bilden, ebenso wie auch bei der leichten Form auch abhängig ist von der **Zufuhr des Eiweißes** in der Nahrung. Allzu reichliche Zufuhr von Eiweiß steigert auch die Glykosurie; man wird daher von vornherein bei der Einstellung des Diabetikers bzw. bei der Feststellung seiner „Toleranz“ auf diesen Umstand Bedacht nehmen und im allgemeinen die Eiweißzufuhr so weit einschränken, daß die täglich ausgeschiedene Stickstoffmenge nicht mehr als 16—18 g beträgt; dem entspricht eine obere Grenze der Eiweißzufuhr von 100—120 g Eiweiß.

Wenn wir von Toleranz des Diabetikers gegenüber Kohlehydraten und Eiweiß sprechen, so dürfen wir uns nicht vorstellen, daß es völlig belanglos ist, welches Kohlehydrat oder Eiweiß ein Diabetiker erhält, in dem Sinne, daß diese in der Wirkung auf die Glykosurie gleich zu beurteilen sind, vielmehr bestehen in deren Erträglichkeit weitgehende Differenzen, die weiter unten besprochen werden sollen.

Für den praktischen Arzt ist die Einstellung eines Diabetikers zur Bestimmung seiner Toleranz stets von gewissen Schwierigkeiten gefolgt, die darin bestehen, daß eine tägliche genaue Kontrolle der Nahrung in quantitativer Richtung und eine tägliche

Urinmengen- und Zuckerbestimmung durch längere Zeit notwendig wird. In der Klinik und in Sanatorien sind aber derartige Einstellungen unbedingt erforderlich; in der Praxis wird man sich meist damit begnügen, eine bestimmte Diät vorzuschreiben, die durch 3—4 Tage hindurch genommen wird und deren Kohlehydratgehalt dann durch Zulage von Weißbrot beliebig geändert werden kann. Wir fügen ein derartiges Schema der Probediät nach v. Noorden an:

I. Frühstück. Hauptkost: 200 ccm Kaffee oder Tee mit 1—2 Eßlöffel dickem Rahm, 100—150 g kaltem Fleisch (Schinken u. dgl.), Butter. [Nebenkost: 25 g Weißbrötchen.]

II. Frühstück. Zwei Eier; dazu eine kleine Tasse Fleischbrühe oder ein Glas Rotwein.

Mittagessen. Hauptkost: klare Fleischbrühe mit Ei; — reichlich Fleisch (Kochfleisch, Braten, Fisch, Wild, Geflügel, im ganzen ca. 200—250 g); — Gemüse von Spinat, Wirsing, Blumenkohl oder Spargel (zur Zubereitung dürfen Fleischbrühe, Butter oder andere Fette, Eier, dicker saurer Rahm, aber kein Mehl verwendet werden); — etwa 20 g Rahmkäse, reichlich Butter; — zwei Glas Rotwein oder Moselwein. [Nebenkost: 25 g Weißbrötchen.]

Nachmittags: 1 Tasse schwarzer Kaffee oder Tee. [Nebenkost: 25 g Weißbrötchen.]

Abendessen. Beefsteak oder kalter Braten (ca. 120—200 g), grüner Salat mit Essig und Öl; — als Beilage kann Rührei (ohne Mehl bereitet) oder Spiegelei genommen werden; — zwei Glas Rotwein oder Moselwein. [Nebenkost: 25 g Weißbrötchen.]

Getränk am Tage (außer Wein) 1—2 Flaschen kohlensaures Tafelwasser.

Man kann, sofern bei dieser Kost kein Zucker ausgeschieden wird, nun eine Zulage von weiteren 50—100 g Weißbrötchen pro die bewilligen; im anderen Falle geht man auf 50 g Weißbrötchen herab bzw. zur kohlehydratfreien Nahrung über, sofern die Aufstellung der Bilanz zwischen Einnahme und Ausgabe eine positive ist. Ist sie negativ, so empfiehlt es sich, zunächst auch den Eiweißgehalt der Nahrung zu reduzieren, im ganzen etwa nicht mehr als 200 g Fleisch zu geben, dafür aber entsprechend den Fettgehalt der Nahrung zu steigern (durch Zulage von Butter, die leicht in Gemüsen untergebracht werden kann, ev. durch Zulage von Speck, Wurst, Knochenmark, Öl etc.).

Die Kohlehydrate in der Diabetestherapie.

Es war schon oben gesagt, daß die Kohlehydrate in der Diabetestherapie verschieden wirken: sie haben zum Teil eine differente spezifisch-chemische Wirkung, deren Kenntnis in der Diabetestherapie praktisch wichtig ist. Strauß reiht die Kohlehydrate nach ihrer Verträglichkeit in folgende Skala ein: Galaktose, Glukose, Saccharose, Amylum (Weizenmehl), Laktose, Lävulose. Nach Verabfolgung von Lävulose und Galaktose erscheinen diese als solche im Harn wieder.

1. Lävulose. Fruchtzucker, früher von Külz als Diabeteszucker empfohlen, ist hauptsächlich in Früchten enthalten. Fraglos kommt für den Diabetes diesem Zucker eine besondere Bedeutung zu, denn erstens vermag der pankreas-diabetische Hund aus Lävulose Glykogen aufzubauen und ferner vermag die Lävulose den gesteigerten Eiweißumsatz des pankreas-diabetischen Hundes herabzusetzen. Sicherlich verwerten manche Diabetiker diesen Zucker sehr gut, desgleichen zeigen manche Diabetiker eine hohe Toleranz für Früchte, was auf der Anwesenheit dieses Zuckers beruht. Manchmal finden wir aber auch wieder bei Verabreichung von Lävulose an Diabetiker eine gleiche Intoleranz wie gegen Dextrose.

2. Das Inulin ist ein Polysaccharid der Lävulose und in dem Topinambur, dem Mehl aus den Knollen von Helianthus tuberosus, enthalten. Weiter findet es sich in Stachys affinis, in den Zichorienwurzeln, Löwenzahnwurzeln, Schwarzwurzeln, Artischocken. Es ist praktisch der Lävulose gleich zu bewerten. Sicherlich ist es also dem gewöhnlichen Mehl vorzuziehen.

3. Rohrzucker (Saccharose) = Disaccharid aus einem Molekül Dextrose und einem Molekül Lävulose. Geht zum größten Teil in Dextrose über; in diesem Sinne ist es praktisch in der Diabetestherapie nicht zu verwerten.

4. Maltose = Disaccharid aus zwei Molekülen Dextrose. Die Toleranz der meisten Diabetiker gegen Maltose ist sehr gering; daher ist das Bier in schweren Fällen ganz zu verbieten.

5. Galaktose. Bei Verabreichung größerer Mengen erscheint im Harn des Diabetikers neben Dextrose auch Galaktose. Hinsichtlich der Toleranz findet sich ein ähnliches Verhalten wie bei der Lävulose.

6. Laktose. In schwereren Fällen von Diabetes wird der Milchzucker oft recht schlecht vertragen; in leichten Fällen mitunter sehr gut. Daher ist die Milch nur mit gewissen Kautelen in der Diabetestherapie verwendbar. Der Kohlehydratgehalt der Milch ist bei saurer Milch gegenüber der frischen nicht wesentlich verringert; wohl aber bei Kefir und Kumys.

7. Die Mehlsorten. Unterschiede zwischen Weizen- und Hafermehl konnten Falta und Gigon nicht feststellen; daß indessen gerade das Hafermehl selbst für schwere Fälle von Diabetes mellitus noch z. T. assimilierbar ist, beweisen die guten Erfolge der v. Noordenschen Hafermehlkuren (s. w. u.).

8. Vielleicht hat noch die Zellulose in der Diabetestherapie eine gewisse Aussicht. So fanden Schmidt und Lohrisch bei Verfütterung von Zellulose aus Weißkraut keine Vermehrung von Zucker bei Diabetikern, trotzdem man eine Resorption von ca. 75 % der Substanz annehmen konnte. Als Präparat ist von den Autoren jetzt eine „Diazellose" in den Handel eingeführt, das bei großen Mengen (80—110 g) im Mittel zu 60 %, bei kleinen Dosen (von 80 g pro Tag) zu etwa 75 % ausgenutzt wird. Diese Agarhemizellulose vermehrt angeblich die Glykosurie nicht.

Die Eiweißkörper.

Die Eiweißkörper zeigen nicht nur in schweren und mittelschweren Fällen sondern auch in leichteren Fällen von Diabetes mellitus einen derartigen Einfluß auf die Ausscheidung des Zuckers im Harn, daß wir uns, wie schon anfangs gesagt, praktisch auf den Standpunkt stellen müssen, daß vor allem der schwere Diabetiker aus Eiweiß Zucker macht. Es zeigt sich auch hier ein gewisser Unterschied in der Einwirkung der Eiweißkörper auf die Glykosurie, die sich nach Falta in folgender, nach ihrer Wirkung absteigende Skala anordnen läßt: Kasein, Serumalbumin, koaguliertes Ovalbumin, Blutglobulin, Hämoglobin, genuines Ovalbumin. Es hängt diese Verschiedenheit ihrer Wirkung auf die Glykosurie hauptsächlich wohl von der Schnelligkeit ab, mit der diese Eiweißkörper im Körper zersetzt werden. Da alle diese Eiweißkörper in schweren Fällen von Diabetes mellitus einen gleichen Einfluß auf die Stärke der Glykosurie haben, so ist hier praktisch eine Unterscheidung der Eiweißkörper nicht nötig; in leichteren Fällen treten Unterschiede zutage: so wirkt Milcheiweiß und Fleisch stärker als Pflanzeneiweiß, in der Mitte steht Hühnereiweiß; ganze Eier wirken nach Lüthje und Falta (wohl infolge ihres hohen Lezithingehaltes) ungünstiger als reines Eiereiweiß. Praktisch ergibt sich hieraus die Konsequenz, in den Fällen von Diabetes, in denen die völlige Entzuckerung durch Einschränkung des Eiweißes herbeigeführt werden soll, das Eiereiweiß und Pflanzeneiweiß zu bevorzugen.

Daß man auch bei leichteren Fällen von Diabetes bei der Eiweißzufuhr nicht über ein gewisses Maß hinausgehen soll, mag hier ausdrücklich nochmals betont werden. Die obere Grenze sei 100—120 g Eiweiß täglich, ein Wert, der ev. bei mittelschweren und schweren Fällen von Diabetes stark reduziert werden muß (s. w. u.).

Die Fette.

Nach allen in der Literatur vorliegenden Erfahrungen darf man getrost behaupten, daß praktisch — bis auf vereinzelte Fälle — das Fett auch in schweren Fällen von Diabetes mellitus nicht zur Quelle der Glykosurie wird. Man wird allerdings auch hier eine bestimmte obere Grenze der Fettzufuhr einzuhalten haben, als die wir etwa 150—200 g bezeichnen.

Im allgemeinen stellt also gerade das Fett unsere Hauptstütze in der Therapie des schweren Diabetes dar, und die Azidosis in schweren Fällen von Diabetes pflegen wir nicht sowohl durch Entziehung des Fettes zu bekämpfen als durch Zufuhr von Kohlehydraten (s. w. u.).

Nicht speicherbare Energieträger in der Diabetestherapie.

In der Therapie des Diabetes mellitus, vor allem in der schweren Form, können wir den Alkohol kaum missen. Er stellt uns eine Quelle der Wärme dar, ohne daß die Glykosurie gleichzeitig gesteigert wird; ja in schweren Fällen läßt sich sogar nach Neubauer ein Heruntergehen der Glykosurie, ja ev. auch der Ketonurie feststellen, was darauf zurückzuführen ist, daß das Eiweiß durch den Alkohol aus der Zersetzung zurückgedrängt wird.

Man kann daher getrost schweren (und auch leichteren Diabetikern) $1/_2$ Flasche Rot- oder Weißwein gestatten; statt dessen auch etwa 50 g Kognak. Das hat den Vorteil, daß dadurch die Verdaulichkeit des Fettes gehoben wird und andererseits 30 g Alkohol (soviel ist etwa in den obigen Mengen enthalten) etwa 20 g Fett ersparen.

Der Inosit (Hexahydroxylbenzol), besonders in grünen Bohnen vorkommend, ebenso wie der in den Pilzen, Endivien, Artischocken und anderen Gemüsen vorkommende Mannit, spielt für die Glykosurie keine Rolle.

Diätetik.

Es gibt in gewissem Sinne keine verbotenen Speisen für den Diabetiker. In der Praxis allerdings können wir nicht umhin, dem Diabetiker, der ja nicht eine vorübergehende Krankheit hat, sondern der immer Diabetiker bleibt, mag seine Toleranz sich auch noch so gebessert haben, bestimmte Speisen als verboten hinzustellen, um ihm so anderseits eine freiere Auswahl unter gewissen anderen Nahrungsmitteln zu gestatten. Das trifft vor allem für die leichteren Fälle von Diabetes mellitus zu.

v. Noorden hat die Nahrungsmittel in drei Reihen eingeteilt, je nach ihrer Kohlehydratfreiheit und nach ihrem Kohlehydratreichtum. Im folgenden geben wir diese Tabellen nach v. Noorden wieder, Die Toleranz in diesen Tabellen wird hier nach der Verträglichkeit von Weißbrot bewertet. 100 g Weißbrot entsprechen dabei 60 Kohlehydrat.

Die **Tabelle I** nach v. Noorden umschließt die Nahrungsmittel, die jeder Diabetiker genießen darf; sie sind zwar nicht vollkommen kohlehydratfrei, doch ist die Menge der Kohlehydrate so gering, daß man sie auch bei „strengster Kost“ gestatten kann. Nur bei notwendiger Beschränkung der Eiweißzufuhr müssen auch diese Speisen dosiert werden.

Frisches Fleisch von Ochs, Kuh, Kalb, Hammel, Schwein, Pferd, Wildbret, zahmen und wilden Vögeln — gebraten, gekocht, geröstet; mit eigener Sauce, mit Butter, mit mehlfreier Mayonnaise und anderen Saucen ohne Mehl — warm oder kalt.

Innere Teile von Tieren: Zunge, Herz, Lunge, Hirn, Kalbsmilch, Nieren, Knochenmark. — Leber von Kalb, Wild und Geflügel bis 100 g, zubereitet gewogen. Mit mehlfreien Saucen.

Äußere Teile der Tiere: Füße, Ohren, Schnauze, Schwanz aller eßbaren Tiere.

Fleischkonserven: Getrocknetes Fleisch, Rauchfleisch, geräucherte und gesalzene Zunge, Pökelfleisch, Schinken, Speck, geräucherte Gänsebrust, amerikanisches und australisches Büchsenfleisch, Sülze, Ochsenmaulsalat.

Würste der verschiedensten Art, soweit sie brot- und mehlfrei sind (Vorsicht!).

Pasteten der verschiedensten Art, auch Straßburger Gänseleberpasteten, in den üblichen Mengen, vorausgesetzt, daß die Pastetenfarce ohne Mehl und Brot bereitet ist. (Nur Primaware Sicherheit.)

Peptone und Albumosen jeder Art (Kemerichs und Kochs Fleischpepton, Somatose), ferner Nutrose, Eukasin, Tropon.

Gelees und Aspiks, aus Kalbsfüßen oder aus reiner Gelatine bereitet.

Frische Fische: Sämtliche frische Fische aus See- oder Süßwasser, gekocht oder am Grill gebacken oder mit mehlfreier Sauce angerichtet. Für gewöhnlich wird frische, zerlassene oder gebräunte Butter zu den Fischen gegeben. Wenn die Fische mit Panierung gebraten werden, so ist diese vor dem Genusse zu entfernen.

Fischkonserven: Getrocknete Fische, gesalzene und geräucherte Fische, wie Stockfisch, Schellfisch, Kabeljau, Hering, Makrele, Flunder, Stör, Lachs, Sprotten, Aal usw., eingelegte Fische, wie marinierte Heringe, Sardinen in Öl, Makrelen in Öl, Sardellen, Anchovis, Thunfisch.

Fischbestandteile: Kaviar, Lebertran.

Muscheln und Krustentiere: Austern, Miesmuscheln und andere Muscheln, Hummer, Krebse, Langusten, Crevettes, Schildkröten, Krabben usw.

Präparierte Fleisch- und Fischsaucen: Die bekannten englischen oder nach englischem Muster hergestellten pikanten Saucen, Beefsteak, Harvey, Worcester, Anchovis, Lobster, Shrimps, India Soy, China Soy usw., dürfen in den üblichen kleinen Mengen zugesetzt werden, wenn es nicht aus besonderen Gründen ausdrücklich untersagt ist.

Eier von allen Vögeln, roh oder beliebig, aber ohne Mehlzusatz angerichtet.

Fette tierischer oder pflanzlicher Herkunft, z. B. Butter, Speck, Schmalz, Bratenfett, Margarine, Olivenöl, gewöhnliches Salatöl, Kokosbutter, Laureol, Gänsefett.

Rahm: Guter fettreicher Rahm, sowohl süß wie sauer, ist als Getränk und als Zusatz zu Speisen und Getränken (wenn nicht ausdrücklich Beschränkung geboten wird) in Mengen bis zu $^3/_4$ Liter am Tage erlaubt. Die Küche sollte hiervon ausgiebig Gebrauch machen, da bei Verwendung von Rahm der Zusatz von Mehl für zahlreiche Fleisch-, Fisch-, Eierspeisen und Gemüse entbehrlich wird.

Milch: Boumas künstliche, zuckerfreie; ferner Williamsons Milch, von Noordens Rahmmischung (der Rahm wird mit kaltem oder süßem Wasser, mit Emser- oder Selterwasser mit dünnem Tee oder dünnem Kaffee im Verhältnis von 1: 5 gemischt. Der Geschmack wird durch Zugabe von Eigelb wesentlich gehoben; auch ein wenig Plasmon (2 %), Salz oder Saccharin können zugefügt werden.)

Gebäcke: Mehlfreie Mandel- und Klebergebäcke.

Käse jeder Art, insbesondere die sogenannten Rahmkäse, in der Regel nicht mehr als 50 g pro die.

Frische Vegetabilien: Kopfsalat, Endivien, Kresse, Löwenzahn, Portulak, Petersilie, Estragon, Dill, Borrago, Pimpernell, Minzenkraut, Lauch, Knoblauch, Sellerieblätter, Gurken, Tomaten, grüne Bohnen mit jungen Kernen, Vegetable Marrow, Melanzane, Suchette, Zwiebel, Radieschen, Meerrettich, Spargel, Rübstiel, Hopfenspitzen,

Brüsseler Zichorien, englischer Bleichsellerie (ohne die Knollen), junge Rhabarberstengel, Blumenkohl, Broccoli, Rosenkohl, Artischocke, Spinat, Sauerampfer, Krauskohl, Wirsing, Weißkohl, Rotkohl, Butterkohl, Savoyerkohl, Mangold (frische Champignons, Steinpilze, Eierpilze, Morcheln, Trüffeln in üblichen Mengen).

Obst: Von den zu Kompott benützten Vegetabilien sind Preißelbeeren, junge Rhabarberstengel, unreife Stachelbeeren erlaubt, wenn sie mit Saccharin statt mit Zucker eingekocht werden.

Gemüsekonserven: Eingemachte Spargel, Haricots verts, eingemachte Schneidebohnen, Salzgurke, Essiggurke, Pfeffergurke, Mixed Pickles, Sauerkraut, eingelegte Oliven, eingemachte Champignon und andere eingemachte Vegetabilien aus den oben angeführten Gruppen.

Gewürze: Salz, weißer und schwarzer Pfeffer, Cayennepfeffer, Paprika, Curry, Zimt, Nelken, Muskat, englischer Senf, Safran, Anis, Kümmel, Lorbeer, Kapern, Essig, Zitronen.

Suppen: Fleischbrühe von jeder beliebigen Fleischart oder von Fleischextrakt mit Einlage von grünen Gemüsen, Spargeln, Eiern, Fleischstücken, Knochenmark, Fleischleberklößen, Parmesankäse und anderen Substanzen, die in dieser Tabelle verzeichnet sind.

Süße Speisen aus Eiern, Rahm, Mandeln, Zitrone, Gelatine, zu deren Zubereitung Saccharin statt Zucker benutzt ist.

Getränke: Alle Arten von Sauerbrunnen und künstliche Selterwasser. Gute Sorten von Kognak, Rum, Arrak, Whisky, Nordhäuser, Kornbranntwein, Kirschwasser, Zwetschengeist, Steinhäger usw. Zukkerfreie Schaumweine (Kohlstädt, Frankfurt a. M., Rademann, ebenda, Goethestr. 30, französischer Champagner von Ernest Irroy, Rheims (Vertreter für Deutschland Anton Bux, Berlin, Leipzigerstr. 23), Diabetikersekt von Schlumberger, Wien.

Tee und Kaffee ohne Zucker mit Rahm. Zur Süßung wird Saccharin benutzt.

Kakao darf verwendet werden, falls der Gebrauch nicht ausdrücklich untersagt wird und falls die Menge sich in bestimmten Grenzen hält: 10 g reines Kakaopulver von Stollwerck oder van Houten oder 15—20 g von Rademanns Diabetikerkakao.

Weine: Leichte Mosel- oder Rheinweine und ähnliche, Ahrweine, Bordeaux-, Burgunderweine, Saccharin-Schaumweine in ärztlich verordneter Menge.

Limonaden: Selterwasser mit Zitronensaft, zur Süßung Saccharin (auf besondere Erlaubnis Lävulose).

Die **Tabelle II** umschließt Nahrungsmittel, die zwar nur kleine, aber prozentig doch schon beachtenswerte Mengen von Kohlehydraten enthalten. Bei „strenger Diät" müssen sie unter Umständen fortbleiben. In bescheidenen Quantitäten kann man sie sonst jedem Diabetiker erlauben und zwar folgendermaßen:

Zuckerkranke mit 50 g Brot pro die dürfen täglich ein Gericht aus dieser Tabelle wählen; Zuckerkranke mit 50—100 g Brot pro die dürfen die doppelte Portion eines Gerichtes oder zwei Gerichte sich wählen.

Zuckerkranken mit mehr als 100 g Brot täglich ist es erlaubt, die dreifache Portion eines Gerichtes oder drei Gerichte sich zu wählen. Ein Teil der Speisen von Tabelle II, z. B. Früchte, kommt auch in Tabelle III wieder, die letztere Tabelle kommt bei größeren Mengen in Betracht. In den Portionen von Tabelle II enthält jede Portion 5 g Kohlehydrate.

Gemüse (ohne Zucker und ohne Mehl gekocht): Getrocknete weiße Bohnen, getrocknete gelbe oder grüne Erbsen (als Körner oder als Püree), Kerbelrüben: 1 Eßlöffel. Teltower Rüben, weiße Kohlrüben, Mohrrüben, Karotten, Knollensellerie, Schwarzwurzel, Stachys, grüne frische oder eingemachte Erbsen und Saubohnen, Wachsbohnen mit großen Kernen als Gemüse oder Salat: 2 Eßlöffel.

Kartoffel: Eine kleine Kartoffel von der Größe einer großen Pflaume, oder ein Eßlöffel Kartoffelpüree, oder Pommes frits.

Rettich: Ein kleiner Rettich bis zu 50 g Gewicht.

Nußkerne bis zu 50 g Gewicht: ca. 6 Walnüsse oder 10 Haselnüsse oder 8 Mandeln oder 8 Paranüsse.

Frische Obstfrüchte: Äpfel, Birnen, Aprikosen, Pfirsich bis zu 50 g. Himbeeren, Walderdbeeren, Johannisbeeren ein gehäufter Eßlöffel; Waldhimbeeren, Brombeeren 2 Eßlöffel; Heidelbeeren 3 Eßlöffel.

Gekochte Früchte (ohne Zucker, eventuell mit Saccharin): Mirabellen, Zwetschen, Pflaumen, Äpfel, Birnen, Aprikosen, Pfirsich, Sauerkirschen ein gehäufter Eßlöffel; Himbeeren, Stachelbeeren, Johannisbeeren zwei gehäufte Eßlöffel. „Sugarless-Marmelade" von Allard oder von J. Keiller, zwei Eßlöffel.

Dörrobst (Pflaumen, Zwetschen, Pfirsich) nach starkem Auswässern gekocht, ein gehäufter Eßlöffel. Früchte im eignen.

Milch: $^1/_{10}$ Liter.

Lävuloseschokolade von Stollwerck: bis 15 g.

Die **Tabelle III** umschließt Nahrungsmittel, die reich an Kohlehydraten sind. Bei „strenger Diät" fallen sie sämtlich fort. Außerhalb der strengen Diät darf sich der Patient ihrer äquivalent seiner Toleranz bedienen; z. B. Patient sind 100 g Weißbrot per 24 Stunden erlaubt. An Stelle dieser 100 g Weißbrot (60 Prozent Kohlehydrat) kann er sich die äquivalente Menge von den in folgender Tabelle verzeichneten Nahrungsmitteln wählen:

Als Beispiel über die Benutzung der Tabelle III. Es seien erlaubt 120 g Weißbrötchen:

	Weißbrot
Zum Frühstück werden verzehrt 40 g Aleuronatbrot . .	= 20 g
„ Mittagessen werden verzehrt 42 g Linsen zur Suppe .	= 35 g
„ Mittagessen werden verzehrt 120 g Birnen (roh) . .	= 15 g
Nachmittags werden verzehrt ⅓ Liter Milch	= 25 g
Abends werden verzehrt 25 g Weißbrot	= 25 g
in Summa	120 g

Äquivalenten-Tabelle für Weißbrötchen.

	Prozentgehalt an Kohlehydraten %	20 g Weißbrötchen entsprechen g	Bemerkungen
Gewöhnliche Gebäcke des Handels.			
Weißbrötchen	60	20	
Kommißbrot	52	23	
Roggenbrot	50		
Grahambrot	50	24	
Simonsbrot	50		enthält wasserlösliches Kohlehydrat (Zucker!).
Pumpernickel	48	25	do.
Rademanns D-K-Brot	46		Frankfurt a. M., Göthestraße 30.
Aug. Fritz' neues Schrotbrot	46	26	Wien, Naglergasse 13.
Goldscheiders G-K-Brot	46		Wien, Naglergasse 4.
Rheinisches Schwarzbrot	46		
Dauerwaren; gewöhnliche Gebäcke des Handels.			
Friedrichsdorfer Zwieback	70	17	
do. zuckerfrei	66	18	Rademann.
Breakfast-Biskuits	74	16	Huntley & Palmers.
Telchow's Käsestangen	42	29	Berlin.
„Diabetiker-Brote" des Handels.			
Gerickes Einfach-Porterbrot	45	27	
Gerickes Doppel-Porterbrot	34	35	aleuronathaltig (Berlin).
Gerickes Dreifach-Porterbrot	23	52	
Rademanns Diabetiker-Schwarzbrot	48	25	Berliner Filiale.
Rademanns Diabetiker-Weißbrot	45	27	
Rademanns Diabetiker-Schwarzbrot	40	30	Frankfurter Hauptgeschäft.
Rademanns Diabetiker-Weißbrot	36	33	
C. Bresins Haferbrot	35	34	Schmargendorf.

	Prozentgehalt an Kohlehydraten %	20 g Weißbrötchen entsprechen g	Bemerkungen
Gumperts Diabetiker-Doppelweißbrot	38	32	Berlin.
Aleuronatbrot	44	27	Frankfurt.
„	45	27	Frankfurt.
„	48	25	Breslau.
„	46	26	Budapest.
Klopfers Glidinbrot . . .	34	35	Berlin.
Gerickes Sifarbrot	14	86	„
Rademanns Lithonbrot . .	20	60	„
Fritz' Lithonbrot	12	100	Wien.
Gumperts Ultrabrot . . .	8	150	Berlin.
Goldscheiders Sinamylbrot .	21	60	Wien-Carlsbad
Bresins Bremusbrot . . .	10	120	Berlin.
Diabetiker-Luftbrote			
Weißes Luftbrot	ca. 20	60	A. Fritz (Wien).
Braunes „	„ 20	60	„ „
Luftbrot C	„ 5	240	„ „ (fast reiner Kleber).
Seegens Mandelbrot . . .	„ 8	150	A. Fritz (Wien) und Goldscheider-Marx (Wien) und O. Rademann (Frankfurt a. M.).
Seidls Kleberbrot	50	24	sehr porös, leicht.
Pain de Gluten	50	24	Brusson Jeune (Villemur); in Frankfurt bei A. Metzger (Börnestraße 39).
Diabetiker-Zwiebacke etc.			
Gerickes Doppelporter-Zwieback	37	33	
Rademanns Diabetiker-Zwieback	49	24	
Gumperts Doppel-Diabetiker-Zwieback	28	43	
Rademanns Diabetiker-Stangen	22	54	
Gumperts Diabetiker-Stangen	10	120	
Grötzsch' Diabetiker-Salzbretzeln	16	75	
Diabetiker-Mehle.			
Gerickes reines Aleuronat .	3	400	
Gumperts Ultramehl . . .	7	170	

	Prozentgehalt an Kohlehydraten %	20 g Weißbrötchen entsprechen g	Bemerkungen
Kakao.			
Unentölter reiner Kakao	ca. 11	100	Küfferle (Wien), 3,7% wasserlösliches, 7,6% unlösliches Kohlehydrat, 42% Fett.
Gewöhnliches Kakaopulver	„ 30	40	
Grötzsch' Kochschokolade	„ 24	50	
„ Orange-Eßschokolade	„ 17	70	
„ „Pfeffernüsse"	„ 9	133	
Rademanns Diabetikerkakao	„ 16	75	
Natürliche Mehle[1].			
Grobes Weizenmehl	ca. 70	17	
Geschälte Gerste (gemahlen)	„ 70	17	
Roggenmehl	„ 70	17	
Buchweizenmehl	„ 70	17	
Maismehl	„ 70	17	
Grünkernmehl	„ 70	17	
Hafermehl	„ 65	18	
Erbsen, Linsen, Bohnenmehl	„ 55	22	
Stärkemehle			
von Kartoffel, Weizen, Tapioka, Reis, Sago, Mais	ca. 82	14,5	
Teigwaren.			
Nudeln, Makkaroni	75	16	
Zerealien.			
Geschälter Reis	80	15	
Geschälte Gerste (deutsch)	70	17	
„ „ (amerikanisch)	80	15	
Geschälter Hafer	65	18	

1) Eine zweckmäßige Mischung für Bestreuen, Bindung von Gemüsen, Saucen, Suppen kann sich jeder herstellen aus 2 Teilen reinem Aleuronat (von Gericke) und 1 Teil grobem Weizenmehl. In der Mischung sind 29% Kohlehydrat. — 10 g der Mischung (2,9 g Kohlehydrat) genügen am Tage für die genannten Zwecke vollständig.

	Prozentgehalt an Kohlehydraten %	20 g Weißbrötchen entsprechen g	Bemerkungen
Hülsenfrüchte.			
Erbsen, Linsen, Bohnen (trocken)	ca. 50	28	
Erbsen frisch, grün	10–12	100—120	
Erbsen in Büchsen	10	120	
Salatbohnen, junge, grüne Kerne	16	75	
Puffbohnen, junge, grüne	16	75	
„ älter, grau	20	60	
Knollen, Wurzeln.			
Kartoffeln im Sommer	16—18	66—75	
„ „ Winter	20	60	
Sellerie (deutsche Knollen)	10–12	100—120	
„ (englischer Stangen-)	4	300	
Kerbelrübe	28	43	
Weiße Kohlrübe	7	170	
Karotten	8	150	
Große gelbe Rübe	10	120	
Teltower Rübe	10	120	
Schwarzwurzel (Salsifie)	12–15	80—100	
Kohlrabi (jung)	4	300	
Topinambur	15	80	
Stachys	18	66	
Frische und eingemachte Früchte.			
Süße Kirschen	12—14	85–100	exkl. Steine.
Saure Kirschen	10–12	100—120	
Pflaumen (blau)	10	120	
Reineclauden (grün)	12—15	80–100	Zuckergehalt je nach Reife und spezieller Sorte verschieden
Pfirsich (Garten-)	10—12	100–120	
„ [sog. Weinberg]	6—8	150 200	
Nektarinen	14–16	75–85	
Aprikose	6—10	120—200	
Mirabellen	8–12	100–150	
Äpfel	8–12	100—150	
Birnen	8—12	100 150	
Banane [geschält]	16—24	50–75	
Bananenmehl [trocken]	57	21	
Orange (geschält)	10–12	100—120	
Grape-Fruitfleisch	5–7	170—200	

	Prozentgehalt an Kohlehydraten %	20 g Weißbrötchen entsprechen g	Bemerkungen
Ananas	8–10	120—150	
Melone (süße)	8	150	
Wassermelone [Ungarn]	4–6	200—300	
Erdbeeren (Garten)	6—8	150–200	
„ [Wald]	4—6	200–300	
Maulbeeren	10—12	100–120	
Stachelbeeren (reif)	6–8	150—200	
„ (unreif, zum Kochen)	2—2,25	480–600	
Johannisbeeren	7–9	133–170	
Himbeeren (Garten)	6	200	
Waldhimbeeren	4–5	240—300	
Brombeeren	4–6	200–300	
Heidelbeeren	5–6	200—240	
Preißelbeeren	2—4	300—600	
Kastanien (geschält)	18	66	
Früchte im eigenen Saft gekocht, frisch oder als Konserve [häusliche Bereitungsart]	6–10	120–200	Pfirsich, Aprikose, Sauerkirsche, Reineclaude, Apfel, Birne (Saft zu meiden).
Dasselbe aus der Fabrik O Rademann	6—8	150—200	
Früchte im eigenen Saft [häusliche Bereitung]	4–8	150–300	Preißel-, Him-, Erd-, Heidelbeeren (Saft zu meiden).
Dasselbe aus der Fabrik O. Rademann	4–6	200–300	
„Entzuckerte“ Früchte [O. Rademann]	3–5	240–400	verschiedene Sorten.
Früchte im eigenen Saft	3–6	200—400	Jg. Eisler (Wien).
Milch etc.		ccm	
Vollmilch	ca. 4—5	ca. 275	
Guter Süßrahm	2,5—3	400—600	zahlreiche Analysen.
Saure Milch	ca. 4	ca. 300	
Kefyr	ca. 2,5	ca. 480	48—60stündig.
Diabetes-Milch	0,9–1	1100–1200	E. Lindheimer, Frankfurt a M. und andere Dr Gärtnersche Milch-Sterilisationsanstalten.
Bier, Schaumwein.			
Bayr. Winter-Schankbiere	3,5—4,5	275—340	
„ Sommer-Lagerbiere	4,0–5,5	215–300	

	Prozentgehalt an Kohlehydraten %	20 g Weißbrötchen entsprechen ccm	Bemerkungen
Bayr. Exportbiere	4,5—5,5	215—275	
Helle Rheinische Biere . .	2,5—3	400—480	
Pilsener Bier	3,5	340	Bürgerliches Bräuhaus (amtl. Analyse vom 11. April 1891).
Pilsener Exportbier . . .	3,8—4	300—320	
Lichtenhainer	2,0—2,5	480—600	
Grätzer	2,1	600	
Roter Valpolicella-Schaumwein	3,7	300	Fl. Rigo, Trient.

Bei der Einstellung der Diabetiker werden wir nun folgendermaßen verfahoen:

Bei der **leichten Form** Kalorienberechnung der Nahrung nach dem Gewicht des Körpers (zu berücksichtigen ist die Lebensweise, ob Ruhe, Bewegung usw. vgl. S. 57).

Zu den berechneten Kalorien ist der Kalorienwert des Zuckers hinzu zu addieren.

Einstellung auf einen Eiweißgehalt der Nahrung von 100—120 g. Dieser Eiweißgehalt kann durch Fleisch, Eier, Käse, Milch, Pflanzeneiweiß gedeckt werden. Einer solchen Eiweißzufuhr entspricht etwa 500 g gekochtes resp. 700 g rohes Fleisch.

Einstellung der Kohlehydrate auf $^2/_3$ des Wertes der Toleranz. Beispielsweise 100 g Kohlehydrate werden soeben noch assimiliert, so wird der Kranke auf 66 g Kohlehydrate eingestellt. Diese Kohlehydrate können als Weißbrot, Schwarzbrot oder in Diabetikerbroten, die ja nicht kohlehydratfrei sind, verabreicht werden, oder durch jedes andere Kohlehydrat im entsprechenden Maße ersetzt werden. (Tabelle III v. Noorden).

(Die Berechnung des Gehaltes der Nahrung an Fett, Kohlehydraten und Eiweiß sowie Kalorien erfolgt nach der Tabelle S. 23.)

Einen Teil des Fettes kann man auch in leichteren Fällen durch Alkohol ersetzen. Im allgemeinen wird es sich empfehlen, hier nicht über eine Zufuhr von 50 g Alkohol hinauszugehen.

Die Hauptquelle der Kalorien muß in der Nahrung durch Fett vertreten sein: zu empfehlen ist in dieser Hinsicht die Verabreichung von etwa

50—100 g Butter,
10—20—50 g Öl in Salaten,
50—100 g Speck,
2—5 Eiern.

Bei der **mittelschweren** Form wie bei der **schweren Form** wird man auch bestrebt sein die Glykosurie zu beschränken (ca. ½—1 % Dextrose im Harn entsprechen etwa einer Gesamtausscheidung von 20 g Zucker pro Tag). Das ist zunächst durch entsprechende Beschränkung der Kohlehydratzufuhr zu erstreben, da wir es indessen mit Patienten zu tun haben, welche erst bei einem gleichzeitigen täglichen Eiweißumsatz von 15—10 g N im Harn (entspricht einem Eiweißumsatz von 80—100 g), ev. bei noch stärkerer Einschränkung der Eiweißzufuhr oder sogar durch eine solche gar nicht zuckerfrei gemacht werden können, so genügt die Beschränkung der Kohlehydrate allein nicht. Es ergeben sich nun folgende Grundsätze:

Die Entziehung der Kohlehydrate darf nicht unvermittelt geschehen wegen der Gefahr der Azidosis.

Unter stetiger Berücksichtigung des Körpergewichtes (als dessen untere Grenze im allgemeinen beim Manne 130 Pfund, beim Weibe 100 Pfund angesehen werden müssen) ist die Kalorienzufuhr besonders genau einzustellen, indem man den Patienten vor Überernährung schützt. Eine vorübergehende Unterernährung in Form von eingeschobenen Hungertagen oder Gemüsetagen, ja selbst eine länger dauernde quantitative Beschränkung der Nahrungszufuhr auf etwa 1800 Kalorien erweisen sich bei diesen Formen als sehr zweckmäßig. Einer zweckmäßigen Form der Diät entspricht sicher die vegetabilische.

Weiter kommt es noch hauptsächlich auf quantitative Einschränkung und auf die Qualität speziell der Eiweißnahrung an. Statt einer Eiweißzufuhr von 100—120 g, die einem normalen Manne zukommt, kann man getrost auf Werte von 80 g (ja sogar 60 g) heruntergehen, sofern man das Kaloriendefizit durch Zulagen von Fett deckt. Im allgemeinen ist allerdings das Fett kein guter Eiweißsparer, man wird also nicht nur Mühe haben die notwendigen Kalorien durch Fett zu decken, man wird auch gezwungen sein, dem Diabetiker der schweren Form noch Kohlehydrate zu bewilligen. Ein Teil des Fettes kann im übrigen auch durch Alkohol ersetzt werden. (Bei mittelschweren Diabetikern etwa 40—50 g Alkohol, bei schweren etwa 60—80 g in Form von Wein, Kognak, Kornbranntwein).

Die Zufuhr der Kohlehydratmenge, die der mittelschwere wie schwere Diabetiker verträgt, ist von Fall zu Fall zu ermitteln. Als Richtschnur dient dabei einmal das Verhalten der Ausscheidung der Azetonkörper, ferner das Verhalten der Stickstoffausscheidung im Harn. Hierin liegt eine Schwierigkeit der Praxis; man kann sie in mancher Beziehung umgehen, wenn man dem schweren Diabetiker zunächst etwa 100 g Kohlehydrate bei knapper Eiweißzufuhr (60—80 g) gestattet und ganz allmählich um kleine Werte heruntergeht unter Verfolgung von Ketonurie und Zuckerausscheidung, wobei man die Kohlehydrate durch vegetabilisches Eiweiß substituieren kann. Eine stärkere Einschränkung der Kalorien, Kohlehydrat- und Eiweißzufuhr darf dann aber nur unter gleichzeitiger Kontrolle der Zucker-, Stickstoffausscheidung und Azetonkörperausscheidung vorgenommen werden. Hat man dann nach einer längeren Periode mit gleichmäßiger (kalorien- und kohlehydratarmer) Standardkost Glykosurie und N-Ausscheidung konstant gehalten, so steigert man schrittweise, unter fortwährender Kontrolle der Zuckerausscheidung und Ketonurie die Kohlehydratzufuhr und vermindert die Eiweisszufuhr.

Unter gewissen Umständen, nämlich dann, wenn die starke Azetonurie, d. h. die Ausscheidung von vielen Grammen β-Oxybuttersäure die Gefahr eines Komas in die Nähe rückt, ja wenn überhaupt die Azetonurie sehr hartnäckig ist und auch durch Beschränkung von Kohlehydraten bzw. Eiweiß sich bessern läßt, empfiehlt sich die vorübergehende Einleitung einer speziellen Kohlehydratkur, von der eigentlich die Milch-, Reis-, Kartoffelkur praktisch völlig hinter der v. Noorden schen Hafermehlkur zurücktritt. Der Vorteil der Hafermehlkur liegt neben der Eiweißarmut darin, daß nur ein Kohlehydrat verabreicht wird und daß dieses — in reichlicher Menge verabreicht — von der besonders mittelschweren und schweren Form des Diabetes gut assimiliert wird, wodurch nicht nur eine Beschränkung der Azetonurie erreicht wird, sondern auch die Kohlehydrattoleranz steigt. Man kann schweren Diabetikern bei Azetonurie häufiger die Hafermehlkur durchmachen lassen, doch ist sie nicht für längere Zeit durchführbar.

Was die **Technik der Diättherapie** anbelangt, so spielt hierin die wesentlichste Rolle die Frage, in welcher Form dem Diabetiker die Kohlehydrate zu reichen sind. Im allgemeinen verträgt subjektiv der Diabetiker die Entziehung der Kohlehydrate schlecht, und so ist es auch von Bedeutung, daß man im allgemeinen beim Diabetiker die Toleranz mit Weißbrötchen prüft. Da, wo die Toleranz eine relativ hohe ist (200 bis 250 g Weißbrötchen), ist die Durchführung der Therapie eine verhältnismäßig einfache. Man kann (v. Noordens Tab. III) einen Teil des erlaubten Weißbrotes durch andere Kohlehydrate ersetzen. Schwieriger ist die Frage da, wo die Toleranz niedriger ist (50—100 g); in diesen Fällen muß man dem Diabetiker Brotpräparate verordnen. Da die meisten indessen noch immer einen Kohlehydratgehalt von ca. 30 % haben, so muß die Quantität also auch in diesen Fällen genau zugemessen werden. Sehr empfehlenswert als Vehikel sind die sogenannten Luftbrote mit einem Kohlehydratgehalt von 5—20 %. Das Litonbrot soll sogar noch weniger Kohlehydrat enthalten. (Vergl. hierzu die Tabelle S. 75 u. 76.)

Eine gewisse Schwierigkeit bereitet die Zubereitung der Speisen; gewöhnlich werden Saucen, Gemüse usw. mit Mehl angerichtet; das ist natürlich ganz zu vermeiden und durch Zusatz von Rahm, Eiern oder aber einer geringen Menge von Aleuronatmehl zu ersetzen (siehe hierüber Kapitel III: diätetische Küche des Zuckerkranken). Gemüse müssen mit Salzwasser gekocht werden. Mit gewisser Vorsicht ist die Milch zu gestatten; hier empfiehlt es sich, bei jedem Diabetiker gesondert die Toleranz zu bestimmen, eventuell aber die Milch durch Kefir oder Kumys zu ersetzen. Neuerdings kommt auch eine Diabetikermilch in Handel, die zwar immer noch 1 % Zucker enthält, dafür aber 5—6 % Fett; sie wird sterilisiert versandt und eignet sich als Zusatz zu Kaffee, Kakao usw. Viele Diabetiker zeigen eine größere Toleranz gegen Lävulose, infolgedessen gegen Obst. In diesen Fällen soll man Gebrauch von Obst machen lassen. Salate sind als erfrischende Speisen für den Diabetiker zu empfehlen. Überhaupt spielt die Abwechselung der Nahrung nirgends eine so große Rolle wie beim Diabetiker. Auf süße Speisen, Eis usw., braucht der Diabetiker nicht zu verzichten, nur muß das Süßen der Speisen mit Saccharin geschehen. (Mit Lävulose Vorsicht!) An Getränken sind ihm erlaubt Wasser, Soda- und Mineralwässer, Limonade (aus Saccharin), Tee, Kaffee, Rahm, zuckerfreier Kakao, Bordeaux, Pfälzer Weißwein, Moselwein, österreichische, ungarische

Tischweine; an Champagner: Laurence Pierrièrs Sans Sucre, Diabetikersekt von Kohlstadt u. a. (siehe Tabelle I). Auch Gewürze sind als Appetitanreger zu empfehlen. Wenn die Toleranz gegen Kohlehydrate um 150 und mehr liegt, ist, wie gesagt, die Durchführung einer Ernährung, die zur Aglykosurie führt, leicht; schwierig wird die Durchführung bei beschränkter Toleranz, z. B. bei einer Toleranz von 30—60 Kohlehydraten. In solchen Fällen ist es oft schwierig, den Kranken lange Zeit aglykosurisch zu halten; meist muß man ihm Konzessionen machen (oder er macht sie sich selbst); in diesen Fällen sorge man nur dafür durch häufige Kontrolle, daß der Harn nicht mehr Zucker enthält als etwa 0,5 %, und daß von Zeit zu Zeit eine sogenannte strenge (kohlehydratfreie) Kur durchgeführt wird. Das geschieht am besten unter Aufsicht im Sanatorium, kann indessen auch im Hause durchgeführt werden, sofern der Patient zuverlässig ist. Eine derartige Kur soll mindestens mehrmals im Jahre durchgeführt werden, und je öfter, je geringer die Kohlehydrattoleranz ist. Man kann eine solche, auf 14 Tage bis 3 Wochen etwa auszudehnende Kur zweckmäßig durch Einschaltung von **Hungertagen**, und zwar nach je 8—14 Tagen 1 Hungertag während einer strengen Diät, verschärfen. An einem solchen Hungertag reicht man nichts weiter als einige Tassen Bouillon, Tee, Mineralwasser nach Belieben. Für viele Fälle ist der Hungertag allerdings schwer durchführbar: man beschränkt sich dann auf die Durchführung eines **Gemüsetages**, an dem der Patient etwa 500 g eines in Wasser mit Butter gekochten Gemüses, Speck und einige Eier, Tee, Kaffee und Alkohol erhält. Es pflegt danach die Glykosurie bedeutend zu sinken.

I. Frühstück: 1 Tasse schwarzer Kaffee, 2 Eigelb.

II. Frühstück: 50 g Speck mit 2 Eigelben in der Pfanne gebraten, mit kohlehydratarmen Gemüsen oder Salat.

Mittags: 1 Tasse starke Bouillon, 75—100 g Speck, 4 Eigelbe, verschiedene Gemüse und Salate, 1 Tasse schwarzer Kaffee.

Nachmittags: Tee oder Kaffee, 2 Eigelbe.

Abends: 1 Tasse Bouillon, 75 g Speck, 4 Eigelbe mit Gemüse und Salat. 1/2—1 Flasche Rotwein am Tage.

Im allgemeinen ist bei sich verschlechterndem Allgemeinbefinden in Fällen von leichtem Diabetes stets eine strenge Kur einzuleiten.

Was die Diätetik der mittelschweren bzw. schweren Diabetesformen anlangt, so sind bereits auf S. 81 die allgemeinen Prinzipien ausgesprochen worden; jedenfalls ist auch hier zunächst eine Beschränkung der Glykosurie anzustreben, wobei man das Eiweiß und die Kohlehydrate einschränkt, bzw. auch unter Kontrolle der Azetonkörperausscheidung zur kohlehydratfreien Kost vorsichtig übergehen kann. In vielen Fällen — namentlich bei jüngeren Individuen — gelangt man hier zu einer bedeutenden Verminderung der Zuckerausfuhr, zumal wenn man die gesamte Kalorienmenge der Nahrung (nach Abzug der Harnzuckerkalorien) stark reduziert. Über längere Zeit läßt sich eine strenge Kur beim schweren Diabetiker allerdings nicht immer durchführen wegen der Gefahr des Coma diabeticum, bedingt durch die intermediäre Azidosis. In den Fällen, wo trotz Einschränkung der Kohlehydrate sehr bald eine größere Azetonkörperausscheidung eintritt (vergl. S. 62 und 82), empfiehlt es sich, auf mehrere (etwa 4) Tage eine **v. Noordensche Hafermehlkur** einzuleiten. Der Patient erhält pro Tag 250 g Hafermehl (Hohenlohesche Haferflocken, amerikanische Hafergrütze, Scotch Oatmehl), lange mit Wasser gekocht (unter Hinzufügung von 100 g Pflanzeneiweiß [Roborat, Reiseiweiß, Glidin, Tutulin] oder 5—8 Eiern ev. auch ohne Eiweißhinzufügung und 250 g Butterfett). Die Hafersuppe wird zweistündlich verabreicht. Daneben sind gestattet an Getränken Kaffee, Tee, Zitronensaft, Kognak. Der Hafermehlkur sollen vorangehen einige Tage strenger Diät und dann 2—3 Gemüsetage. Dann läßt man wieder einige Gemüsetage folgen. Hat man mit der ersten Kur nicht sein Ziel erreicht, so wird sie ev. noch ein- bis zweimal wiederholt. Indiziert ist, wie gesagt, die Hafermehlkur nur bei schweren Diabetikern, bei denen es zu einer weitgehenden Beeinträchtigung des Verbrauchs der Kohlehydrate gekommen ist.

Also da, wo eine Azidosis beim schweren Diabetiker bei Zufuhr großer Kohlehydratmengen besteht, ist eine Einschränkung derselben indiziert und umgekehrt, wo sie bei Kohlehydratkarenz auftritt, eine Einleitung einer Kohlehydratkur wie bei der v. Noordenschen Hafermehlkur. Die seinerzeit eingeführte Milchkur Kartoffelkur, ferner die Reiskur mögen ab und zu ähnliche Erfolge zu verzeichnen haben wie die v. Noordensche Hafermehlkur, doch weist diese bei der schweren Form des Diabetes die meisten praktischen Erfolge auf.

Da, wo Azidosis besteht, ist je nach dem Grade dieser die Zufuhr größerer Mengen Natrium bicarbonicum indiziert. Das ausgebrochene Coma diabeticum indiziert die Zufuhr größerer Alkalimengen per os oder intravenös (3—3,5 %ige Sodalösung) und die schnelle Zufuhr von Kohlehydraten (am besten 8 bis 10 %iger Lävuloselösung intravenös bis zu 1 Liter). Vergl. hierzu, ebenso wie über die wenig leistende medikamentöse Therapie des Diabetes mellitus die Handbücher der Inneren Medizin.

b) Lävulosurie (Fruktosurie).

Die Ausscheidung eines linksdrehenden Zuckers von der Formel $C_6H_{12}O_6$, der die Trommersche Probe gibt, vergärt, die Ebene des polarisierten Lichtes nach links dreht, ferner die Seliwanoffsche Probe gibt, also die Ausscheidung einer Lävulose, trifft man selten spontan (spontane Lävulosurie), mitunter alimentär (alimentäre Lävulosurie) und selten als eine mit einer Dextrosurie vergesellschaftete Lävulosurie (gemischte Melliturie).

Zur Orientierung sei hier nur kurz die Seliwanoffsche Probe in der Weise angeführt, wie sie praktisch brauchbar und zuverlässig ist. Man bringt in eine Eprouvette 2 Teile Urin und 1 Teil konzentrierte Salzsäure (spez. Gewicht 1,19), gibt eine kleine hanfkorngroße Menge Resorzin zu und erwärmt ganz allmählich auf kleiner Flamme. Dabei tritt, wenn Fruktose vorhanden ist, eine tiefrote Färbung ein. Nach einiger Zeit trübt sich die Flüssigkeit, in der sich Humin absetzt.

Die spontane Lävulosurie ist selten beobachtet worden. Die bisher bekannten Fälle zeichnen sich dadurch aus, daß sie symptomatologisch gewisse Ähnlichkeit mit dem Diabetes aufweisen (z. B. Polyurie, Polydipsie usw.).

Die ausgeschiedene Lävulosemenge pflegt gewöhnlich niedrig zu sein; die bisher beobachteten Werte übersteigen jedenfalls nicht die Ausscheidung von 124 g Lävulose pro die. Bei kohlehydratfreier Diät schwindet die Lävulosurie, im übrigen aber ist nicht die Lävuloseausscheidung abhängig von der Zufuhr der Dextrose per os, sondern von der Zufuhr der Lävulose. In einer Beobachtung von Neubauer traten zum Beispiel von den genossenen Kohlehydraten stets — ganz gleich, ob die zugeführten Mengen groß oder klein waren — 15 bis 17 % in den Harn über. Man kann also, in diesem Falle wenigstens, nicht von einer Toleranzgrenze sprechen. Praktisch wird man daher solche Formen der Lävulosurien diätetisch so einstellen, daß sämtliche Lävulose aus dem Speisezettel gestrichen wird. Das läßt sich praktisch sehr leicht durchführen: man braucht etwa nicht auf alle Kohlehydrate zu verzichten, da Stärke keine Lävulosurie verursacht; man erlaubt darum Brot und alle mit Mehl zubereiteten Speisen, verbietet dagegen Obst, Honig, Rohrzucker, mit anderen Worten (abgesehen von der Maltose) alles was süß ist. Erlaubt ist hingegen wiederum die Milch.

Schwieriger gestaltet sich schon die diätetische Einstellung der gemischten Melliturie, der Frukto-Dextrosurie, deren pathogenetischer Mechanismus entschieden ein anderer ist, als der der reinen Lävulosurien. Diesen Fällen ist eigentümlich, daß die Lävulosurie nicht durch Zufuhr von Lävulose per os gesteigert wird, sondern daß von der zugeführten Dextrose ein Teil in Lävulose übergeht. Es scheinen diese Fälle, die zur Gruppe des Diabetes gehören, entschieden keine schwereren Fälle zu sein, immerhin wird die diätetische Therapie sich im Sinne der diabetischen Therapie zu bewegen haben. Man wird, um die Glukosurie und Lävulosurie zum Schwinden zu bringen, nach Möglichkeit eine kohlehydratfreie Diät durchzuführen suchen.

Von dieser Frukto-Dextrosurie unterscheidet sich die, einen schweren Diabetes mellitus oft komplizierende Fruktosurie, die meist nie erheblichere Grade erreicht und sich meist auch nur bei verwildertem Diabetes findet. Sie macht spezielle diätetische Maßnahmen über die gewöhnliche antidiabetische Behandlung hinaus nicht notwendig.

Die alimentäre Lävulosurie z. B. bei Leberkranken hat nur diagnostisches Interesse.

c) Die Pentosurie.

Hier handelt es sich um die Ausscheidung eines fünf Kohlenstoffatome enthaltenden Zuckers, einer Pentose, die nach den Untersuchungen von C. Neuberg eine optisch inaktive, razemische Arabinose vorstellt.

Zum Nachweise derselben sei auf die langsam und schußweise auftretende Reduktion beim Kochen mit Fehlingscher Lösung aufmerksam gemacht. Ferner auf die Orcinreaktion nach Tollens; etwa 3 ccm Harn werden mit 6 ccm rauchender Salzsäure versetzt, eine Messerspitze Orcin hinzugefügt und nun zum Sieden erhitzt. Dabei entsteht erst eine rötliche, dann violette Farbe und endlich scheiden sich blaugrüne Flocken ab, die in Alkohol löslich sind. Der blaugrüne Farbstoff läßt sich mit Amylalkohol ausschütteln und zeigt im Spektrum einen Streifen zwischen C und D. Sehr brauchbar zum Nachweis ist das Bialsche Reagens.

Die Pentosurie ist eine intermediäre Störung (es ist anzunehmen, daß die ausgeschiedene razemische Arabinose synthetisch vom Körper aufgebaut ist), die alimentär nicht beeinflußt werden kann. Die Pentosurie stellt eine harnlose Stoffwechselanomalie dar und macht an sich — sofern nicht etwa eine Hebung des Allgemeinzustandes notwendig ist — eine diätetische Einstellung überflüssig.

3. Diabetes insipidus.

Darunter verstehen wir eine Funktionsstörung der Niere in dem Sinne, daß ihr molekulares Konzentrationsvermögen gestört ist. Die Niere vermag daher keinen konzentrierten Harn auszuscheiden; um aber ihrer Aufgabe der Exkretion der festen harnfähigen Stoffe gerecht zu werden, muß sie einen reichlichen Harn liefern (Polyurie). Die Polyurie ist also abhängig von der Zahl der auszuscheidenden Molen. Dabei ist die Summe der 24stündig ausgeschiedenen Stickstoff- und Salzmengen normal, Zucker- und Eiweißausscheidung fehlt. Das spezifische Gewicht des Harnes ist außerordentlich niedrig und nähert sich meist dem Werte von 1001. Die Störung darf nicht mit primärer Polydipsie und Nephritis verwechselt werden. Differentialdiagnostisch empfiehlt sich, die Reaktion der Harnausscheidung nach Zulage von 10 bis 15 g NaCl an einem Tage zu verfolgen. Es wird sich dann beim Diabetes iusipidus die Konzentration des Harnes nicht vergrößern, dagegen wächst die ausgeschiedene Flüssigkeitsmenge.

Was die Diätetik dieser Erkrankung anbelangt, so kann man die Polyurie allerdings sehr erheblich einschränken. Zuvörderst muß aber betont werden, daß man nicht sein Ziel durch die Einschränkung der Flüssigkeitsmenge erreichen kann, da diese Einschränkung nur zur Retention harnfähiger Stoffe führt. (Allerdings gibt es Fälle, wo eine primäre Flüssigkeitseinschränkung, energisch durchgeführt, wider Erwarten, trotzdem man eine primäre Störung der Niere im Sinne der Unfähigkeit der Harnkonzentrierung festgestellt zu haben glaubte, schnell zu einer Besserung bzw. Heilung führte. Das sind wahrscheinlich Fälle auf hysterischer Basis.) Dagegen gelingt die Verminderung der Polyurie durch Verminderung der ausgeschiedenen Molen. Man wird also eine Kost verabreichen, die möglichst wenig Stickstoffschlacken gibt und Salze enthält; also eine kohlehydrat- und fettreiche Kost mit dem Minimum der Eiweißzufuhr, desgleichen salzarme Diät. (Vergl. hierzu das Kapitel der kochsalzarmen Ernährung S. 119.) Den Durst lasse man weniger mit Getränken als mit Apfelmus löschen.

Also zu bevorzugen grüne Gemüse, Obst, Mehlspeisen, ungesalzenes Brot. Fleisch (ungesalzen), Butter (ungesalzen). Als Getränk Fruchtlimonaden.

4. Fettleibigkeit, Fettsucht (Korpulenz). Entfettungskuren.

Wir verstehen unter Fettleibigkeit die Anhäufung von Fett im Organismus über ein gewisses Maß. Dieses Maß kann uns unser Schönheitsgefühl geben, indessen, was ein Mohamedaner als schön in bezug auf Körperfülle bezeichnet, wird einem Mitteleuropäer unter Umständen bereits als hoher Grad von Fettleibigkeit erscheinen. Der Begriff der „Korpulenz" ist etwas, was also nicht immer nach unserem Schönheitsgefühl bewertet werden kann. Der Vergleich des Körpergewichts mit dem eines als normal (Durchschnittsgewicht) zu bezeichnenden Individuums wird uns schon eher gewisse Anhaltspunkte dafür geben, ob ein Individuum zu fettreich ist. Es sei deshalb zum Vergleich eine Tabelle angeführt, aus der das Durchschnittsgewicht 3000 gesunder ausgewachsener Menschen mit der Körpergröße verglichen ist.

Einer Körpergröße von	entspricht ein mittleres Körpergewicht von Kilogramm
137—152 cm	42,0
152—155 „	52,5
155—160 „	57,0
160—165 „	62,5
165—170 „	65,5
170—175 „	70,0
175—180 „	76,0
180—183 „	80,5
über 183 „	89,0

Der Satz, daß ein Erwachsener soviel Kilogramm Körpergewicht haben soll, als er Zentimeter über 100 groß ist, trifft also wirklich zu. Wir hätten damit ein approximatives Maß für die Schwere einer Normalperson. Allerdings sind da auch viele Einschränkungen zu machen. Frauen pflegen im allgemeinen dicker zu werden, wenn sie sich dem vierten Dezennium nähern, oder aber wenn sie in das Klimakterium kommen, desgleichen Männer, wenn sie in das vierte bis fünfte Dezennium ihres Lebensalters treten. Diese Verhältnisse, ebenso wie die Verhältnisse der Statur sind, wenn wir uns ein Maß für den Grad der Fettleibigkeit bilden wollen, sehr zu berücksichtigen. Ein Athlet kann bei einer Körpergröße von 170 cm schon ein Gewicht von 85 kg haben, ohne daß er fettleibig zu sein braucht. Unter Bewertung dieser Verhältnisse, die um so leichter fällt, als ja das Fett auch bestimmte Regionen des Körpers (Bauch, Nates, Brüste bei der Frau) mit Vorliebe als Ablagerungsstätte wählt, wird es nicht im Einzelfalle schwer sein, zu bestimmen, ob ein Individuum fettleibig ist, und wir werden von einer ernsthaft zu beachtenden Fettleibigkeit reden, wenn das Normalgewicht um 10—15 kg überschritten ist. Die Fettleibigkeit interessiert den Arzt ja lediglich vom pathogenetischen Standpunkt, weswegen man der Ansicht v. Noordens beistimmen muß, daß es eine relative Fettsucht gibt; d. h. für manche Individuen, z. B. solchen, die mit Herz- oder Lungenleiden, z. B. Emphysem behaftet sind, stellt eine geringe Fettanhäufung schon eine Belastung dar.

Jede Fettleibigkeit gibt für den Arzt die Indikation zur Entfettung. Diese Indikation kann eine direkte oder indirekte sein. Indirekt aus prophylaktischen Gründen, direkt, wenn Gefahren für das Herz bestehen.

Die Schäden, die die Fettleibigkeit mit sich bringt, sind einmal Schäden, die auf das Plus der zu tragenden Last zurückzuführen sind. Körperbewegungen werden von Fettleibigen gemieden, da jede Bewegung wegen der Last Fett, die der Fettleibige mit sich herumschleppt, eine größere Leistung darstellt; dadurch wird aber auch proportional der zu fördernden Last die Arbeit des Herzens vermehrt. Das führt an sich zur schnelleren Ermüdung, zur Trägheit, die wiederum die Anhäufung von Fett begünstigt; es bildet sich also ein circulus vitiosus heraus. Andererseits belästigt das Fett direkt lebenswichtige Organe, es sei nur an die Adipositas cordis erinnert und an die Fettinfiltrationen der Leber, ferner an die Last, die der Thorax bei jedem Atemzug zu überwinden hat, wozu noch kommt, daß durch den Druck der Fettlast auf die Eingeweide des Abdomens das Zwerchfell stark in die Höhe gedrängt wird, wodurch das Symptomenbild der Plethora abdominalis sich schließlich entwickelt. Ein außerordentlich schwerwiegendes Moment ist des weiteren die mangelhafte Abgabe von Wärme durch die

Haut. Fett ist bekanntlich ein schlechter Wärmeleiter und so ist die Wärmeabdünstung durch die Haut, die schlecht durchblutet werden kann, die denkbar ungünstigste. Der Körper behilft sich deshalb beim Fettleibigen mit der Abgabe von Wasserdampf bezw. durch die Abgabe von Schweiß, eine Art von Wärmeregulierung, die für den Körper die denkbar ungünstigste, d·n Kreislauf am stärksten belastende darstellt. Bei reichlicher Nahrungszufuhr, besonders eiweißreicher Kost, kann unter Umständen auch dieses Mittel nicht zur Aufrechterhaltung des Wärmegleichgewichtes dienen, dann muß die Körpertemperatur ansteigen. (Gefahr des Hitzschlages und dgl.)

Die hier angedeuteten Momente sollen nur die Indikationen für die Vornahme einer Entfettungskur andeuten, wobei je nach dem Grade der Fettleibigkeit die vorhandenen Symptome eine intensivere oder gelindere Entfettungskur indizieren.

Was das **Wesen** der Fettleibigkeit anbetrifft, so ist im großen ganzen diese dadurch charakterisiert, daß das Fett ersparte Nahrung ist. Die Ausgaben des Körpers sind geringer als die Einnahmen. Das ersparte wird nicht in Form von Eiweiß (oder nur in höchst geringer Menge), auch nur zum geringen Teil in Form von Glykogen, vielmehr in der Hauptsache als Fett aufgestapelt. Es stellt die Fettleibigkeit dasselbe dar, wie das, was man in der Landwirtschaft mit dem Worte Mast bezeichnet.

In der Tat ist die Fettleibigkeit der meisten Menschen auf eine Mast zurückzuführen, auf surménage. Indessen gibt es doch gewisse Individuen, die von Haus aus prädestiniert sind zur Fettleibigkeit. Für diese paßt vielleicht am besten der Ausdruck Fettsucht. Zum Beispiel von zwei Knaben einer Familie, die in gleicher Weise aufgezogen werden, in gleicher Weise ernährt werden, neigt der eine ohne äußerlich erkennbare Ursachen zur Fettsucht. Man hat schon früher für diese Individuen angenommen, daß der Umsatz hier niedriger liegt als bei normalen. Die mit dem Zuntz - Geppertschen Respirationsapparat vorgenommenen Analysen hatten allerdinges kein zwingenden Belege für das Bestehen einer derartigen Fettsucht geliefert. Jaquet führte dann neue Gesichtspunkte ein, wie man die Ersparnis von Fett bei einem Fettsüchtigen deuten könne.

Denkt man sich nämlich mit Magnus-Levy den Gesamtumsatz eines Individuums aus folgenden drei Faktoren zusammengesetzt:

1. dem gesamten Umsatz bei Körperruhe und Nüchternheit;
2. dem Umsatz, der auf die Magen- und Darmarbeit zur Verarbeitung der Ingesta entfällt.
3. dem Umsatz, der für körperlich nutzbringende und nicht nutzbringende Arbeit aufgewendet wird,

so kann man folgende Rechnung beispielsweise machen. Es betrage der Umsatz für

	1. 1600	Kalorien
	2. 240	„
	3. 860	„
in Sa.	2700	Kalorien

Ein Fettsüchtiger braucht sehr unwahrscheinlich zur Entfaltung seiner Lebensenergie weniger Umsatz in der Ruhe als ein normales Individuum.

Ob er durch geringe körperliche Tätigkeit etwas erspart, erscheint nicht a priori sicher. Dagegen fand Jaquet den Wert, der auf die Darmarbeit entfiel, vermindert. Jaquet fand, daß der Fettleibige während einer auf 14 Stunden berechneten Verdauungsperiode 21,84 Liter O_2 weniger brauchte als ein Gesunder unter gleichen Umständen; die O_2-Menge reicht aus, um 11 g Fett täglich zu verbrennen, was einem Fettansatz von 4 kg im Jahre entspräche.

Weiter hat dann von Bergmann an einigen Fällen den Nachweis einer Verminderung der Gesamt-Kalorienproduktion bei Fettsüchtigen erbracht. So fand er bei zwei fettleibigen Personen zeitweise einen normalen Stoffwechsel (Wärmeproduktion 2100—2300 Kalorien), zu anderen Zeiten dagegen eine Kalorienproduktion von 1500—1780 Kalorien, also eine deutliche Erniedrigung des Umsatzes gegenüber der Norm.

Daß es verschiedene Typen von Fettleibigen gibt, Mastfettleibige und Fettsüchtige in Aszendenz, ist schon gesagt, für die Therapie der Fettsucht, die auf die Dauer und in der Hauptsache nur eine diätetische sein kann, werden beide Formen sich nur unterscheiden durch die Leichtigkeit oder Schwierigkeit einer rationellen Entfettung.

Das Prinzip jeder diätetischen Behandlung der Fettleibigkeit, ganz gleich ob exogene oder endogene Momente dabei mitspielen, ist entweder in der Verringerung der Zufuhr auf längere Zeit oder in der Vermehrung des Verbrauches gegeben. Das wäre z. B. möglich durch Steigerung des Umsatzes durch Muskelarbeit oder durch künstliche Steigerung durch gewisse Produkte der inneren Sekretion, die wir der Therapie, z. B. durch die Schilddrüsenpräparate, zugänglich machen können.

Das wichtigste Prinzip der diätetischen Behandlung der Fettleibigkeit bleibt die Einschränkung der Kalorienzufuhr unter den Bedarf. Eine derartige Entfettungskur muß auf zweierlei Rücksicht nehmen: 1. Die Entfettungskur darf keine Hungerkur sein. Die Kost muß also, da sie kalorisch minderwertig ist, voluminös sein. Eine Hungerkur macht nervös, führt zu Ohnmachts- und Schwindelerscheinungen, führt zu Herzstörungen. Überhaupt ist bei jeder Entfettungskur in erster Linie Rücksicht auf das Herz zu nehmen. Herzstörungen ernsterer Art indizieren die Unterbrechung der Entfettungskur. 2. Der Körper soll seinen Eiweißbestand bewahren. Stickstoffverluste sind bei Entfettungskuren zu vermeiden. Das ist nur möglich bei einer täglichen Eiweißzufuhr von 100 bis 120 g Eiweiß. Unter diese Eiweißmenge darf nicht hinuntergegangen werden. Wenn trotzdem zu Anfang kleine Stickstoff-Verluste durch den Harn eintreten (sie sind kaum vermeidlich), so sind diese nicht von schwerwiegender Bedeutung, andererseits kann man auch unter Umständen ohne die Beobachtung des geringsten Stickstoffverlustes entfetten.

Man kann langsam entfetten oder schnell. Man unterscheidet daher intensive und milde Entfettungskuren. Im letzteren Falle verabreicht man etwa 1600—2000 Kalorien, von denen 600 aus Eiweiß bestehen müssen (meist in Verbindung mit Muskelarbeit usw.), im ersten Fall (bei schneller Entfettung) verabreicht man etwa 1200 Kalorien, von denen wiederum 600 auf Eiweiß zu entfallen haben.

Intensive Entfettungskuren.

In der Literatur finden sich eine Reihe von Schemen zur intensiven Entfettung als Entfettungskuren niedergelegt, die zu der Zeit, wo die Entfettung noch in rein empirischen Bahnen sich bewegte, wo also die Kost nicht nach kalorischen Gesichtspunkten ausgewählt wurde, ihre Berechtigung hatten. Heute erscheinen diese Kuren mehr minder überflüssig. Jeder geschulte Arzt wird sich ohne weiteres eine Entfettungskur nach den obigen Prinzipien zurecht machen können, ohne daß er sich engherzig an ein Schema kettet. Mehr der historischen Gerechtigkeit wegen und wegen der Bedeutung, die diese Kuren früher z. T. hatten (so z. B. die Bantingsche), seien sie hier noch aufgeführt. Die Banting-Harveysche wie die Örtelsche Kur gibt größere Mengen Eiweiß (150—170 g), die Ebsteinsche hält sich weit unter der Eiweißzufuhr von 120 g.

Banting-Harveysche Kur. Frühstück: 120—150 g Rindfleisch oder Hammelfleisch, Nieren, gebratener Fisch, Schinken oder irgend ein kaltes Fleisch (Schweinefleisch absolut verboten), eine große Tasse Tee ohne Milch und Zucker, etwas Zwieback oder 30 g geröstetes Brot ohne Butter (in Summa 150—180 g feste und 240 g flüssige Nahrung).

Mittagessen: 150 —180g Fisch (kein Lachs) oder Fleisch (kein Schweinefleisch) oder irgend ein Geflügel oder Wild, irgend ein Gemüse (keine Kartoffeln), 30 g geröstetes Brot oder Kompott,

2—3 Gläser Rotwein (Champagner, Portwein, oder Bier verboten), in Summa je 240 g Flüssiges und Festes.

Nachmittags: Eine Tasse Tee (ohne Milch und Zucker), 60 bis 90 g Obst, 1—2 große Zwiebäcke (in Summa 90 g Festes und 240 g Flüssiges).

Abendessen: 90—120 g Fleisch oder Fisch wie mittags und 1—2 Glas Rotwein (in Summa 90—120 g Festes und 180 g Flüssiges). Als Schlaftrunk ev. eine Portion Grog (von Rotwein oder Rum ohne Zucker) oder 1—2 Glas Rotwein. In dieser Diätform sind enthalten 130—154 g Eiweiß in Gestalt von Fleisch, 75 g Alkohol und 50 g Kohlehydrate. (Örtel berechnet die Ernährung zu 172 g Eiweiß, 8 g Fett und 81 g Kohlehydrate, insgesamt ca. 1100 Kal.).

Ebsteins Kur gibt die Fette zu, schränkt aber das Eiweiß ein.

1. Frühstück (im Sommer um 6—6½ Uhr): Eine große Tasse — ca. 250 g — schwarzen Tee ohne Milch und ohne Zucker, 50 g Brot, geröstet, mit 20 oder 30 g Butter.

2. Mittagessen (2—2½ Uhr): Fleischbrühe (häufig mit Knochenmark in konsistenter Form oder mit Ei oder einer anderen entsprechenden Einlage), 120—180 g gekochtes oder gebratenes Fleisch, mit Vorliebe, soweit bekömmlich, fettere Fleischsorten, Gemüse (auch Püree von Leguminosen). Nach Tisch frisches Obst (Erdbeeren, Kirschen, hauptsächlich Äpfel). Als Kompott Apfelbrei usw. ohne Zuckerzusatz. Salate. Als Getränke 2—3 Glas leichten Weißwein.

Bald nach Tisch: Eine große Tasse (250) g schwarzen Tee ohne Zucker.

3. Abendessen (7½—8 Uhr): Eine Tasse Tee, ein Ei oder etwas Braten oder Schinken mit dem Fett, Wurst, Fisch: im ganzen an Fleisch 75—80 g, ca. 30 g Weißbrot, dem Fettgehalt des Fleisches entsprechend mehr oder weniger Butter, etwas Käse und frisches oder gedörrtes und gekochtes Obst.

In der Ebsteinschen Vorschrift sind 60—100 g Fett, 80 bis 100 g Brot und 215—275 g Fleisch (etwa 50 g Eiweiß!) enthalten, insgesamt ca. 1100—1400 Kalorien. Die Kost führt leicht zu Dyspepsie, ferner ist dabei das Hungergefühl für starke Esser recht empfindlich.

Die **Örtelsche Kur.**

Morgens: 120 g Kaffee mit 30 g Milch, 5 g Zucker und 35 g Weißbrot.

Vormittags: 100 g Pfälzerwein, Bouillon oder Wasser oder 50 g Portwein, 50 g kaltes Fleisch und 20 g Roggenbrot.

Mittags: 250 g Pfälzerwein, 150—200 g gebratenes Ochsenfleisch (oder 100 g Fisch und bis 200 g Rindfleisch), 50 g Salat oder Gemüse (Kohl), 100 g Mehlspeise, 25 g Brot, 100 g Obst.

Nachmittags: Kaffee usw. wie morgens.

Abends: 250 g Pfälzerwein oder Wasser, 12 g Kaviar (oder Sprotten 16 g, Lachs 18 g oder zwei weiche Eier = 90 g), 150 g Wildbret, 15 g Käse, 20 g Roggenbrot, 100 g Obst.

Der Speisezettel enthält: 160 g Eiweiß, 42,5 g Fett, 117,5 g Kohlehydrate und 1414 g Wasser.

Hier wird also mehr Eiweiß in der Nahrung geboten als bei Ebstein, der Kohlehydrat- und Fettgehalt hält sich in der Mitte zwischen Banting und Ebstein. Kaloringehalt ca. 1300—1400. Bei Örtel kommt es vor allem auf die Entziehung von Wasser zur Schonung des Kreislaufes an; so beschränkt er das Wasser auf das Minimum von 973, das Maximum auf 1414 g.

Außer diesen Kuren seien noch einige andere genannt, so die **Schweningersche Kur.**

7 Uhr ein Hammelkotelett oder ein Kalbskotelett mit einem Stück Brot, so groß wie der Handteller, ohne Butter. 8 Uhr eine Tasse Tee mit Zucker. 10 ½ Uhr ein halbes, mit Fleisch oder Fisch belegtes Brötchen. 1 Uhr Fleisch, grüne Gemüse, Eier, Käse, Früchte, zwei Glas Weißwein. 4 Uhr Tee mit Zucker. 7 Uhr Weißbrot mit Käse. 9 Uhr kaltes Fleisch, Eier, Salat, zwei Glas Weißwein.

Ferner die **Kartoffelkur** von **G. Rosenfeld**, die im Prinzip darin besteht, daß dem Patienten große Mengen kalten Wassers als Getränk zugeführt werden, daß das Fett verboten wird, daß die gerade notwendige Eiweißmenge verabreicht wird und daß eine kalorienarme, kohlehydratreiche Kost, in specie, die Kartoffel dargereicht wird, gleichzeitig unter Anempfehlung von Bettruhe.

Wir geben den Rosenfeldschen Speisezettel hier wieder.

1. Frühstück: Tee mit Saccharin, 30—40 g Semmel, ev. Marmelade oder ähnliches.

2. Frühstück: 10 g Käse, Wasser.

3. Frühstück: 100 g Äpfel, Wasser.

Mittags: Zwei Glas Wasser, 1—2 Teller abgefettete Brühe mit Kartoffeln und Suppenkräutern, Fleisch, gekocht oder geröstet. Fette Fleischarten ausgeschlossen. Gemüse: Kartoffeln, Spinat, Blumenkohl, Rettich, Salat (auch Kartoffelsalat), ohne Öl.

Nachmittags: Tee mit Saccharin, später sechs Backpflaumen, Wasser; später 100 g Äpfel.

Abends: Zwei Eier und Kartoffelsalat oder geröstetes Fleisch und Gemüse usw.

Will man eine Entfettungskur komponieren, so muß man sich an gewisse Lebensgewohnheiten der Patienten halten und muß auch gewisse Technizismen der Küche berücksichtigen. Nachdem man sich über die pro Tag zu verabreichende Eiweißmenge entschieden hat (100—120 g) gebe man dieses nur in Form mageren Fleisches (oder Fisches) unter Vermeidung jeglichen fetten Fleisches oder fetten Fisches (also Schweinefleisch, Gänsefleisch, fettes Hammelfleisch verboten, desgleichen Aal, Lachs, Räucherfische, fette Wurst u. dgl.). Vom Käse verabreiche man nur Magerkäse, der immer noch 11% Fett enthält oder Topfen, der nur 6% Fett enthält, Eier sind nach Möglichkeit aus dem Speisezettel zu streichen. Den Rest der notwendigen Kalorien decke man nicht durch Fette (oder höchstens nur zum geringen Teile), sondern durch Kohlehydrate. Manche Menschen bevorzugen Brot; alsdann gebe man die kohlehydratarmen Brote (Kommißbrote, D-K-Brot, Grahambrot, Luftbrote, Litonbrote u. dgl.), da die Kost nach Möglichkeit voluminös sein soll. Aus diesem Grunde empfehlen sich auch die Gemüse, die indessen nur mit Wasser zubereitet sein dürfen, desgleichen ohne Mehle. Mehlspeisen streicht man ganz. Sehr zu empfehlen sind Salate, mit Zitrone angerichtet. Von Obst kann man die kohlehydratärmeren Sorten verabreichen, z. B. Johannisbeeren, Preißelbeeren. Butter ist einzuschränken, fette Saucen ganz zu vermeiden. Man muß dem Kranken natürlich einen Speisezettel mit Gewichtsangaben der einzelnen Nahrungsportionen zur Entfettungskur mitgeben. Man beschränke auch die Flüssigkeitszufuhr auf etwa 1 l, außer dem in den Speisen enthaltenen Wasser. Dadurch schwemmt der Fettsüchtige größere Mengen Wasser in den ersten Tagen der Entfettung aus, wodurch es zu starken Gewichtsstürzen kommt, die den Kranken im Ausharren der Kur ermutigen. Nach der Entfettungskur, die man am besten intensiv nicht über 4 Wochen ausdehnt, geht man zu einer milderen Form der Entfettung über.

Für manche mag es vorteilhafter sein, sich eines gewissen Schemas zu bedienen, das man je nach den Umständen unter denen die Entfettungskur vorgenommen werden soll, modifizieren kann. Es sei hier z. B. das Umbersche Schema wiedergegeben.

		Nr.	Eiweiß	Fett	Kohlehydrate	Kalor.
Morgens:	200 ccm Kaffee oder Tee .	0,1	—	—	—	—
	20 ccm Milch	0,1	0,6	0,7	0,9	13
	50 g Simonsbrot od. Schrotbrot	0,5	3,0	0,25	25,0	117
	30 g Weißbrot (Semmel) . .	0,3	2,1	0,14	17,0	80
Vormittags:	100 g Obst	—	0,36	—	12,0	51
Mittags:	200 g Fleisch, geback.. . .	8,4	52,8	4,0	—	254
	200 g Gemüse, in Salzwasser gekocht	0,6	4,0	—	10,0	58
	80 g Obst	—	0,28	—	9,6	41
Nachmittags:	150 ccm Kaffee	0,07	—	—	—	—
	20 ccm Milch	0,1	0,6	0,7	0,9	13
Abends:	100 g Fleisch	4,2	26,4	2,0	—	127
	100 g Gemüse	0,3	2,0	—	5,0	29
	20 g Simonsbrot	0,2	1,2	0,1	10,0	47
	200 ccm Tee	0,1				
Vor dem Schlafen:	100 g Obst	—	0,36	—	12,0	51
	Sa.:	14,97	93,70	7,89	102,4	881

Dieses Kostgericht, das fast 100 g Eiweiß darbietet, und das den Rest der Kalorien fast nur durch Kohlehydrate deckt, die ja die besten Eiweißsparer sind, läßt sich nun nach Belieben erweitern und zwar nach dem Geschmacke des Patienten: „Dem einen wird man durch Zulage von 25 g Butter eine Freude machen, einem anderen durch 400 g Obst, einem dritten durch 150 g Fleisch, einem vierten durch 300 g Milch, einem fünften durch 50 g Zucker, einem sechsten durch 200 g Kartoffeln, ohne deshalb eine Gesamtkalorienzufuhr von 1100 Kalorien zu überschreiten.“ Für den praktischen Gebrauch hat Umber die Zulagen so nach Kalorien geordnet, daß 1 Zulage = 100 Kalorien entspricht. Soll also ein Patient auf 1080 Kalorien eingestellt werden, so darf er sich zu dem Kostgericht 2 Zulagen nach Wunsch aussuchen. Das Verfahren ist ähnlich wie beim Diabetes nach Kohlehydratäquivalenten. Es sei hier die kleine Tabelle von Umber, die sich jeder selbst beliebig erweitern kann, angeführt:

1 Kalorienzulage = 100 Kalorien sind enthalten in:

80 g Rostbeaf,
200 „ Austern,
40 „ Weißbrot, Grahambrot, Schwarzbrot,
30 „ Zwieback,
12,5 g Butter,
20 g Schweizer- oder Holländerkäse,
25 „ Zucker,
100 „ Kartoffeln,
30 „ Reis, Buchweizen, Linsen, Bohnen,
20 „ Hafermehl oder Weizenmehl,
200 „ Äpfel,
150 „ Äpfelbrei,
500 „ Preiselbeeren,
150 „ Milch,
150 „ Wein,

Was kann man mit einer intensiven Entfettungskur erreichen? Ein Mann von 170—180 cm Größe braucht im Normalzustande bei Bettruhe 30—35 Kal. pro Kilo Körpergewicht. Bei einem Fettleibigen, der statt 70 kg 100 wiegt, ist vielleicht auch der Kalorienbedarf absolut größer als bei dem Manne von 70 kg Körpergewicht, aber nicht relativ pro kg Körpergewicht berechnet. Wenn wir daher bei dem Fettleibigen ein Kalorienbedürfnis von 2000 bis zu 2400 Kalorien zugrunde legen, wobei wir sein Kalorienbedürfnis sicherlich nicht überschätzt haben werden, so erreichen wir bei einer Entfettungskur, die 1000—1400 Kalorien darbietet, rund 1000 Kalorien Defizit, das durch Einschmelzung von Körperfett gedeckt werden muß. Das sind also rund 100 bis 110 g Fett pro die. In vier Wochen erzielte man daher einen Fettverlust von 2800—3000 g Fett. Tatsächlich nimmt aber bei den oben angeführten intensiven Entfettungskuren mit einem solchen Kalorienwert der Nahrung ein Patient im Monat 10—15 kg ab. Dieses Plus von Gewichtsabnahme ist darauf zurückzuführen, daß mit dem Fett auch Wasser verloren geht.

Schließlich möchten wir noch vor allzu intensiven Entfettungskuren in der Form der Karellschen **Milchkur** oder der Bouchardschen Milchkur (die Patienten sollen 20 Tage von 1250 Milch und 5 Eiern, verteilt auf 5 Mahlzeiten leben) abraten. Die Entfettungskur nach Moritz mittelst der Zufuhr von $1\frac{1}{2}$—2 l Milch pro die stellt bereits demgegenüber eine mildere Form der Entfettung dar; Moritz geht von der Erwägung aus, daß 1 l Vollmilch ca. 650 Kalorien liefert und daß man andererseits als Normalgewicht eines erwachsenen Menschen soviel Kilogramm als sein Körpergewicht über 100 beträgt, annehmen kann; er nimmt ferner an, daß bei einem Fettsüchtigen ein Entfettungseffekt eintritt, wenn man ihm 16—17 Kalorien pro Kilogramm Normal-Körpergewicht (berechnet nach der Länge der Fettsüchtigen in Zentimetern über 100) zuführt. Dabei kommt er zu folgender einfacher Rechnung: 25 ccm Milch repräsentieren die Kalorienmenge von ca. 16,2, d. i. die obige Kalorienmenge, bei der ein Entfettungseffekt zu erwarten steht. Ist ein Fettsüchtiger 180 cm groß, so beträgt die notwendige Menge Milch $= \frac{80 \times 100}{4}$ ccm = 2 l Milch. Will man statt mit 16 Kal. mit 17 oder 18 beginnen, so legt man noch 100 oder 200 ccm dazu. Ist die Gewichtsabnahme zu rasch, oder umgekehrt zu gering, so erhöht oder erniedrigt man etwas das Milchquantum. Moritz läßt die Milch in der Regel in fünf Portionen trinken, bei 2 l Aufnahme, z. B. $\frac{1}{2}$ 8 Uhr, $\frac{1}{2}$ l, 10 Uhr $\frac{1}{4}$ l, 1 Uhr $\frac{1}{2}$ l, 4 Uhr $\frac{1}{4}$ l, 7 Uhr $\frac{1}{2}$ l. Die eine oder andere Portion kann auch als saure Milch genossen werden. Bei guter Milchquelle und erwachsenen Personen kann auch rohe Milch erlaubt werden, im allgemeinen ist gekochte vorzuziehen. Die Milch wird kalt oder warm, je nach dem Geschmacke des Kranken genommen. Besteht bei den kleinen Mengen Milch ($1\frac{1}{4}$—$1\frac{1}{2}$ l) noch Durst, so läßt Moritz noch bis $\frac{3}{4}$ resp. $\frac{1}{2}$ l Wasser trinken, resp. die Milch mit diesen Mengen verdünnen, so daß im ganzen die Flüssigkeitsaufnahme auf 2 l kommt.

Der Vorzug, den diese modifizierte Karellsche Kur hat, liegt lediglich in der Einfachheit ihrer praktischen Durchführung.

Während sonst dem Praktiker die Kalorienberechnung für den Fettsüchtigen einigermaßen Schwierigkeiten macht, ist hier die Rechnung auf das Einfachste gestellt. Nur hat diese Art der Entfettung viele Nachteile: 1. Ist die Kost sehr eintönig, reizlos; 2. nur flüssig; 3. ist der Eiweißgehalt relativ niedrig. Im allgemeinen soll man bei einer Entfettung nur ungern unter das Maß von etwa 120—100 g Eiweiß heruntergehen. 1 l Milch enthält aber nur 35 g Eiweiß, 45 g Zucker, 35 g Fett im Liter, so daß bei einer täglichen Zufuhr von 2 l Milch nur 70 g Eiweiß zugeführt wird, zudem ist der Kohlehydratanteil in der Milch dynamisch relativ gering gegenüber dem Fettanteil (wie 1: 1,7), so daß man auch nicht gerade eine besondere eiweißsparende Wirkung der Kohlehydrate in der Milch annehmen kann. Alle diese Momente führen uns dazu, diese Milchkur nur als Notbehelf einer Entfettungskur anzusehen und sie nur bei besonderen Umständen (relativ) indiziert sein zu lassen, nämlich dann, wenn die Entfettung bei Nieren- oder Herzkranken notwendig wird. Das gleiche leistet indessen auch hier eine sog. kochsalzfreie (ev. Trocken-) Diät, die auf einen niedrigen Kaloriengehalt (16—20 Kal. pro Kilokörpergewicht) eingestellt ist.

Die milden Formen der Entfettungskuren.

Diese sind dann indiziert, wenn das Individuum noch zu nennenswerteren Muskelleistungen fähig ist. Man erzielt hierbei je nach dem Verbrauche Gewichtsabnahmen von 2—4 kg und mehr pro Monat. Man wählt die Nahrung derartig, daß der Fettleibige nicht die seinem Bedarf entsprechende Kalorienzahl erhält. Im allgemeinen ist, wie bereits auseinandergesetzt, an sich die Berechnung der erforderlichen Kalorien bei einem Fettsüchtigen erschwert, da durch den Ballast von Fett die lebende Protaplasmamasse, nach der sich die Summe der Oxydationsenergie richtet, nicht vermeht wird. Man kann daher für einen Fettleibigen den Kalorienbedarf zugrunde legen, den etwa ein gleichgroßer Mann pro Kilo Körpergewicht hat. (Ein erwachsener Mann wiegt so viel Kilogramm, als seine Körperlänge in Zentimetern über 1 Meter beträgt.) Also für einen Fettsüchtigen, der 170 cm groß ist, kommen wir, auch wenn er 100 kg wiegt, in der Ruhe auf ein Kalorienbedürfnis von 70 $\times$ 30 bis 70 $\times$ 35 Kalorien. Eine solche für Ruhe berechnete Kost wird nun dem Fettleibigen verabreicht, dabei läßt man ihn aber körperlich arbeiten; es steigt dann der Bedarf, und auf diese Weise erzielt man das Defizit. Man kann nun beliebig die Nahrung einschränken oder die Arbeit wachsen lassen; das entscheidet sich von Fall zu Fall. Dem Patienten wird es im allgemeinen lieber sein, in der Diät nicht wesentlich beschränkt zu werden. Oft genügt schon zu einer Entfettungskur das Verbot der Alkoholika, vor allem von Bier, von fetten Speisen und von Butter, so daß man dem Patienten im übrigen volle Freiheit lassen kann. In solchen Fällen empfiehlt es sich, gerade viel Fleisch und Gemüse essen zu lassen. Auch nach Absolvierung der Entfettungskuren ist die Diät dem Patienten in dieser Weise vorzuschreiben, wobei man sich natürlich über die individuelle Lebensführung des Patienten orientieren und die Diät dieser möglichst gut anpassen soll. Man kann auch die Entfettung beschleunigen, indem man ab und an einen Hungertag zwischenschaltet, wo man nur Tee mit Zitrone und Saccharin mehrmals am Tage, 100 g Weißbrot oder Grahambrot, 1 Teller fettfreie Bouillon, 2—3 harte Weißeier, sowie mehrere nicht süße Äpfel genießen läßt (insgesamt ca. 417 Kalorien).

Entfettung durch Steigerung des Verbrauchs.

a) Durch Muskelarbeit.

Arbeit macht Hunger, auch beim Fettleibigen. Die Arbeit darf also nicht dazu führen, daß der Patient mehr ißt als früher; schon aus diesem Grunde muß die Nahrung limitiert sein.

Was die Arbeit, d. h. die Muskelarbeit anbelangt, so muß diese der Leistungsfähigkeit der Muskulatur angepaßt sein. Die Leistungsfähigkeit steigt mit der Übung. Daher steige man allmählich mit der Arbeit.

An Muskelübungen kommen in Frage:

Die Geh- und Steigbewegung in Form der Örtelschen Terrainkur. Örtel fordert etwa 4—5 Stunden Gehen am Tage. Die Stoffzersetzung ist ungefähr zehnmal so groß, wenn man 1 m steigt, als beim Gehen in der Ebene. Infolgedessen empfehlen sich ganz besonders Spaziergänge auf ansteigenden Wegen (Örtelsche Terrainkur mit Steigerung bis zu 20 %). Wegen der Gefahr der Überlastung des Herzens ist ganz besondere Vorsicht notwendig, vor allem allmähliche Gewöhnung an die Gehübungen. Für Leute, die im Berufe stehen, muß die Zimmergymnastik eintreten. (Des Morgens läßt man, wenig bekleidet, 15—20 Minuten lang Bewegungen des Rumpfes und der Extremitäten ausführen. Man verbinde dabei Inspirationsübungen.) Die Apparatengymnastik (nach Zander oder Herz) läßt sich nur in Sanatorien bzw. geeigneten Anstalten unter Aufsicht durchführen. Viel geringer in ihrer Wirkung ist die Massage. Sehr empfehlensvert sind sportliche Betätigungen: Tennis, Fußball, Schwimmen, Schlittschuhlaufen, Radfahren. Weniger ergiebig wirkt das Reiten.

Man kann den Verbrauch schließlich auch durch die Hydrotherapie steigern.

Bei einem kalten Bad von 15 ^{0} C und $\frac{1}{4}$ stündiger Dauer werden nach Rubner 10,7 g Fett zersetzt und diese Menge durch die Abkühlung und Nachwirkung auf 19,7 g erhöht. Durch kühle Bäder allein — wenn nicht in Verbindung mit Muskelarbeit — kann man also keine große Steigerung des Verbrauchs erreichen. Nicht anders steht es mit den heißen Bädern, den Licht- und Glühlichtbädern.

Sehr zweckmäßig ist die Vornahme einer Entfettungskur in Bädern, unter Zuhilfenahme von Diätkur, Mineralwasserkuren (die nur einen relativen Wert haben), Hydrotherapie und Bewegungskur.

In erster Linie werden als Trinkkuren die glaubersalzreichen CO_2-haltigen kalten Quellen (Marienbad, Karlsbad, Neuenahr, Tarasp, Mergentheim), sowie die Kochsalzquellen (Kissingen, Homburg, Wiesbaden, Vichy), ferner die bittersalzhaltigen Quellen (Apenta, Hunyadi u. a.) benutzt, die durch Anregung der Peristaltik angeblich die Resorption der Nahrung hintanhalten. Es soll auch durch die salinischen Abführmittel, sofern sie die Peristaltik steigern, eine Erhöhung des Umsatzes und damit ein gesteigerter Fettzerfall zustande kommen. Nur hüte man sich, durch die Mineralkuren den Darm allzustark zu schwächen. Es sollen nicht mehr als drei weichbreiige Stühle täglich abgesetzt werden.

b) Entfettung durch den Umsatz steigernde Mittel. (Schilddrüsenpräparate.)

Hier wird der Umsatz durch Schilddrüse bzw. durch Schilddrüsenpräparate gesteigert; eine solche Kur darf nicht zusammen mit einer intensiven Entfettungskur sondern nur bei einer leichten Entfettungskur durchgeführt werden, ferner nicht beim schlechten Herzen. Es besteht dabei die Gefahr der Eiweißverluste des Körpers nur dann, wenn die Eiweißmenge in der Kost nicht hinreichend ist. Aus diesem Grunde empfiehlt es sich, mit der Diät größere Eiweißmengen (120 g und mehr) zu verabreichen. Bei nervösen Störungen ist die Kur zu unterbrechen; die Kur soll nicht länger als vier Wochen dauern. Man verordnet die Schilddrüse in Tabletten à 0,3 g (höchstens drei am Tage). Eine Wirkung pflegt meist erst nach 14 Tagen einzutreten.

5. Überernährungskuren.

In der gleichen Weise, wie es gelingt, durch Unterernährung das Körpergewicht zu reduzieren, kann man durch Überernährung Zunahme des Körpergewichts erreichen. Solche Kuren nannte man früher Mastkuren, ein Ausdruck, der der Landwirtschaft entnommen ist und besser wohl auch der Landwirtschaft verbliebe. Und ebenso wie einige Entfettungskuren berühmt geworden sind, so sind auch einige „Mastkuren", d. h. einige systematische Überernährungskuren wenigstens Jahre hindurch zu Ansehen gelangt. Berühmt geworden, — heute indessen verlassen — ist beispielsweise die Weir-Mitchellsche Kur, die dieser hysterischen Personen, die er isolierte und nur der Pflege eines Arztes und einer Pflegerin überließ, angedeihen ließ. Er hielt die Kranken im Bett, verordnete ihnen zunächst nur Milch, die er ihnen alle zwei Stunden (100 ccm) reichen ließ, wobei er allmählich die Zufuhr vergrößerte, so daß er schon in vier Tagen auf drei Liter Milch kam. Dann gab er Zusätze von Weißbrot, Kartoffelmus, schließlich Fleisch, Brot und Gemüse. Die einzige körperliche Bewegung, die er den Kranken auferlegte, war die Massage.

Burkart modifizierte diese Kost etwas; so gab er am ersten Tage

7½ Uhr ½ Liter Milch;
10 „ ½ Liter Milch;
12½ „ Suppe mit Ei, 50 g gebratenes Fleisch, Kartoffelbrei;
3½ Uhr ½ Liter Milch;
5½ „ ½ Liter Milch;
8 „ ½ Liter Milch, 50 g kaltes Fleisch, Weißbrot und Butter.

Vom zweiten Tage ab werden täglich zwei Zwiebäcke mehr zugelegt bis zum fünften Tage

7½	Uhr	½ Liter Milch, 2 Zwieback;
8½	,,	Kaffee mit Sahne, Weißbrot mit Butter;
10	,,	½ Liter Milch, 2 Zwieback;
12	,,	½ Liter Milch;
1	,,	Suppe mit Ei, 100 g Fleisch mit Kartoffeln, 75 g Pflaumenkompott;
3½	,,	½ Liter Milch, 2 Zwieback;
5½	,,	⅓ Liter Milch, 2 Zwieback;
8	,,	½ Liter Milch, 60 g Fleisch, Weißbrot mit Butter;
9½	,,	⅓ Liter Milch, 2 Zwieback.

Am 7. Tag werden um 8½ Uhr 80 g Fleisch zugegeben.

Am 8. Tage werden um 1 Uhr 150 g Fleisch und 125 g Pflaumenkompott gegeben.

Am 9. Tage werden um 1 Uhr 200 g Fleisch gegeben, um 8 Uhr abends 80 g Fleisch.

Der Speisezettel des 12. Tages lautet dann:

7½	Uhr	½ Liter Milch, 2 Zwieback;
8½	,,	Kaffee mit Sahne, 80 g Fleisch, Weißbrot mit Butter und gerösteten Kartoffeln;
10	,,	¼ Liter Milch, 3 Zwieback;
12	,,	½ Liter Milch;
1	,,	Suppe mit Ei, 200 g Fleisch, Kartoffeln, Gemüse, 125 g Pflaumenkompott, süße Mehlspeisen;
3½	,,	½ Liter Milch, 2 Zwieback;
5½	,,	⅓ Liter Milch, 2 Zwieback;
8	,,	½ Liter Milch, 80 g Fleisch, Weißbrot mit Butter;
9½	,,	⅓ Liter Milch, 2 Zwieback.

Bei dieser Kost wird dann vier Wochen geblieben; damit führt man täglich dem Individuum 195,5 g Eiweiß, ca. 100 g Fett und 413 g Kohlehydrate, in Summa 3642,0 g Kalorien zu.

In dieser Kost, deren Befolgung z. B. für normal genährte hysterische Individuen falsch wäre — man würde sie nur fettsüchtig machen — liegt ein Fehler, das ist die Größe der Eiweißzufuhr. Eine Eiweißmast gibt es nicht. Wohl wird ein unterernährtes Individuum Stickstoff bis zu einem gewissen Grade retinieren; indessen eine Stickstoff-Retention, die zum Aufbau von Protoplasma Verwendung findet, ist nur beim wachsenden Individuum oder dem Rekonvaleszenten zu finden. Auf gleiche Stufe mit diesen ist natürlich auch der Unterernährte zu stellen. Unter Muskelarbeit findet allerdings auch eine gewisse N-Retention statt, die wohl auf Ansatz von Körpereiweiß zurückzuführen ist. Das sagt uns übrigens auch schon die einfache praktische Beobachtung trainierender Menschen, deren Muskeln im Training stärker werden.

Sonst aber kann man einen ausgewachsenen Menschen nicht mit Eiweiß mästen. Es gibt keine Eiweißmast. Die Lehre der Eiweißmast hat sich in den letzten Dezennien breit machen wollen, sie ist aber eine Irrlehre. Im allgemeinen führt Zulage von Eiweiß in der Nahrung zum gesteigerten Zerfall des Nahrungseiweißes, da ein Organismus stets bestrebt ist, sich mit dem Nahrungseiweiß in seinem Umsatz ins Stickstoffgleichgewicht zu setzen. Diejenige Stickstoffmenge aber, die bei reichlicher Überernährung etwa eingespart wird, geht bald wieder verloren, sobald das Individuum auf die normale, seinem natürlichen Umsatze entsprechende Kost gesetzt wird. Große Eiweißzufuhr bedeutet aber weiter angesichts der spezifischen dynamischen Wirkung des Eiweißes eine irrationelle, verschwenderische Ernährung. Überernährungskuren sollen daher ihr Heil nie und nimmer in der Zufuhr großer Eiweißmengen suchen, sondern in der Zufuhr von Eiweißsparern, vor allem also in der Zufuhr der Kohlehydrate, in zweiter Linie in der Zufuhr von Fett. Nur darin fehlt, wie gesagt, die Weir-Mitchellsche bzw. Burkhartsche Kur, da Eiweißmengen von 100—120 g pro die vollständig ausreichend sind, ja bei Überernährungskuren sogar besser noch niedriger (80—100 g) bemessen werden sollen. Im Gegensatz zu dem Eiweiß sind aber Kohlehydrate und Fette in ihrer spezifisch dynamischen Wirkung geringer, so daß zum Beispiel von Kohlehydraten und Fetten rund 90 % von den über den Kalorienbedarf zugeführten Kalorien als (Glykogen bzw.) Fett eingespart werden können.

Auf Grund dieser Auseinandersetzungen läßt sich einfach (mit Hilfe der Nahrungsmitteltabelle S. 23—33) für jeden Fall eine Überernährungskost aufstellen.

Daß es mit den einfachsten Nahrungsmitteln gelingt, beweist z. B. ein Speisezettel von Hirschfeld:

	Eiweiß	Fett	Kohlehydrate
250 g Fleisch, roh gewogen, dann gebraten	50	40	—
1 l Milch	33	30	40
250 ccm Sahne	10	45	10
400 g Brot (Weizen und Roggen)	30	—	200
50 g Zucker	—	—	50
Gemüse und Suppe in geringer Menge	10	10	60
150 g Butter	—	130	20
50 g Kognak	—	—	20

Man verabreicht mit dieser Nahrung etwa 4600 Kalorien. Eine derartige intensive Überernährung ist zur Durchführung einer Kur indessen noch gar nicht immer notwendig. Mit einem Überschuß von 1000—1500 Kalorien erreicht man schon einen Fettansatz von 110—160 g Fett und einen Gewichtsansatz (da Wasser zugleich retiniert wird) von vielen Pfunden im Monat. Die Schwierigkeit besteht bei einer Überernährungskur lediglich in der mangelnden Kapazität der Kranken, für längere Zeit größere Nahrungsmengen zu bewältigen. Hierin liegt die Kunst des Arztes, durch geschickte Auswahl der Speisen und Anordnung der Mahlzeiten den Verdauungstraktus der Zufuhr gewachsen zu machen. Am meisten empfiehlt es sich, dem Kranken alle zwei Stunden Nahrung reichen zu lassen, ferner in der ersten Zeit die Kalorienzufuhr nicht zu hoch zu bemessen, so daß man von 2000 bis 2500 Kalorien allmählich im Verlauf von 14 Tagen auf 3000, 3500, 4000 Kalorien ansteigt, ähnlich wie es bei der Burkartschen Kur (s. o.) durchgeführt ist.

Will man leichtere Grade von Überernährung erzielen, so legt man der bisherigen Nahrung, vorausgesetzt, daß sie einigermaßen zureichend war, 50—75 g Butter zu, die man bequem auf Brot oder in Gemüsen, Mehlspeisen usw. unterbringen kann; oder aber man verabreicht zu der bisherigen Mahlzeit 1 Liter Milch (ca. 500 bis 600 Kalorien mehr) oder $^3/_4$ Liter Milch, $^1/_4$ Liter Sahne (ca. 750 Kalorien mehr); nur muß man Milch und Sahne stets eine Stunde nach den Hauptmahlzeiten verabreichen, also nach dem ersten Frühstück, 1 Stunde nach dem Mittag, nach dem Abendbrot. Sehr empfehlenswert ist auch die Verabreichung einer Mehlsuppe mit reichlich Butter am frühen Morgen (6 oder 7 Uhr), 1 Stunde später läßt man dann erst das sogenannte erste Frühstück nehmen. Da, wo eine prinzipielle Abneigung gegen Milch vorhanden ist, lasse man Kumys oder Kefir trinken, gebe reichlich Fettkäse; ferner eignen sich wegen ihres Fettreichtums die Gelbeier als Kalorienspender (Eierspeisen, Eiersaucen, Eierpunsche usw.); auch die Mandelmilch kann als kalorisch hochwertiges Getränk einspringen.

Statt reichlicherer Mengen Gemüse verabreiche man Mehlspeisen, Makkaroni, Nudeln, Wasserspatzen, Strudel, Eierkuchen, Puddings usw. mit Frucht-, Eiersaucen usw. unter reichlicher Zugabe von Butter oder aber man gebe die Gemüse in Breiform (Spinat, Maronen, Blumenkohl, Mohrrüben, Artischokkenböden, grüner Salat etc.) und mische in das Gemüse reichlich Butter hinein.

Auch das Bier, namentlich die maltosereichen, dunkel eingebrauten Biersorten, deren Kalorienwert man durch Hinzufügen von Schiffsmumme noch verstärken kann, kann herangezogen werden, die anderen Alkoholika, Wein und Schnäpse, aber nur als verdauungsbefördernde Mittel.

Nährpräparate erübrigen sich im allgemeinen völlig bei den Überernährungskuren, doch wird man, da wo die Milch wenig bekömmlich ist, unter Umständen einmal von fettreichen und kohlehydratreichen Präparaten Gebrauch machen können. Das Eiweiß läßt sich allerdings in Form der Milcheiweißpräparate in billiger Form verwerten, immerhin hat es den Charakter eines Präparates und keines Nahrungsmittels; ebenso verhält es sich mit den Pflanzeneiweißpräparaten.

Am meisten zu empfehlen als Zusätze zu Überernährungskuren sind Hygiama, die mit Milch oder Wasser angerührt, verabreicht werden kann, desgleichen Odda. Von Schiffsmumme läßt man mehrmals am Tage einen Eßlöffel voll reichen. Auch die Sahnenschokolade kann man wegen ihres Fettreichtums empfehlen.

Es sei hier noch die Frage angeschnitten, ob man Patienten, denen man eine Überernährungskur angedeihen lassen will, im Bett liegen lassen soll oder nicht. Jedenfalls führe man bei erschöpften, körperlich stark heruntergekommenen Patienten die Kur im Bett durch. Patienten, deren Kräftezustand ein Außerbettbleiben gestattet, z. B. manchen neurasthenischen, hysterischen Individuen, Frauen mit Gastroptose, solchen, die durch das Wochenbett heruntergekommen sind, gestatte man das Aufsein wenigstens zu gewissen Tageszeiten und verordne nur Bettruhe während des ersten Frühstücks, ferner eine 1—2stündige Bettruhe nach der Mittagsmahlzeit. Durch warme Umschläge auf den Leib kann man die Verdauung entschieden befördern. Einigermaßen kräftigen Patienten verordne man Muskelbewegungen (Freiluftbewegungen, leichte Apparatengymnastik, Spaziergänge in der Ebene und von geringer Dauer.) Auch Massage ist durchaus angezeigt. Bei manchen Personen (neurasthenischen, hysterischen) empfehlen sich warme Bäder abends vor dem Schlafengehen.

Man kann auch zur Anregung des Appetits sich der Amara bedienen, oder des Orexinum tannicum. Da wo die Unterernährung ihren Grund hatte in Anomalien der Magentätigkeit, ist eine besondere Anpassung der Diät an diese funktionellen Schwächen durchzuführen (siehe das Kapitel der diätetischen Therapie der Magenkrankheiten).

Schließlich sei noch ein sehr zweckmäßiges Schema von Umber angeführt, an das sich mit entsprechenden leicht durchführbaren Änderungen der Mindergeübte in der Aufstellung von diätetischen Kostsätzen halten kann.

8 Uhr morgens.

g		KH	Fette	Eiweiß	N	Kalor.
250	Rahm	10,57	56,65	9,4	1,5	607
100	Kaffee	—	—	—	—	—
100	Weißbrod	56,6	—	7,06	1,2	265
30	Butter	0,15	25,3	0,22	0,03	237
20	Zucker	20,0	—	—	—	82
		87,32	81,95	16,68	2,73	1191
	Dazu eventuell noch					
100	= 2 Eier	—	10,9	11,3	1,8	150
	oder					
36	= 2 Eigelb	—	10,0	5,2	0,8	116
	oder					
50	Speck	—	47,8	—	—	445

Auf diese Weise werden im ersten Frühstück 1200—1600 Kalorien dargeboten. Statt dieses Frühstücks können auch z. B. Quäker Oats oder Hohenlohes Haferflocken mit Milch oder Rahm (Porridge) gereicht werden, worin noch reichlich Butter untergebracht werden kann, so daß die Kalorienwerte des obigen Frühstücks erreicht oder noch übertroffen werden können. Diese Mahlzeit kann auch eventuell auf zwei Zeiten verteilt werden.

10 Uhr vormittags.

g		KH	Fette	Eiweiß	N	Kalor.
200	Fette Bouillon mit 2 Eigelben . .	5,16	12,0	5,76	0,9	156
30	Cakes	21,9	1,5	3,3	—	117
20	Butter	—	16,9	—	—	158
		27,06	30,4	9,06	0,9	431

Statt dessen kann man auch eine Grütze darreichen oder eine Eiermilch (250 g Milch, 2 Eier geschlagen, 20 g Zucker), die ca. 400 Kalorien enthält, oder geröstetes Brot mit reichlich Butter und Kaviar, welcher in 10 g etwa 24 Kalorien enthält.

1 Uhr Mittagsmahlzeit.

g		KH	Fette	Eiweiß	N	Kalor.
200	Fette Bouillon mit Grieß, Reis, Tapioka usw.	5,0	4,0	0,6	0,1	ca. 40
100	gebratenes Fleisch	—	2,0	25,0	4,0	121,1
200	Gemüse mit reichlich Butter . . oder Makkaroni, Reis, Nudeln mit viel Butter und Sahne, wodurch die Kalorienzufuhr um 600—800 Kalorien leicht erhöht werden kann.	—	16—20	ca. 5,0	—	ca. 170 bis 207
200	Kartoffelbrei mit Butter	—	30,0	6,0	1,0	ca. 300
	Kompott von gekochtem Obst . .	—	—	—	—	50-100
200	Flammerie . . . . oder leichte Kohlenhydratpuddings, Fruchtomelettes etc.; oder etwas Rahmkäse, z. B. Crême de Normandie (= Gervais en pot), mit welchem man in 20 g ca. 100 Kalorien zuführt, dazu geröstetes Brot oder Salzcakes mit Butter.	38,6	7,2	6,6	1,0	ca. 250

So werden also insgesamt bei der Mittagsmahlzeit leichtlich 900—1200 Kalorien zugeführt, bei gutem Appetit erheblich mehr.

4 Uhr Vesper.

g		KH	Fette	Eiweiß	N	Kalor.
250	Rahm, eventuell mit Tee oder Kaffee; oder eine Eiermilch, 250 g Milch, 2 geschlagene Eier, 20 g Zucker = ca. 400 Kalorien, oder 2 Tassen Kakao (= 340 Kalorien) mit Zwiebacken oder Biskuits oder dergl.	10,57	56,65	9,4	1,5	607

8 Uhr abends.

Die Abendmahlzeit soll leicht verdaulich sein (daher keine englische Tischzeit). Reis, Gries, Tapioka, Maizena, Mondamin in Milch gekocht, mit ausgerührter Butter, in welcher Form leicht 300—400 Kalorien verabfolgt werden; dazu geröstetes Weißbrot mit Butter oder Zwieback oder von Brosamen befreites Weißbrot mit Butter, allenfalls eine kleine Zulage von kaltem, feingeschnittenem Braten oder geschabtem Schinken oder leichter Eierspeise.

Anhangsweise sei hier unter den Überernährungskuren noch der Diätetik der **Lungentuberkulose** gedacht. Dettweilers Verdienst ist es, die Überernährung als einen wesentlichen Hauptfaktor der Therapie der Lungenschwindsucht erkannt zu haben. Diese Überernährung ist auch heute noch — neben der Zuführung frischer Luft — als das Wesentlichste anzusehen, was man therapeutisch dem Phthisiker bieten kann.

Daß diese Überernährung auch in den Volkslungenheilstätten durchgeführt wird, als Beleg dessen sei eine Zusammenstellung von Moeller (Behandlung der Lungenschwindsucht in Heilstätten 1905) hier angeführt. Es gestaltet sich da der Verbrauch pro Kopf und Tag in einer Lungenheilstätte im Durchschnitt:

Fleisch: 400 g zubereitet; dieses entspricht ca. 650 g roh. (Je nach der Fleischsorte wechselt das sehr; am größten ist die Differenz zwischen zubereitetem und rohem Fleisch beim Hammelfleisch, am kleinsten beim Schweinefleisch.)

Gemüse: zubereitet ca. $\frac{1}{3}$ Liter.

Kartoffeln: 450 g.

Obst (gekocht): 120 g (nur an bestimmten Tagen).

Süße Speise (an Ausnahmetagen): von Grieß, Sago, Reis etc. zubereitet 120 g.

Eier: 1 Stück; wird zum Abendbrot Eierspeise gegeben 3 Stück.

Brot und Brötchen: 320 g.

Butter: auf Brot 90 g, zum Bereiten der Speisen 30 g.

Kaffee: 40 g oder

Kakao: 20 g.

Zucker: 40 g.

Milch: ca. 2—3 l, davon $1\frac{1}{2}$—2 l zum Trinken, den Rest zum Zubereiten der Speisen.

(Besonders empfiehlt Moeller das Schweinefleisch für die Phthisiker einerseits wegen des Fettgehaltes, ferner wegen des Salzgehaltes.)

Aus alledem läßt sich ein Kaloriengehalt von etwa 4000 bis 5000 Kalorien berechnen, was für die meist liegenden Tuberkulösen eine gewaltige Überernährungskur darstellt.

Hier muß auch noch einer Erkrankung gedacht werden, deren diätetische Therapie eines der wesentlichsten Behandlungs- und vielleicht auch Heilfaktoren ist; das ist die **Basedow**sche Krankheit. Eines der wichtigsten Basedowsymptome ist die Erhöhung des Stoffumsatzes gegenüber der Norm, die 30—50 % des Umsatzes eines gesunden, ja vielleicht sogar noch höhere Werte betragen kann. Darin liegt die Ursache, warum so viele Basedowkranke stark reduziert in ihrem Körpergewicht und Allgemeinzustande in die Behandlung des Arztes kommen.

Will man daher den Basedowkranken vor Einschmelzung seines Körpergewebes (und zwar sowohl seines Körpereiweißes wie seines Fettes) behüten, so muß man, um ihn in Kaloriengleichgewicht zu bringen, eine Diät verschreiben, die außerordentlich kalorienreich ist. (Oft mögen pro Kilogramm Körpergewicht 50—80 Kalorien bei Bettruhe gerade ausreichen!) Dabei ist auf zweierlei Rücksicht zu nehmen, erstens auf die Eiweißmenge, die man wegen des oft nachweisbaren toxischen Eiweißzerfalles nicht zu klein wählen soll (am besten nicht unter 120—150 g Eiweiß pro die), und zweitens auf die Menge der Kohlehydrate. Viele Basedowkranke haben die Neigung zu spontaner transitorischer bzw. alimentärer Glykosurie; man wird also die Kohlehydratmenge nicht höher wählen, als mit dem etwaigen Auftreten einer Glykosurie gerade verträglich ist. Den Rest der notwendig erscheinenden Kalorien muß man dann durch Fett decken.

Gilt es im Ernährungszustande stark reduzierte Basedowkranke zu überernähren, so muß die Kalorienzufuhr eine oft gewaltige sein, und andererseits muß der Kranke während der Überernährungskur im Bett bleiben.

Am meisten empfehlen sich zur Ernährung solcher Kranken als Kalorienspender Milch, Sahne und Butter. Man steige indessen mit der Milchmenge nicht ohne Not über 2 Liter, statt dessen kann man die Milch durch Zusätze von Sahne kalorisch hochwertiger gestalten. Neuerdings wird auch empfohlen (Alt, Münch. med. Wochenschr. 1905), dem Basedowkranken eine kochsalzarme Diät zu verabreichen, doch scheint uns eine Indikation nach dieser Richtung nur dann gegeben zu sein, wenn sich irgendwie funktionelle Störungen der Niere zeigen. Dagegen möchten wir für Basedowkranke nach Möglichkeit für eine lakto-vegetabilische Diät plädieren, wobei man zu den Gemüsen in Breiform reichliche Mengen eventuell ungesalzener Butter hinzusetzt und viel Mehlspeisen mit Fruchtsaucen und Kompotten verabreicht.

6. Herz- und Gefäßkrankheiten; Nierenerkrankungen.

Es gab eine Zeit, wo man der **Diätetik der Herzkrankheiten** eine große Wichtigkeit beimaß und in ihr in Verbindung mit methodischen Gehübungen (Terrainkur, Örtel) einen gewaltigen Heilfaktor sah. Auch heute noch ist die Diätetik der Krankheiten des Zirkulationsapparates als außerordentlich wichtig zu bewerten, wenngleich man sich hier ganz von einem starren Schematismus freihalten soll. Es empfiehlt sich, die Herzgefäßkrankheiten von diätetischen Gesichtspunkten aus folgendermaßen einzureihen: Herzmuskelerkrankungen und Herzklappenerkrankungen im Stadium der Kompensation und im Stadium der Dekompensation, ferner die Arteriosklerose im präsklerotischen Stadium (hoher Blutdruck), die Arteriosklerose mit der alimentär-toxischen Dyspnoe (Huchard) und schließlich die Stenokardie.

Die Diätetik der Erkrankungen des Herzmuskels und der Klappenfehler, sofern es sich um kompensierte Herzen handelt, hat sich in Bahnen zu bewegen, die von der Ernährung gesunder

Individuen wenig abweicht. Man hat nur für Folgendes Sorge zu tragen. Ein Herzkranker darf nicht überernährt werden. Jede Surménage bedeutet dem Herzen eine Last nach drei Richtungen hin; die Überfüllung des Magendarmkanals begünstigt die Plethora abdominalis, d. h. die Überfüllung der Abdominalorgane mit Blut; sie erfordert eine größere Verdauungsarbeit, und schließlich wird der Überschuß der Nahrung über den Umsatz als Fett abgelagert. Die Fettanhäufung stellt aber eine Last dar, die der Herzkranke ständig bei allen körperlichen Bewegungen mit herum zu tragen hat; es wird also dadurch das Herz belastet. Man hüte sich also davor, diätetisch den kompensierten (wie auch unkompensierten) Herzkranken kalorisch über das Umsatzbedürfnis hinaus einzustellen. Ebenfalls sei man bedacht, den Herzkranken vor Unterernährung zu schützen. Gewiß ist es indiziert, fettleibige Herzkranke zu entfetten, indessen stellt die jähe Gewichtsabnahme kompensierter Herzkranker durch Unterernährung eine Schwächung des Organismus dar, die man wohlweislich verhüten muß. Zwar hat uns die Erfahrung gelehrt, daß im Hunger das Herz eines jener Organe ist, das am wenigsten an Gewicht verliert, daß es also auf Kosten anderer Organe ernährt wird, es ist aber andererseits eine alte praktische Erfahrung, daß Unterernährung herzschwächend wirkt.

Neben der quantitativen richtigen Einstellung der Nahrung spielt entschieden auch die richtige qualitative Einstellung eine Rolle. Was zunächst das Eiweiß anbetrifft, so pflegte Örtel große Eiweißmengen zu bevorzugen, was uns einmal aus ökonomischen Gründen, zweitens aus dem Gesichtspunkte heraus wenig angebracht erscheint, als viel Eiweiß auch viel Schlacken (Harnstoff etc.) gibt, besonders dann, wenn man Eiweiß in Form von Fleisch gibt, das noch dazu die Ausscheidung der Harnsäure und des Kreatinin vergrößert. Die Exkretion dieser Stoffe fällt aber den Nieren zu, welche in einem ständigen Zusammenhang mit dem Zirkulationsapparate stehen und deswegen auch nach Möglichkeit geschont werden sollten. Es empfiehlt sich deswegen, den Herzkranken nicht mehr als etwa 100—120 g Eiweiß pro Tag zu verabfolgen, von dem ein Teil in Form von Fleisch gegeben werden kann, ein Teil indessen nach Möglichkeit als Milcheiweiß (etwa 1 Liter Milch entsprechend) verabfolgt werden soll. Man kann statt der Milch ja Käse verabreichen, oder die Milch in die Speisen verarbeiten lassen. Den Rest der notwendigen Kalorien deckt man in den bekannten Verhältnissen durch Kohlehydrate und Fette. Man soll nur bei der Auswahl der Nahrungsmittel Bedacht nehmen auf das Volumen der Kost. Blähende Gemüse, zellulosereiche Brote sind nicht zweckmäßig für Herzkranke, sie belegen die Abdominalorgane zu sehr; doch wird man auch hier jeweils zu Konzessionen gezwungen sein, wenn es sich um Patienten mit Obstipation handelt. Die Bekämpfung der Obstipation ist da oft wichtiger, als die Gefahr einer Überlastung des Darmes.

Zu streichen sind (nach Möglichkeit) gewisse Gewürze, die stark erregend und blutdrucksteigernd wirken. Frühzeitig ermahne man auch die Herzkranken, den Gebrauch des Kochsalzes einzuschränken. Prinzipiell gegen die Verwendung von Bouillon im Speisezettel vorzugehen. die ja einen appetitsteigernden Einfluß hat, dazu liegt kein Grund vor. Dagegen schränke man die Genußmittel etwas ein. Ein absolutes Tee- oder Kaffeeverbot halten wir nicht für notwendig. Man soll nur den Gebrauch auch dieser Genußmittel einschränken. Man kann übrigens auch — was sich ja jetzt immer mehr Bahn bricht — den Kaffee als sogenannten koffeinfreien trinken lassen. Dem Tee benimmt man die erregende Wirkung durch Abkühlenlassen oder Versetzen des Tees mit Zitronensaft.

Was den Alkohol anbelangt, so soll man ihn nicht etwa indiziert halten bei kompensierten Herzerkrankungen, man wird ihn indessen nicht ohne triftigen Grund aus der Diät entziehen, wenn die Kranken an ihn gewöhnt sind. Nur empfiehlt es sich, die Menge zu beschränken, wenn möglich nicht mehr als täglich eine halbe Flasche Wein (Weißwein oder Rotwein) verabreichen zu lassen, oder eine bis zwei Flaschen Bier täglich. Es spielt da nicht nur die Menge des Alkohols mit, sondern auch die Flüssigkeitsmenge überhaupt. Eine Einschränkung der Flüssigkeitszufuhr ist entschieden auch bei kompensierten Herzkranken von Nutzen, doch kann man täglich getrost 1½—2 Liter Flüssigkeit außer den mit der Nahrung verabreichten Flüssigkeitsmengen gestatten. Wir meinen, daß erst dann die Flüssigkeitsmenge, die der Kranke genießt, eine Rolle spielt, wenn es sich um **dekompensierte** Herzen handelt. Von diesem Momente ab hat unsere diätetische Aufgabe bestimmtere Formen angenommen. Wir müssen da auch verschiedene Grade unterscheiden: den leichten Grad von Dekompensation und den schweren Grad. Bei dem ersteren sind als prämonitorische Zeichen oft nur geringer Grad von Dyspnoe bei körperlichen Bewegungen, Zunahme des spezifischen Gewichtes des Harns, vermehrtes Harnlassen während der Nacht, Völle der Unterleibsorgane während der Verdauung zu bemerken, während wir im zweiten Falle das ausgebreitete Bild der Dekompensation vor uns haben (Ödeme, Leberschwellung, Oligurie, Dyspnoe, Zyanose etc.).

Bei der ersteren Form werden wir gewissenhaft die Flüssigkeitszufuhr auf kürzere Zeit beschränken (etwa 1 bis $1\frac{1}{4}$ Liter pro die neben der mit den Speisen verabreichten Flüssigkeitsmenge), ohne daß wir etwa den Einfluß dieser Flüssigkeitsbeschränkung als therapeutische Maßnahme überschätzen wollen. Da solchen Patienten am besten für die Zeit, bis völlige Kompensation eingetreten ist, Bettruhe zu verordnen ist, gehen wir vorübergehend für einige Tage mit der Zufuhr der Nahrung selbst unter das Maß dessen herunter, was ein Gesunder unter gleichen Verhältnissen (ca. 30—35 Kalorien pro Kilogramm Körpergewicht), d. h. bei Bettruhe an zugeführten Kalorien bedarf. Wir tragen des weiteren Sorge für die Leichtverdaulichkeit der Nahrung; wir werden also die Nahrungsmittel in einer weich-breiigen Form verabreichen, also das Fleisch in gehackter oder sonst in sehr zarter Form (Geflügel, Kalbsmilch, Hirn etc.), die Gemüse, Kartoffel durch das Sieb geschlagen. Daneben, um auf den Darm eine die Peristaltik anregende Wirkung auszuüben, geben wir Obst in gekochter Form und durchs Sieb geschlagen als Kompott. Weiter empfiehlt sich die Nahrung häufiger, etwa alle zwei Stunden, und dafür natürlich in kleinen Portionen zu verabreichen; das beugt auch wieder der Überfüllung des Magendarmkanals vor. Sorge für Stuhlgang ist wichtig. Um die Verdauung zu unterstützen, kann man warme Umschläge während einiger Mahlzeiten auf den Leib verordnen.

Von Nutzen ist bei stark dekompensierten Individuen entschieden eine Reduzierung der Diät mit Beschränkung der Flüssigkeitszufuhr und Reduzierung des Kochsalzgehaltes der Nahrung. Darin liegt auch der Erfolg der **Milchkuren** (**Karellkuren**) begründet. Jede reine Milchernährung stellt ja beim Menschen eine Unterernährung dar, da ein erwachsener Mensch, um einigermaßen seinen Bedarf zu decken, 3,5—4—5 Liter Milch täglich zu sich nehmen müßte, ein Quantum, das sich einfach nicht bewältigen läßt. Daher wird *a priori*, wie gesagt, *jede Milchkur eine Unterernährungskur*. *Karell* ging in seiner Kur besonders scharf vor: er verordnete täglich drei- bis viermal am Tage 60 bis 200 ccm abgerahmte Milch, ohne daß noch andere Speisen verordnet wurden. Im Laufe der zweiten Woche steigerte er dann die tägliche Menge auf 1500 ccm.

In dieser strengen Weise erscheint uns diese Kur absolut zu verwerfen. (Vergl. auch unsere Ausführungen über die Moritzsche Modifikation der Karellkur S. 99.)

Man hat dann die Karellkur zu modifizieren gesucht, indem man bereits nach 5—7 Tagen kleine Zusätze macht, wie zunächst ein Ei, einen Zwieback, dann zwei Eier, geschabtes Fleisch, Gemüse oder Milchreis usw. unter allmählichem Ansteigen der Zulagen bis zur völligen Ernährung (etwa am 12. Tage nach Beginn der Kur unter Beibehaltung der Milchzulage von 800 ccm pro die). In dieser Form handelt es sich zwar um keine reine Karellkur mehr, indessen um eine Form der Unterernährung, die nur vorübergehend ist und deswegen besonders bei schwer dekompensierten Herzkranken von gutem Erfolge sein kann. Es läßt sich diese Diät auch durch jede lakto-vegetabilische, möglichst kochsalzarme und vorübergehend stark im Umfang eingeschränkte Diät mit gleich gutem Erfolge ersetzen.

Gegen die Arteriosklerose gibt es gewiß kein diätetisches Universalrezept, indessen müssen ganz entschieden bestimmte Typen von Arteriosklerose diätetisch auch in bestimmter Richtung eingestellt werden. Wenn wir einen Menschen mit hochgradiger peripherer Arteriosklerose mit starker Abmagerung zu behandeln haben, so werden wir gewiß nicht die Unterernährung noch weiter treiben; wir werden vielmehr trotz seiner Arteriosklerose trachten, Gewichtsansatz zu erzielen, was durch eine Liegekur mit Überernährung (reichlich Kohlehydrate, Fette, mäßige Mengen Eiweiß) auch relativ gut gelingt, soweit die Verdauungsorgane eine Überernährung zulassen. Es wäre ein Fehler, hier um jeden Preis etwa eine vegetabilische Diät durchzuführen, die nur den körperlichen Schwächezustand vermehren würde. Andererseits gibt es eine Kategorie von Menschen, die meist der besseren Gesellschaftsklasse angehören, denen man die Surménage bereits am Äußeren (Embonpoint) ohne weiteres ansieht. Meist klagen sie über Völle im Leib, eventuell Herzbeschwerden, besonders nach vollem Magen, Aufstoßen und vielfachen Verdauungsbeschwerden. Die Untersuchung ergibt einen klingenden verstärkten zweiten Aortenton, mäßige Hypertrophie des linken Ventrikels; der Blutdruck ist erhöht (wenn auch nicht sehr hoch); peripher ist die Arteriosklerose wenig ausgesprochen. In diesen Fällen tut eine Unterernährungskur oft Wunder, besonders wenn sie mit einer Mineralwasserkur (Marienbad, Karlsbad, Neuenahr, Tarasp etc.) verknüpft ist. Derartigen Fällen ist auch die Durchführung einer lakto-vegetabilischen Diät auf längere Zeit durchaus zu empfehlen, wobei natürlich blähende Gemüse vermieden werden müssen; dagegen empfiehlt es sich sehr, Obst, Kompotte, in reichlicher Menge solchen Patienten zu verordnen, namentlich abends statt einer reichlichen Mahlzeit. Nur treibe man das Obst-Gemüseregime keinesfalls soweit, daß der Magen und Darm des Kranken gründlich in Unordnung gebracht wird. Und schließlich sei noch unter den Bildern der arteriosklerotischen Störungen das Symptomenbild der alimentärtoxischen Dyspnoe (Huchard) genannt, bei dem es sich wohl hauptsächlich um den Beginn einer Herzinsuffizienz bei Arteriosklerotikern handelt. Für diese Fälle sieht Huchard die Durchführung einer Milchkur als zweckmäßig an.

Drei Umstände bedingen nach Huchard diese Dyspnöe:

„1. Le régime alimentaire qui introduit un grand nombre de toxines dans le tube digestif et dans l'organisme; 2. l'insuffisance rénale qui met obstacle à l'élimination complète de ces toxines; 3. l'insuffisance hépatique qui, empêchant leur arrêt et leur destruction, permet la pénétration de ces poisons dans la circulation.

C'est contre cette triple alliance, que la thérapeutique doit combattre. Puisque la dyspnée est d'origine alimentaire, il faut s'adresser à l'alimentation, et pour remplir cette indication, de toutes la plus importante, d'abord supprimer pour toujours du régime alimentaire les substances en excès, poissons et surtout poissons de mer, viandes faisandées et peu cuites, gibier avancé, salaisons, conserves alimentaires, charcuterie, fromages faites, etc.“

Die Durchführung der Milchdiät gestaltet sich nach Huchard folgendermaßen: Täglich werden 3—3½ Liter Milch verabreicht (darunter keinesfalls!). Keine anderen Zusätze zur Nahrung! Alle zwei Stunden trinkt der Patient eine Tasse (= 300—350 ccm) Milch, schluckweise. Frische, kalte Milch ist warmer oder gekochter vorzuziehen. Manchmal macht die Milch Durchfall oder Verstopfung. Im allgemeinen empfiehlt Huchard zur Hebung der Verdaulichkeit Zusätze von einem bis zwei Suppenlöffel Kaffee, Vichywasser, Wasser von Wals oder 1 g Natrium bicarbonicum oder 0,2 g Pepsin oder Pankreatin. Bei Neigung zu Diarrhoe setzt Huchard 0,5 g Bismuthum subnitricum zu jeder Tasse Milch hinzu. Bleibt trotzdem die Diarrhoe bestehen, so pflegt sie nach Huchard zu weichen bei Anwendung von sterilisierter Milch, der man eine Flasche Kefir zugesetzt hat.

Bei Verstopfung empfiehlt Huchard Zusätze von Rhabarber oder Magnesia zur Morgenmilch.

In den Fällen, wo die Milch wegen ihres Fettreichtums schlecht vertragen wird, rät Huchard entfettete Milch (Magermilch) an. Wenn aus anderen Gründen die Milch schlecht vertragen wird, so versuche man, wenn vorher die Milch warm verabreicht wurde, sie kalt zu geben, oder gebe Eselsmilch statt Kuh- oder Ziegenmilch.

Bei Hyperchlorhydrien des Magensaftes wird die reine Milchdiät schlechter vertragen, da sich im Magensaft das Labkoagulum zu schnell löst. In solchen Fällen gebe man große Dosen Alkali: dreimal täglich ein Kaffeelöffel voll von folgender Mischung: Natrium bicarbonicum, neutralem Natriumphosphat, präparierter Kreide.

Die Dauer der Durchführung dieser Kur hängt nach Huchard vom Zustande des Patienten ab, mindestens ist sie 10—14 Tage durchzuhalten und nach Möglichkeit nicht eher aufzuhören, bis die Dyspnoe verschwunden ist; erst dann beginnt man mit der Zulage von Fleisch, Gemüse, indessen nicht am Abend, weil in der Nacht sich nach Huchard die Intoxikationen am besten entfalten können.

Um schließlich der Dyspnoe zuvorzukommen, verschreibt Huchard systematisch den Arteriosklerotikern alle drei bis vier Wochen während drei bis fünf Tagen die absolute Milchdiät, und wenn Symptome der Hyposystolie vorwiegend bestehen mit leichten Ödemen der Knöchel, verordnet er ein Abführmittel und Digitalis (25—30 Tropfen einer 1 %igen Lösung von kristallisiertem Digitalin).

Uns erscheint der Standpunkt der Milchkur bei diesen Zuständen insofern exzessiv, als große Mengen Milch verabfolgt werden müssen; da indessen Huchard die guten Erfolge dieser Kur rühmt, möchten wir seinem Urteile mangels eigener Erfahrungen mit dieser Kur nicht vorgreifen.

Was endlich die Diätetik der Stenokardie anbelangt, so haben wir dieses Symptomenbild lediglich darum zum Gegenstand diätetischer Besprechung gewählt, als gerade hier durch die Diät oft Anfälle ausgelöst werden. Ein dreifaches Cave ist angebracht, erstens vor Zigarren, zweitens vor Alkohol und drittens vor zu reichlichen Mahlzeiten. Ein guter Teil des Auftretens der Anfälle nächtlicherweise mag darin bestehen, daß die Patienten mit überladenem Magen das Bett aufsuchen. Wir empfehlen deswegen die Regel zu befolgen, diese Patienten spätestens abends um 6 Uhr die letzte Mahlzeit einnehmen zu lassen, dafür um 8 Uhr, um das Gefühl des leeren Magens zu betäuben, gekochtes und durch das Sieb geschlagenes Obst als Kompott (etwa 150 g) genießen zu lassen. Auch sonst am Tage ist es vorzuziehen, die Patienten alle zwei Stunden kleine Mahlzeiten nehmen zu lassen statt großer Mahlzeiten. Blähende Gemüse, zellulosereiche Brote sind zu verbieten; im übrigen ist eine Milchdiät mit geringen Fleischmengen (nicht mehr als 200 g zarten Fleisches [Geflügel Hirn, Kalbsbries]), ferner durch das Sieb geschlagene Gemüse mit Butter zur Deckung des kalorischen Defizits reichlich vermengt, ferner geröstetes Weißbrot mit Butter und Marmelade, Tee, Kaffee zum Frühstück und zum Nachmittag reichlich gekochtes Obst, sehr zu empfehlen. Man kann den Kranken auch so genügend einstellen, daß stärkere Abmagerung vermieden wird.

Wie die Diätetik der Herz- und Gefäßkrankheiten nicht nur auf den Kreislauf Rücksicht zu nehmen hat, sondern auch auf die Nieren, so hat umgekehrt die **Diätetik der Nierenkrankheiten** auch auf den Kreislauf, insonderheit das Herz, Rücksicht zu nehmen, also 1. Schonung des Herzens; 2. Schonung der Nieren. Die Forderung der Schonung des Herzens kann etwas in den Hintergrund treten, wo bei Nephritiden das Herz an sich nicht sehr belastet erscheint (wenig erhöhter Blutdruck), und muß besonders in den Vordergrund treten, sobald Kompensationsstörungen seitens des Herzmuskels (Herzinsuffizienz) das klinische Bild beherrschen. Die Rücksicht auf das Herz üben wir bei Nierenkranken durch die Einschränkung der Flüssigkeitszufuhr auf das für die Nieren eben erträgliche Maß.

Im Vordergrund steht bei der Diät der Nierenkranken die Rücksicht auf die Nieren. Während Kohlehydrate und Fette keine durch die Nieren zu eliminierenden Schlacken ergeben, bilden Eiweiß, Nukleine und Extraktivstoffe, wie Kreatin, Stoffwechselprodukte, die nur normalerweise durch die Nieren ausgeschieden werden. Des weiteren fällt den Nieren die Aufgabe zu, die anorganischen Salze zum größten Teile aus dem Körper zu entfernen; die Eliminierung dieser Stoffe in den Nieren kann nur in gelöstem Zustande geschehen: insofern spielt die Wasserexkretion durch die Nieren eine wichtige Rolle.

In der diätetischen Schonungstherapie der Nierenkrankheiten muß man als Maßstab für die Einstellung der Diät lediglich die Größe der Störung der Nierenfunktion zugrunde legen. Sie fordert eine exakte klinische bzw. chemisch-physiologische Beurteilung der Nierenfunktion, wenn auch im allgemeinen die Feststellung von täglicher Urinmenge, Gefrierpunktserniedrigung als grober Anhaltspunkt dienen mag.

Bekanntlich gibt der Gefrierpunkt des Harnes (Δ) ein Maß für die Summe der ausgeschiedenen Molen. $\Delta \times$ Harnmenge ist daher als ein Wert für die Ausscheidung der festen Produkte anzusehen (normalerweise liegt Δ zwischen $-0{,}87^0$ und $-2{,}43^0$, $\Delta \times$ Harnmenge zwischen 1000 und 3500). Infolge der Dissoziation der Moleküle ist die Beurteilung von Δ im Harne mißlich, es läßt sich aber trotzdem eine einigermaßen richtige Übersicht für vergleichende Untersuchungen gewinnen, wenn man den Harn zur kryoskopischen Untersuchung 10—15fach verdünnt.

Die funktionelle Minderwertigkeit einer kranken Niere kann lediglich in einer geringeren Breite erhöhter Anspruchsfähigkeit bestehen, eine Niere kann aber auch bereits normalen niedrigen Ansprüchen gegenüber zum Teil insuffizient sein. Hier muß die diätetische Therapie in erster Linie darauf bedacht sein, ein Nahrungsregime aufzustellen, durch das kalorisch der Bedarf des Kranken gedeckt wird, das zweitens wenig Stoffwechselendprodukte liefert und durch das in bezug auf den Wasserstoffwechsel das Herzgefäßsystem ad minimum entlastet wird.

In praxi pflegt man leider die Nephritiden mehr nach dem Eiweißgehalt des Harns zu bewerten. Eine derartige Beurteilung ist einseitig und entspricht nicht dem Grundsatze physiologisch-pathologischen Beurteilens einer Krankheit. Die Tatsache, daß ein Nephritiker etwa 0,5 % Albumen hat, sagt uns, daß eine Schädigung der Nieren da ist, und daß dem Kranken, wenn er 1 l Harn ausscheidet, 5 g Eiweiß verloren gehen, deren Deckung aus der Nahrung doch ein leichtes ist. Darüber, wie die Niere ihre eigentliche Aufgabe erfüllt, besagt die Albuminurie nicht das geringste. Wir werden also die Albuminurie nicht unseren Prinzipien der Diätetik als Maßstab zugrunde legen können.

Eine kranke Niere kann nun in mancher speziellen Weise eine mehr oder minder größere Insuffizienz darbieten, z. B. in der

Exkretion stickstoffhaltiger Endprodukte, wie Harnstoff oder Harnsäure, oder in der Eliminierung der anorganischen Salze, unter denen insbesondere das Kochsalz eine große Rolle spielt, insofern die Nephritiden für gewöhnlich den Chloriden gegenüber weit stärker insuffizient sind als den Achloriden, d. h. der Summe der übrigen anorganischen Salze. Auch eine Insuffizienz der Wasserausscheidung kann bei Nephritiden bestehen, doch pflegt sich diese meist mit einer „Kochsalzretention“ zu verbinden.

Alle diese Störungen im einzelnen zu erkennen, sollte unsere diagnostische Aufgabe sein, der gegenüber sich der praktische Arzt im allgemeinen kaum gewachsen zeigen kann. Aus diesem Grunde empfiehlt es sich, in praxi den Nephritiker auf jeden Fall so einzustellen, daß im allgemeinen seinen Nieren die geringsten Anforderungen gestellt sind. Da gilt als erster Grundsatz Fortlassung sämtlicher die Nieren reizender Stoffe, wie Gewürze in der Nahrung, Alkohol, bestimmte Genußmittel, wie Kresse, Radieschen, Rettich, manche Salate, ferner Beschränkung der Extraktivstoffe des Fleisches: Vermeidung von Bouillon, Fleischextrakten, Fleischpräparaten usw. Man braucht allerdings nicht so weit zu gehen, daß man einem Nephritiker a priori jedes dunkle Fleisch verbietet und nur das sog. weiße Fleisch (Geflügel, Kalbfleisch, Fische) erlaubt; indessen empfiehlt es sich im allgemeinen mehr, beim Nephritiker die Zufuhr des Fleisches überhaupt auf etwa 200—300 g zu beschränken und die notwendige Eiweißmenge durch Milcheiweiß in der Milch, Sahne, Sahnen- oder Quarkkäse, ferner in Eiereiweiß zu verabreichen. Im allgemeinen soll man einem Nephritiker mit der Nahrung nicht mehr als 70—80 g Eiweiß verabreichen, den kalorisch notwendigen übrigen Teil der Nahrung durch Fette (zu 30 %) und Kohlehydrate (zu 70 %) decken. Vegetabilien sind den Nephritikern in Form grüner Gemüse, die zur besseren Erträglichkeit noch durchs Sieb geschlagen werden können, durchaus erlaubt; sehr zweckmäßig sind sodann Mehlspeisen und Kompotte. Mit einer derartigen fleischarmen, vorwiegend laktovegetabilischen Diät sind in bezug auf N-haltige Ausscheidungsprodukte dem Nephritiker keine großen Aufgaben gestellt, im Gegenteil ist die Belastung der Nieren die minimale.

Ein derartiger Speisezettel sei hier aufgeführt:

1. Frühstück: 250 ccm Kakao oder Milch,
Weißbrot, Butter, Marmelade.

2. Frühstück: 100 g Weißbrot, Butter usw., zwei Eier oder weißer Quarkkäse (ca. 50 g).

Mittags: 300 ccm Fruchtsuppe,
150 g Kartoffelmus,
150 g gekochtes Fleisch,
200 g Gemüse,
Puddings, Mehlspeisen usw.

Nachmittags: Weißbrot, Marmelade,
Butter, 250 ccm Milch oder Kakao.

Abends: Milchsuppe, Grießbrei, Reisbrei, Mehlbrei oder zwei Eier mit 200 g Gemüse oder süße Speisen in Form von Puddings mit Fruchtsaucen.
Weißbrot, Butter.
Getränk: 500 ccm Fachinger, Wildunger, Vichywasser oder Aqua fontanea.

Was die Salze in Speisen anbelangt, so sind diese sowohl in dem Fleische wie in den vegetabilischen Nahrungsmitteln enthalten, und zwar in der dem Körper notwendigen Menge und Art der Zusammensetzung. Eine im wahrsten Sinne salzfreie Diät dem Nephritiker zur Entlastung seiner Nieren zuzuführen, würde direkt zum Salzhunger und damit zu den schwersten Stoffwechselstörungen führen; wir führen aber dem Nephritiker bereits eine salzarme und im speziellen kochsalzarme Diät zu, wenn wir bei der Zubereitung der Nahrung in der Küche 1. ohne Zusatz von Kochsalz gebackenes Brot verwenden, 2. salzfreie Butter verabreichen, 3. die Milchzufuhr nicht über 1 Liter hinausgehen lassen, 4. bei der Zubereitung des Fleisches dieses gekocht verabreichen unter Vermeidung der Bouillon für den Kranken, 5. die Gemüse erst in Wasser längere Zeit kochen lassen und dieses Wasser fortgießen, 6. der Köchin verbieten, zu irgend einer der für den Nephritiker zu verabreichenden Speisen in der Küche Kochsalz zuzusetzen. Eine derartige, allerdings außerordentlich geschmacklich-reizlose Kost deckt völlig den Nahrungsbedarf des Kranken und stellt für die Eliminierung des Kochsalzes (und auch der Achloride) minimale Ansprüche an die Nieren. Wer sich für den Salzgehalt der Nahrungsmittel interessiert, der sei auf die nachstehende Tabelle von Leva hingewiesen. (Arch. f. Verdauungskrankh. Bd. XVI.)

A. Tierische Nahrungsmittel.

	NaCl in Prozent der natürlichen Substanz
Fleisch:	
Hammelfleisch	0,17
Kalbfleisch	0,13
Kalbshirn	0,29
Kalbsmilch	0,20
Kalbsniere	0,32
Kalbsleber	0,14
Rindfleisch (mager)	0,11
Schweinefleisch (mager)	0,10
Kaninchenfleisch	0,085
Froschschenkel	0,05
Schabefleisch	0,09
Fische:	
Dorsch	0,16
Flußaal	0.021
Flußbarsch	0,10
Forelle	0,12
Hecht	0,092
Heilbutte	0,30
Hering	0,27
Kabeljau	0,16
Karpfen	0,086
Lachs	0,061
Makreele	0,28
Rotzunge	0.38
Schellfisch	0,39
Schleie	0,073
Scholle	0,21
Seezunge	0,41
Steinbutte	0,33
Strömling	0,12
Zander	0,077
Geflügel:	
Ente	0,14
Gans	0,20
Haushuhn	0,14
Taube	0,15
Pute	0,17
Wild:	
Hase	0,16
Hirsch	0,10
Reh	0,11
Auster (native, Seewasser abgespült)	0,52
dto. mit Seewasser	1,14
Getrocknet. Fleisch:	
Charque, Carne secca, Carne pura etc.	6,3[1])—14,1[2])
Geräuchertes u. gesalzenes Fleisch:	
Roher Schinken	4,15[1])—5,86[2])
Gekochter Schinken	1,85[1])—5,35[2])
Lachsschinken	7,5
Prager Schinken (gekocht)	3,48
Geräucherter Speck (deutscher)	1,01
dto. (amerikanisch.)	11,61
Kasseler Rippespeer	8,7
In Büchsen eingelegtes Fleisch:	
Corned beef (deutsch.)	2,04
dto. aus Amerika	11,52
dto. aus Australien u. Neu-Seeland	0,25[1])—4,4[2])
Getrocknete Fische:	
Stockfisch (gesalzen)	3,56
dto. (ungesalzen)	0,19

[1]) Minimum.
[2]) Maximum.

	NaCl in Prozent der natürlichen Substanz
Leng (gesalzen) . .	9,08
dto. (ungesalzen) .	0,60
Geräucherte, ungesalzene Fische:	
Bückling	0,38
Kieler Sprotte . .	0,31
Sardinen, ohne Öl, in Büchsen	0,12
Geräucherte u. gesalzene Fische:	
Lachs	10,87
Pökelhering . . .	14,47
Sardellen	20,59
Schellfisch	2,06
Marinierte Fische:	
Neunauge (Brühe abgespült) .	1,79
dto. (Brühe allein)	2,65
In Öl konservierte Fische:	
Ölsardinen (französ.)	1,34
Thunfisch	5,49
Lebertran	0,17
Gelatine (trockene) .	0,75
Knochenmark (Rind)	0,11
Würste:	
Gothaer Zervelatwurst	6,16
Deutscher Salami .	5,37
Italien. Salami . .	4,8—8,1
Ungar. Salami . .	4,6—5,4
Metwurst	3,15
Schlackwurst . . .	2,77
Leberwurst . . .	2,9
Frankfurter Wurst .	2,2
München. Bratwurst	3,31
Regensburger Wurst	2,2—3,2
Pasteten:	
Gänseleberpastete (Fischer - Straßburg)	2,22
Schinkenpast. (von Große u. Brackwell in London)	5,72
Zungenpastete (von Große u. Brackwell in London)	5,98
Salmpastete (von Große u. Brackwell in London)	5,65
Hummerpast. (von Große u. Brackwell in London)	2,38
Anchovispast. (von Große u. Brackwell in London)	40,10
Suppendauerwaren:	
Erbsen-, Linsen- etc., Fleischsuppen der Carne - pura - Gesellschaft-Berlin . . .	8,18
Tapioka-, Grünkern-, Julienne-, Kartoffel-, Erbsen- etc., Suppen von Knorr-Heilbronn	10,01—15,48
Rumfordsuppe . .	10,0
Fleischzwieback (österreich. Armee)	0,6—4,77
Erbswurst (Knorr) .	10,6
dto. der deutschen Armee	11,7
Fleischextrakte:	
Liebig	2,60
Kemmerich	1,40
Cibils (flüssig) . . .	14,62
Speisewürzen (siehe auch Nährpräparate):	
Maggis Suppenwürze	18,30
dto. Bouillonextrakt	9,37—22,46
dto. Bouillonkapseln	53,13

	NaCl in Prozent der natürlichen Substanz
Andere Präparate:	
Kietzs Kraftbrühe, Herzs Nervin, Bouillonextrakt Gusto, Bovos, Vir, Sitogen, Ovos, Suppenwürze von Ibbertz, Bendix und Lutz-Köln etc.	9,48—19,64
Käufliche Saucen:	
Essence of shrimps, anchovis etc.	19,01—21,7
Maggis Concentré de truffes aux fines herbes etc.	12,53—20,8
Nährpräparate:	
Plasmon	0,21
Hämatin-Albumin (Finsen)	0,13
Roborat	0,0051
Roborin	1,7
Fersan (J. Jolles-Wien)	3,83
Sanatogen	0,42
Leube-Rosenthalsche Fleischsolution	1,2
Toril	16,73
Somatose	0,66
Bovrils Präparate	0,26—14,12
Cibils Präparate	8,80—14,68
Puro	2,63
Toril	16,03
Bios	8,57
Valentines meat juice	0,08
Bengers peptonised beef jelly (flüssig)	0,16
Maggis Krankenbouillon-Extrakt	8,96—9,77
Maggis Pepton	3,33—6,55
Antweilers Pepton	5,85—13,41
Finzelberg Nf., trockenes Pepton	15,13
Liebigs Fleischpepton	1,32
Kemmerichs Fleischpepton (festes)	1,10

	NaCl in Prozent der natürlichen Substanz
Kemmerichs Fleischpepton (flüssiges)	12,66
Cibils Papaya Fleischpepton	2,88
Kochs Fleischpepton (festes)	0,80
Kochs Fleischpepton (flüssig)	12,57
Eier:	
Hühnerei (ganzes, ohne Schale)	0,21
Hühnerei, Eiweiß	0,31
Hühnerei, Eigelb	0,039
Gänseei	0,14
Entenei	0,13
Seemövenei	0,14
Kaviar (deutscher)	6,18
dto. (russischer Malossol)	3,0
Milch- u. Molkereierzeugnisse:	
Kuhmilch (Vollmilch)	0,16
dto. (Magermilch)	0,15
Rahm	0,13
Buttermilch	0,16
Kuhmolken	0,11—0,15
Kondensierte Milch (Stalden, Emmenthal)	0,40
Boumasche Diabetikermilch	0,14
Butter (ungesalzen)	0,02—0,21
dto. (gesalzen)	1,0—2,0—3,0
Margarine	2,15
Palmin	0,0016
Arbora (Al. Staudt, Linienstr. 57, Berlin)	1,01
Fructin (Gebr. Kaufmann-Mannheim)	0,10
Käse:	
Schichtkäse (deutsch. Rahmkäse)	0,20

	NaCl in Prozent der natürlichen Substanz		NaCl in Prozent der natürlichen Substanz
Topfen (Quark) . .	0,18	**Kindermehle:**	
Gervais (ungesalzen)	0,13	Nestles Kindermehl .	0,29
dto. (gesalzen) .	3,43	EpprechtsKindermehl	0,39
Parmesankäse . . .	1,93	Mufflers sterilisierte Kindernahrung . .	0,041
Schweizerkäse . .	2,0	Löflunds Kindernahrung	0,074
Brie	3,15	Löflunds peptonisierte Kindermilch .	0,65
Romadour	3,91	VoltmersMuttermilch	0,70
Mainzer Handkäse .	4,36	LiebesNahrungsmitt. in löslicher Form .	0,14
Backsteinkäse . . .	10,57	Kufekes Kindermehl	0,095
Stracchino	1,0—1,3	Rademanns Kindermehl	0,03
Engl. Rahmkäse . .	0,7—1,15	Robinsons Patent Groats	Spur
Cheddar	0,23—1,97	Löflunds Milchzwieback	0,22
Chester	1,59—1,91		
Edamer	3,30		

B. Pflanzliche Nahrungs- und Genußmittel.

Brot- u. Teigwaren:		Weißbrot (Berliner Knüppel)	0,69
Aleunoratbrot . . .	0,34	„Albert, Knusperchen" (Bielefeld) .	0,86
Gerstenbrot . . .	1,38	„Petit beurre" (Bielefeld)	0,87
Grahambrot . . .	0,61	Eiswaffeln	0,40
Graubrot (Weizenroggenbrot) . . .	0,15—0,48	Leibnitz-Kakes . .	0,47
Graubrot(²/₃Roggen-, ¹/₃ Weizenmehl) .	0,18—0,59	Zwieback	0,38
Graubrot (Berliner Schwarzbrot) . . .	0,66	Armeefeldzwieback .	0,95—1,60
Graubrot (Berliner Schwarzbrot) . . .	0,75	Makkaroni	0,067
Graubrot (Haferroggenbrot)	0,71	Nudeln (dünne) . .	0,064
Graubrot (Roggen-Maisbrot)	0,40—0,68	**Zerealien und Mahlprodukte:**	
Haferbrot	0,48	Gerste	0,037
Kommisbrot . . .	0,21—0,68	Hafer	0,046
Pumpernikel . . .	0,46	Roggen	0,014
Weißbrot	0,18	Weizen	0,013
dto.	0,70	Reis	0,039
		Mais	0,019
		Hirse	0,024

	NaCl in Prozent der natürlichen Substanz		NaCl in Prozent der natürlichen Substanz
Weizenmehl . . .	0,002–0,008[1]	Rhabarber (Stengel)	0,059
Reismehl (Knorr) .	0,016	Salate (allerlei) . .	0,08–0,17
Hafermehl (Knorr) .	0,014	Feldsalat (Lattich) .	0,12
dto. (Weibezahn)	0,026	Savoyerkohl . . .	0,16–0,44[1]
dto. (Frey) . .	0,087	Sellerie (Stengel) .	0,25–0,49[1]
Hafergrütze . . .	0,26	dto. (Wurzel) . .	0,083
dto. (deutsche) .	0,28	Schnittlauch . . .	0,071
dto. (amerikan.)	0,29	Spargel	0,04–0,06
Gewalzte Haferkerne	0,35	Spinat	0,17–0,21
Hohenlohesche Haferflocken	0,082	dto.	0,084
Quaker Oats . . .	0,082	Tomate	0,11
Buchweizengrieß . .	0,06	dto.	0,094
Sago	0,19	Weißkohl	0,11–0,44[1]
		Winterkohl	0,03–0,75[1]
		Zwiebel	0,016–0,09
Wurzelgewächse:		**Eingemachte Gemüse** (Büchsengemüse), durch Luftabschluß n. Apperts, Wecks u. anderen Verfahren:	
Batate	0,16	Artischocken . . .	1,27
Kartoffel	0,016–0,078[1]	Bohnen (grüne, haricots verts)	0,77
Topinambur . . .	0,07	Erbsen (junge) . .	0,67
Möhre (gelbe Rübe)	0.060	Macédoine	0,76
Kohlrübe	0,072	Schnittbohnen . . .	0,83
Rote Rübe	0,058	Spargeln	0,83
		Tomaten	0,14
Leguminosen:		**Eingesäuerte Gemüse:**	
Bohnen	0,09	Sauerkraut	0,73
Erbsen	0,058	Saure Gurken . . .	1,45
Linsen	0,13–0,19		
dto. (getrocknete)	0,155		
Gemüse (frische):		**Pilze:**	
Artischocke . . .	0,036	Champignon . . .	0,04–0,06
Blumenkohl . . .	0,05–0,15	Speiselorchel . . .	0,012
Bohnen (junge) . .	0,089	Speisemorchel . . .	0,014
Erbsen (junge) . .	0,058	Steinpilze (Bolusart.)	0,031
Gurke (frische) . .	0,06–0,08		
Kohlrabi	0,03–0,21		
Kürbis	0,05		
Lauch (Porree) . .	0,040		
Meerrettich	0,02–0,06		
Mohrrüben	0,016–0,3		
Radieschen	0,075		
Rettich	0,08–0,15		

[1]) Diese Differenzen sind wohl auf die Verschiedenheit der Provenienz der Bodenbeschaffenheit, der Düngungsart etc. zurückzuführen. (Leva).

	NaCl in Prozent der natürlichen Substanz
Früchte:	
Ananas	0,071
Apfelsine	0,0057—0,055
Aprikose	0,0047
Zitrone	0,0045
Erdbeere	0,01—0,02
Feige	0,021
Kastanie	0,0045—0,010
Kirsche	0,013
Kokosnuß (Saft) . .	0,035
Mirabelle	0,0045
Olive	0,008—0,21
Pflaume	0,0046
Stachelbeere . . .	0,021
Wassermelone (Saft)	0,011
Weintraube . . .	0,024
Rosine (Sultan) . .	0,16
Korinthe	0,093
Mandel (trockene) .	0,010
Wallnuß (trockene) .	0,019
Süßstoffe:	
Rübenzucker . . .	0,0090
dto. . . .	10,002—0,12
Rohrzucker	0,11
Zucker (Würfelzuck.)	0,049
Kandiszucker(braun.)	0,28
Schokolade (Lindt) .	0,073

	NaCl in Prozent der natürlichen Substanz
Gewürze:	
Dill	0,41
Fenchel	0,43
Kapern (eingemacht in Kochsalz) . . .	2,1
Kapern (eingemacht in Essig)	0,20
Koriander	0,20
Lorbeerblätter . .	0,27
Majoran	0,31
Mohnsamen	0,038
Paprika	0,27
Pfeffer (schwarzer) .	0,51
dto. (weißer) . .	0,019
Safran	0,12
Speisesenf (Mostrich)	2,66
Vanille	0,055
Zimt	0,061
Genußmittel (alkaloidhaltige):	
Kakaobohnen . . .	0,05—0,095
Kaffee (gerösteter) .	0,045
Allerlei Kaffee-Ersatzmittel (geröstet)	0,1—0,33
Tee	0,15

C. Getränke.

Grundwasser . . .	0,0012—0,006
Quellwasser . . .	0,00055 bis 0,0046
Berliner Leitungswasser	0,0031—0,0035
Ale	0,0017
Bier (deutsches) . .	0,016
Bier (englisches) . .	0,10
Champagner (Moet & Chandon)	0,0045
Eierkognak (Mangold)	0,045
Pomril	0,0027
Weißbier (Berliner Weiße)	0,015

Beispiele von Tafelwässern:	
Apollinaris	0,043
Biliner	0,039
Fachinger	0,039
Gießhübel (Mattoni)	0,0021
Namedy Sprudel . .	0,19
Rhenser Sprudel . .	0,125
Salvator	0,017
Selters (Oberselters)	0,10
Selters (Niederselters, königl.)	0,23
Vichy (Gr. Grille) .	0,053

D. Tischfertige Speisen.

	NaCl in Prozent der natürlichen Substanz
Suppen:	
Bouillon (Privathaushalt St.)	0,55
Bouillon (Privathaushalt T.)	0,59—0,8
Bouillon (Privathaushalt L.)	0,49
Bouillon (Restaurat.)	1,0
Schleimsuppe (Privathaushalt T.) . . .	0,53
Reissuppe (Privathaushalt T.) . . .	0,54
Kartoffelsuppe (Privathaushalt St.) .	0,56
Maggi-Kartoffelsuppe	0,38
Maggi-Erbsen- und Reissuppe	0,57
Maggi-Tapioka-Julienne	0,54
Maggi-Weizengrieß .	0,34
Graupensuppe (Restaurat.)	0,9
Milchsuppe } n. Hedwig Heyl, Das A-B-C der Küche, hergestellt (p. 472—474)	0,25
Apfelsuppe	0,015
Weinsuppe	0,23
Fleischspeisen:	
Rostbeef	0,98
Rinderfilet	1,04
Kalbsbraten . . .	1,11
Schweinebraten . .	1,54
Hammelkotelett . .	0,97
Gehacktes Beefsteak	1,29
Gebratenes Huhn .	0,39
Hase (gebraten) . .	0,76
Gesottener Hummer	0,95
Gesottener Hecht .	1,84
Gebackene Rotzunge	1,92
Geback. Kalbshirn .	1,24
Gedünst. Schweinsniere	1,61

	NaCl in Prozent der natürlichen Substanz
Saucen:	
Bratensauce (Haushalt T.)	0,8
Bratensauce (Restauration)	0,7
Sardellensauce (Restauration) . . .	1,5
Remouladensauce .	0,75
Eierspeisen:	
Rührei (gesalzen) .	1,1
dto. (gezuckert) .	0,19
Setzei	0,98
Eierkuchen (mit Kräutern, ungesalzen) .	0,18
Gemüse:	
Spinat	0,91
Karotten	0,46
Blumenkohl . . .	0,49
Morcheln	0,68
Salat:	
Grüner Salat . . .	0,41
Kompott:	
Apfelmus	0,031
Birnenkompott . .	0,019
Mehlspeisen:	
Tapiokapudding . .	0,27
dto. (ungesalzen, stärk. gezuckert u. gewürzt)	0,026
Makkaroni (à la Napolitaine)	1,04
dto. (in Milch, gezuck.)	0,29
Milchgrieß	0,40
Reis mit Äpfeln . .	0,18
Schokoladen-Flammerie	0,061

Da diese Kost, die man die kochsalzarme Diät nennen kann (die Kochsalzausscheidung nach der Durchführung einer derartigen Diät beträgt etwa täglich höchstens 2 g NaCl), auf die Dauer von den Patienten wegen ihrer großen Reizlosigkeit ungern genommen wird, so soll man sie, um die Appetenz des Nephritikers, der in seinem Ernährungszustande nicht unnötig geschwächt werden soll, nach Möglichkeit zu erhalten, nur da geben, wo sie wirklich indiziert ist. Für die Praxis kann man sich allgemein an folgende Regeln halten: 1. Sie ist indiziert bei jedem Fall von chronischem Morbus Brightii mit Ödemen bzw. mit Neigung zu Ödemen. 2. Sie ist indiziert bei Schrumpfniere, wenn kardiorenale Syndrome, d. h. Insuffizienzerscheinungen des Herzens mit urämischen Erscheinungen vorübergehender Natur bestehen (dabei brauchen noch keine Ödeme aufgetreten zu sein). 3. Ist sie speziell da indiziert, wo — auch bei fehlenden Ödemen — die genaue Funktionsprüfung der Niere eine Retention von Kochsalz ergibt.

Die Durchführung einer derartigen Prüfung gestaltet sich folgendermaßen: Man setzt den Patienten 3—4 Tage auf kochsalzarme Diät unter Bestimmung der Kochsalzausscheidung im Harn; am vierten Tage verabreicht man 10 g Kochsalz und bestimmt jetzt unter der weiteren Einhaltung der kochsalzarmen Diät die Kochsalzausscheidung. Werden innerhalb von zwei Tagen die 10 g Kochsalzzulage wieder ausgeschieden, so besteht keine Insuffizienz, wird nur ein Teil, etwa 3—5 g, ausgeschieden, so besteht Insuffizienz der Kochsalzausscheidung.

4. Ferner ist für die ganz akuten Fälle von Nephritis die kürzere oder längere Durchführung einer kochsalzarmen Diät am Platze. Hier hat man früher besonders die Durchführung einer Milchdiät bevorzugt. Die guten Erfolge der Milchkuren bei Nephritiden liegen aber nicht in der günstigen Verteilung von Eiweiß, Fett und Kohlehydraten (vielleicht wirkt der Milchzucker diuretisch) in der Milch, sondern in der relativen Salzarmut, wenngleich die Milch immer noch relativ reichlich Kochsalz enthält (etwa 1,6 g pro Liter). Da aber im übrigen die Milch eine sehr reizlose Diätform darstellt und man gerade die Reizung der akut erkrankten Niere möglichst meiden soll, so empfiehlt sich bis zu einem gewissen Grade, auch bei der akuten Nephritis die Milch (pro die höchstens 2 Liter, nicht mehr; eventuell statt dessen auch 1 Liter Milch, ½ Liter Sahne) beizubehalten, und daneben noch reichlich Kohle-

hydrate in Weißbrot, Kompotts (Äpfel, Birnen), süßen Speisen, Kartoffeln und Fett (Butter) zu verabreichen. Die Verabreichung zu großer Mengen Milch (etwa 3 Liter) würde an die wasserausscheidende Kraft der Nieren zu große Anforderungen stellen.

Die Frage, wie weit man die Flüssigkeitszufuhr beschränken soll, kann man im allgemeinen dahin beantworten, daß mehr wie $1\frac{1}{2}$—2 Liter Flüssigkeit mitsamt dem Wasser in den Nahrungsmitteln dem Nephritiker nicht gereicht werden soll, aber auch nicht weniger, da die kranke Niere die Nahrungsschlacken doch ausschwemmen muß. Nur dem Schrumpfnierenkranken kann man, solange er nicht insuffizient ist, größere Wassermengen als 2 Liter gestatten. Ist Insuffizienz des Herzens eingetreten, beschränke man auch hier die Flüssigkeitszufuhr je nach dem Zustande des Herzens für kürzere oder längere Zeit auf etwa 2 Liter pro Tag.

7. Steindiathesen.

Die Steinbildung in den ableitenden Harnwegen kommt zustande, indem normale oder in seltenen Fällen pathologische Bestandteile des Harns bereits in den ableitenden Harnwegen auskristallisieren und so entweder zu größeren Konkrementen (Urolithiasis) Anlaß geben oder aber zunächst nur zur Ausscheidung von sogenannten Niederschlägen, sei es in kristallinischer oder amorpher Form, führen. Man spricht dann von einer Steindiathese und unterscheidet je nach der Beschaffenheit des Sediments eine Uratsteindiathese, Oxalatsteindiathese, Phosphatsteindiathese, Zystinsteindiathese, Indigosteindiathese. Die Ausdrücke Uraturie, Phosphaturie, Oxalurie, die vielleicht gebräuchlicher sind, sind weniger sinngemäß, decken sich indessen begrifflich damit.

Die ausgebildete Nephrolithiasis oder Urolithiasis als solche erfordert diätetisch im eigentlichen Sinne weit weniger Sorge als die Steindiathese, welche dauernd diätetisch behandelt werden muß. Während die Behandlung des eigentlichen akuten Kolikanfalles — sie deckt sich mit der Behandlung des Katarrhs der ableitenden Harnwege — mit sogenannter reizloser Diät (Milch, Eier, durch das Sieb geschlagene Gemüse, süße Speisen in Form von Puddings, Obst in Pureeform, Weißbrot, Honig, Marmelade) durchgeführt werden muß, wobei man vor allem auf das Fernhalten von Gewürzen, Kochsalz, Extraktivstoffen (daher Einschränkung des Fleisches), auf Vermeidung jeglichen Alkohols, dagegen auf die Zufuhr großer Flüssigkeitsmengen Bedacht nehmen soll — als Flüssigkeitszufuhr empfiehlt sich die Darreichung von 2—3 Litern Lindenblütentees — muß es unsere Aufgabe sein, die Steindiathese diätetisch so zu behandeln, daß der Patient mit der Diät auch dauernd sein Auslangen findet, sowohl nach der geschmacklichen Seite der Kost hin, wie auch nach der quantitativen Seite hin; auf letztere ist ganz besonders Rücksicht zu nehmen.

Uratsteindiathese.

Darunter verstehen wir Zustände, bei denen es zur Ablagerung von Harnsäure oder Uraten in irgend einer Form (Einzelkristalle, kleinere Konglomerate und größere Steine) in den Harnwegen gekommen ist.

Wir haben gemeinsam mit Schittenhelm die Bezeichnung Uratsteindiathese vorgeschlagen, um den zu Mißverständnissen leicht Anlaß gebenden Ausdruck „uratische Diathese“ aus der Medizin zu eliminieren.

Unter uratischer Diathese verstehen manche die gichtische Diathese, andere die Urolithiasis und den Harngrieß, andere wiederum werfen alle derartigen Zustände ohne jede weitere Unterscheidung in einen Topf und halten sie ätiologisch und pathogenetisch für gleichwertig. Man muß aber eine scharfe Trennung durchführen, da es sich um zwei ganz verschiedene Zustände handelt:

Bei der Gicht kommt es infolge der Harnsäureüberladung des Blutes zum Uratausfall in den Geweben.

Bei den Uratsteindiathesen ist die Beschaffenheit des Urins eine derartige, daß es zum Ausfall von Harnsäure oder Uraten in den Harnwegen kommt. So entstehen der Harnsäureinfarkt und die Harnsäuresteine. Mit ihrer Entstehung hat die gichtische Urikämie nichts zu tun.

Das Wort „uratische Diathese“ ließe sich also sprachlich wohl auf beide Zustände gleichmäßig anwenden, indem es uns nur besagt, daß die Harnsäure die Materia peccans ist, für welche eine Disposition besteht. Es besagt uns aber nichts über die Art und die Lokalisation der Disposition und hat daher der Unklarheit Tür und Tor geöffnet. Man müßte sich schärfer ausdrücken, wollte man, eine Konzession an den eingebürgerten Begriff, wie er ja erfahrungsgemäß schwer zu beseitigen ist, machend, diesen in leicht veränderter Form beibehalten. Man könnte dann die Gicht als urikämische (urikoarthritische), die Uratsteindiathesen als urikurische (urikolithotische) Diathesen bezeichnen.

Es ist klar, daß die urikämische und die urikurische Diathese bei einem und demselben Individuum nebeneinander bestehen können und solche Fälle sind es wohl gewesen, welche zuweilen zur fälschlichen Annahme einer einzigen und gemeinsamen Grundursache führten. Man sah dieselbe dann einfach in einer vermehrten Harnsäurebildung, welche auf der einen Seite zu der Urikämie und damit zur Gicht, auf der anderen Seite zu vermehrter Harnsäureausscheidung im Urin, zu einer Harnsäureüberladung desselben und damit zur Steindiathese führen sollte. Heute sind diese Vorstellungen selbstverständlich nicht mehr haltbar. Bei der Gicht besteht keine vermehrte Harnsäurebildung, vielmehr ist die im Urin ausgeschiedene Menge, wenigstens die endogene, häufig sogar unternormal. Man könnte also einen direkten Gegensatz konstruieren, indem man beim Gichtiker infolge seiner niederen Harnsäureausfuhr sogar eine geringere Disposition zur Steinkrankheit annehmen würde. Damit würde man aber wohl auch nicht das Richtige treffen. Denn es ist durch zahlreiche ältere und neuere Beobachtungen belegt, daß Gicht und Steinkrankheit relativ häufig zusammen vorkommen. Wenn nun auch trotz der äußeren Verschiedenheit von da nach dort gemeinsame Fäden ziehen, so trifft das jedenfalls für zahlreiche Fälle von vornherein nicht zu, nämlich für die, in welchen die urikurische Diathese in einem Alter Erscheinungen macht, indem erfahrungsgemäß die Gicht zu den größten Seltenheiten gehört, das ist die Kindheit. Und gerade hier ist die Steinkrankheit bekanntlich keine Seltenheit.“ (Brugsch und Schittenhelm).

Unter allen in den Nieren bezw. den ableitenden Harnwegen vorkommenden Steinen stellen die Uratsteine den größten Prozentsatz (60 %).

Wodurch kommt es nun zum Ausfall der Harnsäure aus dem Urin bereits innerhalb der ableitenden Harnwege? Während die Harnsäure im Blute als Mononatriumurat kreist, findet sie sich im Harn je nach der Azidität desselben entweder ganz als freie Harnsäure oder zum Teil als frei Harnsäure und Mononatriumurat, bezw. bei stärkerer Zunahme der Basen im Harne ganz als Natriumsalz.

Das Ausfallen der Harnsäure und ihrer Salze aus dem Urin hängt nun in erster Linie ab von der Konzentration des Harns, d. h. von der Gesamtmenge des Urins und der Gesamtmenge der Harnsäure; ferner von der Anwesenheit anderer Säuren und Basen im Harn; dabei ist die Löslichkeit der Harnsäure eine um so schlechtere, je mehr sie als freie Harnsäure im Urin vorhanden ist. Die Löslichkeit der Harnsäure im Urin ist auch abhängig von der Temperatur, daher kann es kein Wunder nehmen, wenn mitunter ein ganz klargelassener, hochgestellter Harn beim Abkühlen ein Sedimentum lateritium absetzt.

Dieses nachträgliche, infolge von Harnabkühlung eintretende Ausfallen der Harnsäure darf nicht mit Uratsteindiathese verwechselt werden bzw. so bezeichnet werden; trotzdem pflegen viele Menschen dadurch sehr geängstigt zu werden und durch ihre Ärzte, die dieses Ausfallen als Folge eines zu großen Harnsäureüberschusses des Körpers und damit als Zeichen von Gicht ansehen, noch in ihrer Angst bestärkt zu werden; nur dann, wenn der frisch gelassene Harn bereits ausgefallene Harnsäure, sei es als feines Sediment oder größere Einzelkristalle oder Steine enthält, sprechen wir von Uratsteindiathese.

Die Löslichkeit der Harnsäure scheint nun nicht nur von der Menge der Harnsäure, Urinmenge, Anwesenheit anderer anorganischer und organischer gelöster Salze, Säuren und Basen abzuhängen, sondern auch von der Anwesenheit bestimmter kolloidaler Harnbestandteile; so scheinen insbesondere kleinste Eiweißmengen die Löslichkeit und Fällung der Harnsäure zu beeinflussen und es ist ja bekannt, daß nicht nur Harnsäuresteine, sondern selbst die kleinsten Harnsäurekristalle ein Stroma organischer Substanz zeigen.

Während so gewisse chemisch-physikalische Beziehungen als maßgeblich für das Ausfallen der Harnsäure anzusehen sind, hat man andererseits auch für die Erklärung der Steinbildung der Lehre gehuldigt, daß ein sogenannter steinbildender Katarrh in letzter Linie für das Ausfallen der Harnsäure und die Steinbildung verantwortlich sei. Die Wahrheit liegt wohl auch hier in der Mitte. Wahrscheinlich fällt die Harnsäure im Urin bereits innerhalb der ableitenden Harnwege aus, wenn ungünstige chemisch-physikalische Verhältnisse vorliegen; die ausfallenden Kristallmassen werden aber schneller und ungestörter ausgewaschen, wenn die Harnwege reizlos sind, als wenn sich ihnen Ausschwitzungen und Desquamationen des Epithels in den Weg werfen, wodurch ein Medium geschaffen wird, um das sich die Harnsäure auskristallisieren kann.

Auf die feineren Details aller chemisch-physikalischen Löslichkeits- und Fällungsgesetze der Harnsäure im Urin kann hier nicht eingegangen werden, nur so viel sei zur diätetisch-richtigen Beurteilung der Uratsteindiathese gesagt, daß die Löslichkeit der Harnsäure im Harn gehoben werden kann

1. durch Verminderung der Harnsäureausscheidung auf das Mindestmaß (d. h. auf den sogenannten endogenen Harnsäurewert),
2. durch Vermehrung der Urinmenge,
3. durch Vermehrung des Harnalkalis,
4. durch bestimmte die Harnsäure lösende Mittel.

Was den ersten Punkt betrifft, so liegt es ja nach den theoretischen Ausführungen über die endogene und exogene Harnsäure beim Kapitel Gicht, auf der Hand, daß lediglich eine purinfreie oder besser gesagt eine purinarme Ernährung eine Garantie für die Herabdrückung der Harnsäureausscheidung auf das niedrigste Maß gibt. Indessen ist die purinfreie Ernährung für die Uratsteindiathese therapeutisch keine conditio sine qua non, da man selbst in den Fällen, wo der endogene Harnsäurewert abnorm hoch liegt (etwa 0,5—0,6 g Harnsäure pro die), durch andere Faktoren die völlige Lösung der Harnsäure im Harne erreichen kann. Wir werden also im allgemeinen nur eine fleischarme Diät (etwa 250 bis 300 g Fleisch pro die) empfehlen, dabei das übrige Eiweißquantum durch Milcheiweiß, Eiereiweiß etc. zu decken suchen. Die Lösung der Harnsäure erreicht man einmal durch reichliches Trinkenlassen von Wasser (Brunnen), Limonaden etc., d. h. also durch Vermehrung der Diurese durch größere Flüssigkeitszufuhr und ferner durch Erhöhung der Alkaliausscheidung durch den Harn. Die letztere Möglichkeit ist diätetisch durch Verabreichung von Vegetabilien und Früchten (auch Zitronen) gegeben, oder durch Verordnung von reinen Alkalien (z. B. doppeltkohlensaures Natron, Lithion u. a.) per os, oder alkalischen Wässern (Vichy, Fachinger, Wildunger Helenenquelle u. a.). Allerdings verfällt man leicht bei einer derartigen Therapie in ein anderes Extrem, nämlich, daß der Harn durch die große Ausfuhr von Alkalien ein sogenannter phosphaturischer Harn wird und somit bei der Neigung zu steinbildenden Katarrhen die Gefahr der Uratsteinbildung zwar umgangen, der Phosphatsteinbildung indessen heraufbeschworen wird. Es lassen sich diese Klippen umgehen einfach durch Verfolgung der Harnreaktion mit dem Reagenzpapiere; so kann man, sowohl mit alkalischen Wässern, wie mit der Verabreichung von Natrium bicarbonicum per os (1—4 × pro die eine Messerspitze voll in einem Glase Wasser zu nehmen) die Lösung der Harnsäure ohne Schwierigkeiten erreichen, ohne daß dabei die amphotere Reaktion des Harns überschritten wird. Da, wo man den Patienten nicht unter dauernder Kontrolle halten kann, empfiehlt sich eventuell die Verabreichung von kohlensaurem Kalk per os nach einem Vorschlage von Noordens. Dieser sieht das Verhältnis der primären und sekundären Phosphate als wesentlich für das Ausfallen von Harnsäure im Harn an und nimmt an, daß die Phosphatausscheidung im Harne durch Fixierung der Phosphate an den Kalk im Magendarmkanal sich verringern lasse. Dabei komme es nicht zu alkalischer Reaktion im Harne. Immerhin hat diese Therapie auch ihre Schattenseiten (Neigung zu Obstipation). Hier sei auch noch eine Warnung ausgesprochen, nämlich die Uratsteindiathese lediglich mit vegetarischer Diät behandeln zu wollen. Der Reichtum mancher Vegetabilien an Oxalsäure führt leicht zur Oxalurie und da erfahrungsgemäß sich die Uratsteindiathese leicht mit der Oxalatsteindiathese vergesellschaft, muß man durch Beschränkung der Vegetabilien (vor allem der oxalsäurereichen) auch diese Klippe umschiffen.

Schließlich sei noch darauf hingewiesen, daß wir, um die Lösungsmöglichkeit der Harnsäure im Urin zu erhöhen, ohne weiteres die sogenannte medikamentöse Therapie im Sinne moderner Präparate (Piperazin, Lysidin, Zitarin etc.) entbehren können; diese leisten weiter nichts als die einfachen Alkalien, unter denen selbst das Lithion oder die sogenannten Lithionwässer keinen Vorzug vor dem doppeltkohlensauren Natron oder den einfachen alkalischen Wässern besitzt. Ein Bürgerrecht hat sich lediglich das Urotropin (Hexamethylentetramin) erworben, insofern es einmal durch Abspaltung von Formaldehyd in den ableitenden Harnwegen die Löslichkeit der Harnsäure steigert und andererseits durch die desinfizierende Eigenschaft des Formalins dem steinbildenden Katarrh entgegenwirkt. Zu widerraten ist indessen auch hier täglich mehr als 1—2 g Urotropin zu verabreichen, da namentlich bei längerer Dauer das Urotropin selbst wieder reizend auf die ableitenden Harnwege wirken kann.

Oxalatsteindiathese (Oxalurie).

Es gab eine Zeit, wo man mit dem Begriff „Oxalurie" ein bestimmtes Krankheitsbild verband (Prout, Cantani u. a.). Diese Zeiten sind vorüber; und wenn wir heute die Bezeichnung Oxalurie durch den Ausdruck Oxalatsteindiathese besser ersetzen, so geschieht dies darum, weil manche Fälle von sogenannter Oxalurie, d. h. wo sich ein Sediment von Oxalatkristallen im Harn nachweisen läßt, gar nicht mit erhöhter Oxalsäureausscheidung einhergehen. Wenn Fürbringer 20 mg als die obere Grenze der täglich beim Menschen ausgeschiedenen Oxalsäure angibt, so finden sich Fälle, wo es zum Auftreten von einem Oxalatsediment kommt, ohne daß diese obere Grenze erreicht wird.

Das Wesentliche an der Oxalatsteindiathese ist also das Oxalatsediment. Die Oxalsäure (COOH — COOH), ist im Pflanzenreiche, wo sie meist in Form saurer Oxalate (Kali- und Kalksalz) vorkommt, die weit verbreitetste Säure. Besonders reich an Oxalsäure sind die Oxalis-, Rumex-, Rheumarten, ferner viele Flechten, die Feigen, Stachelbeeren, Pflaumen, Tomaten etc. Hier kommt sie teils gelöst vor im Zellinhalte, teils in runden Drüsen kristallisiert, oder in Bündeln nadelförmiger Säulen. Unter den Salzen der Oxalsäure ist für uns besonders wichtig das oxalsaure Kalzium, oder Kalkoxalat, C_2O_4Ca, das gewöhnlich mit drei Molekülen H_2O auskristallisiert und zwar bei langsamer Ausscheidung im Harn als kleine glänzende Quadratoktaeder mit kürzerer Hauptachse. Man bezeichnet diese überaus charakteristischen Kristalle auch als Briefkuvertformen. Seltener bildet es sphäroidale Formen, d. h. Scheiben mit konzentrischer Schichtung oder Biskuit- oder Sanduhrform. Neben der typischen Kristallform ist den Kalkoxalaten ihre (fast vollkommene) Unlöslichkeit in Essigsäure und Leichtlöslichkeit in Salzsäure charakteristisch.

Was nun die Bedingungen des Ausfallens des Kalkoxalates aus dem Harn anbelangt, so wissen wir heute, daß einmal dafür das im Harn vorhandene saure phosphorsaure Alkali maßgeblich ist; indessen nicht dieses allein; ist es doch eine Tatsache, daß gerade bei Leuten, die viel Fleisch gegessen haben, sich neben dem Uratsteinen auch Oxalatsteine vorfinden. Es muß also noch ein anderer Faktor hinzukommen, der für die Lösung der Oxalsäure maßgeblich ist und das ist das Verhältnis des Magnesium zum Kalzium im Harn. Klemperer und Tritschler fanden, daß ein Harn, der reich ist an sauren Phosphaten, der viel Magnesium und wenig Kalk enthält, die besten Lösungsbedingungen für die Oxalsäure abgibt. So genügen etwa 0,02 g Magnesium, um die normalerweise ausgeschiedene Menge von Kalkoxalat im Harne in Lösung zu halten.

Neben den eben dargelegten Lösungsbedingungen ist natürlich für das Ausfallen des Kalkoxalats im Harne auch die absolute Menge der ausgeschiedenen Oxalsäure maßgeblich; wir müssen daher kurz auf die Frage der Herkunft der Oxalsäure im Körper eingehen. Wie bei der Harnsäurebildung unterscheiden wir da zweckmäßig eine endogene und eine exogene oder alimentäre Oxalsäure. Wie reich die Nahrungsmittel an Oxalsäure sind, das lehrt folgende Tabelle:

Gehalt verschiedener Nahrungsmittel an Oxalsäure (nach Esbach).

In 1000 g	Oxalsäure in g
Schwarzer Tee	3,7
Kakao	4,5
Schokolade	0,9
Pfeffer	3,2
Zichorie	0,7
Kaffee	0,1
Bohnen	0,3
Kartoffeln	0,4
Linsen	zweifelhaft
Erbsen	zweifelhaft
Reis	zweifelhaft
Brot	0,047
Brotrinde	0,13
Mehle, verschiedene	0—0,17
Sauerampfer	3,6
Spinat	3,2
Rhabarber	2,4
Rosenkohl	2,02
Weiß- und Blumenkohl	zweifelhaft
Rote Rüben	0,4
Tomaten	0,05
Gelbe Rüben	0,03
Sellerie	0,02
Feigen	1,0
Stachelbeeren	0,13
Erdbeeren	0,06
Pflaumen	0,12
Äpfel, Birnen, Aprikosen, Pfirsiche, Trauben, Melonen	zweifelhaft
Spargel, Gurken, Pilze, Zwiebeln, Lattich	zweifelhaft
Kresse	Spuren
Endivien	0,01
Fleischsorten, Spuren	0,025

In 1000 g sind nach Cipollina enthalten:

Thymus	0,0115—0,0254
Leber	0,0064—0,0113

Milz	0,018
Lunge	0,0115
Muskeln	Spuren

Wie aus dieser Tabelle hervorgeht, haben wir also besonders bei vegetabilischer Ernährung die Gelegenheit, Oxalsäure in den Körper aufzunehmen. Es fragt sich nur 1. wie es mit der Oxalsäureresorption steht und 2. ob eventuell intermediär Oxalsäure im Organismus verbrannt wird? Was den ersten Punkt anbetrifft, so steht es jedenfalls heute fest, daß die Oxalsäure nur dann resorbiert werden kann, wenn sie durch die Salzsäure des Magens gelöst ist; es ist dabei übrigens nicht gesagt, daß die Resorption unbedingt im Magen erfolgen muß, vielmehr herrscht auch noch im oberen Teil des Duodenums saure Reaktion und damit reichlich Gelegenheit zur Resorption. Stumpft man die Salzsäure durch Verabreichung von kohlensaurem Kalk ab, so bleibt die Resorption aus. Nun wird aber nicht die gesamte mit der Nahrung verabreichte Menge Oxalsäure resorbiert, vielmehr nur ein kleiner Teil (10—20 %), während der Rest durch die Bakterien des Darmes zerstört wird (Klemperer und Tritschler). Daß der Organismus selbst Oxalsäure nicht zu zerstören imstande ist, dafür spricht jedenfalls die Erfahrung, die wir selbst mit Bornstein am eigenen Körper zu machen Gelegenheit hatten, daß unter die Haut gespritzte Oxalsäure quantitativ als solche wieder ausgeschieden wird. Als Quelle der exogenen Oxalsäure figuriert nun nicht allein die präfomierte Oxalsäure, sondern auch das Glykokoll, aus dem ebenso wie aus dem Kreatin Oxalsäure vom Organismus gebildet werden kann (Klemperer und Tritschler). Es kann uns also nicht verwundern, daß Leim und Fleisch wegen ihres Gehaltes an diesen Stoffen Oxalsäurebildner sind. Nicht dagegen oxalsäurebildend im Organismus sind, wie wir jetzt mit einigermaßen Sicherheit annehmen können, die Kohlehydrate und Fette.

Neben der exogenen, alimentären Oxalsäureausscheidung gibt es noch eine endogene Oxalsäureausscheidung. Diese endogene Oxalsäureausscheidung überschreitet wohl nicht den Wert von 15—20 mg pro die. Der Ursprung dieser endogenen Oxalsäure dürfte am ehesten wohl auf Kreatin, Glykokoll zurückzuführen sein, vielleicht auch entsteht sie als Nebenprodukt beim Abbau der Harnsäure; doch sind über diese Fragen die Akten noch nicht geschlossen.

Wenn wir nun den Quellen der Oxalurie oder besser der Oxalatsteindiathese nachgehen, also in Fällen wo wir wiederholt im Sediment des frischgelassenen Harnes Briefkuvertkristalle vorfinden, so ist im allgemeinen als Hauptursache einmal Vermehrung der exogenen Oxalsäure, zweitens die Verminderung der Lösungsbedingungen im Harn zu beschuldigen.

Was die Vermehrung der exogenen Oxalsäureausscheidung anlangt, so ist sie nicht immer allein auf die Menge der in der Nahrung zugeführten Oxalsäure zurückzuführen, sondern in manchen Fällen sicherlich auch auf eine vermehrte Resorption, wozu leicht eine Hyperchlorhydrie des Magensaftes Veranlassung geben kann. So ist es auch kein Wunder, daß man mitunter bei Neurasthenikern (Kaufmann und Mohr) Oxalurie antrifft und zwar lediglich durch Vermittelung des Magensaftes, wobei weiter die stärkere Basizität des Harnes infolge vermehrter Salzsäureabscheidung nach den Mahlzeiten die Ausfällungsbedingungen des oxalsauren Kalkes verschlechtert.

Im allgemeinen aber ist wohl die Oxalurie der Ausdruck einer exogenen Vermehrung, d. h. die Folge einer zu großen Zufuhr von Oxalsäure per os, wobei allerdings für das Ausfallen der Oxalsäure im Harn allein nicht die Menge der Oxalsäure, die mit dem Harn ausgeschieden wird, maßgeblich ist, sondern ihr Verhältnis zur Ausscheidung der sauren Phosphate und zur Ausscheidung von Magnesium.

Die Kenntnis dieser Verhältnisse setzt uns aber in den Stand, die Oxalatsteindiathese diätetisch zu bekämpfen und damit der Bildung der außerordentlich festen und spitzen, leicht zu Hämaturie und schweren sekundären Störungen führenden Steinen vorzubeugen.

Drei Dinge sind hier diätetisch in Rücksicht zu ziehen:

1. Einschränkung der alimentären Oxalsäuremenge.
2. Herabsetzung ihrer Resorption.
3. Verbesserung der Lösungsbedingungen des oxalsauren Kalkes im Harn.

Bezüglich des ersten Punktes müssen wir diätetisch vorsorgen, indem wir alle Nahrungsmittel verbieten, die einen hohen Gehalt an präformierter Oxalsäure haben (siehe Tabelle Seite 138), also in erster Linie Kakao und Tee, ebenso die Schokolade. Besonders auf den Tee ist zu achten und man kann häufig die Erfahrung machen, daß bei starken Teetrinkern, z. B. den Russen, die Oxalurie lediglich schon nach Aussetzen des Teegenusses verschwindet. Der Genuß des Kaffees ist dagegen in gewissen Grenzen gestattet (2 Tassen etwa pro Tag), da der Gehalt des Kaffees an Oxalsäure ein weit geringerer ist. Was die Gemüse anbetrifft, so sind Sauerampfer, Spinat, Rhabarber, rote Rüben auf alle Fälle zu verbieten, ebenfalls der Genuß der Bohnen; auch der Kartoffelgenuß wird zweckmäßig auf 50 g pro die eingeschränkt. Erlaubt sind dagegen Linsen, Erbsengerichte, Weißkohl, Blumenkohl, Rosenkohl, gelbe Rüben, Sellerie, grüne Erbsen, weiße Rüben, Spargel, Gurken, Pilze, Zwiebel, Endivien, Kressen, Lattich; von Obst sind erlaubt Äpfel, Birnen, Aprikosen, Pfirsiche, Weintrauben, Melonen, Erdbeeren, dagegen verboten Feigen, Stachelbeeren, Pflaumen. Der Brotgenuß ist gestattet mit der Weisung, die Brotrinde, in der sich infolge des Röstungsprozesses viel Oxalsäure gebildet hat, nicht zu genießen.

Bezüglich der einzelnen Nahrungsstoffe können wir uns auf den Standpunkt stellen, daß Fette und Kohlehydrate nicht die Oxalsäureausscheidung vermehren; wir haben also diätetisch, da die Mehle selbst nur geringen Oxalsäuregehalt aufweisen, die Möglichkeit, in weitestem Maße von Mehlspeisen Gebrauch zu machen; ebenso auch von Fetten, z. B. der Butter, Speck, Knochenmark, Öl etc., ferner Sahne. Mit der Verabreichung von Milch und Eiern ist aus den weiter unten noch auseinanderzusetzenden Prinzipien Vorsicht zu üben.

Zu den indirekt die Oxalsäureausscheidung vermehrenden Nahrungsmitteln gehört das Fleisch und der Leim. Letzteren werden wir an sich schon nicht reichlich diätetisch verabreichen, so daß also nur die Frage zu ventilieren ist, wie man sich diätetisch mit der Verabreichung von Fleisch zu verhalten hat; hinsichtlich dieses wird der Nachteil der Oxalsäurevermehrung im Harn wieder wett gemacht durch den Vorteil der Zunahme der Harnazidität durch saures Alkaliphosphat. Vorteile und Nachteile gleichen sich zum mindesten aus, so daß wir den Oxaluriker auf eine reichlichere Fleischkost getrost diätetisch einstellen können, sofern nicht etwa die Gefahr der Uratsteindiathese besteht. Auch diese Klippe muß von Fall zu Fall umgangen werden und man ist eventuell gezwungen, einen Teil des notwendig zu verabreichenden Eiweißes durch Milcheiweiß zu ersetzen, wobei wir einen anderen Nachteil allerdings wieder mit in den Kauf nehmen, nämlich die Vermehrung der Kalkzufuhr in der Nahrung. Wir werden von vornherein Bedacht nehmen, einen Oxaluriker nicht allzu kalkreiche Kost zu verabreichen, da der Kalk im Urin, wie wir oben gesehen haben, die Löslichkeit der Oxalsäure stark herabdrückt. Deswegen werden wir Nahrungsmittel mit allzu großem Kalkgehalt bei Oxalurikern einschränken; darum sind also Milch (1,5—1,7 % Kalkgehalt!), Käse (1—3 %), Eier (Eiereigelb 0,38 %) nach Möglichkeit zu meiden.

Technisch läßt sich auf die Dauer eine oxalsäurefreie Diät nicht durchführen, und so sind wir denn gezwungen und auch glücklicherweise in der Lage, unsere Zuflucht zu Mitteln zu nehmen, die die Resorption der Oxalsäure verschlechtern und die Lösungsverhältnisse des Harns gegenüber der Oxalsäure verbessern. In dieser Beziehung haben wir am Magnesium ein vortreffliches Mittel. Durch Verabreichung von Magnesia usta zu Zeiten, wenn die Salzsäurewerte im Magen ihren Höhepunkt erreicht haben, werden wir die saure Reaktion des Magensaftes etwas abstumpfen und gleichzeitig damit eine höhere Magnesiaausscheidung im Urin bewirken, wodurch, wie schon auseinandergesetzt wurde, die Löslichkeit der Oxalsäure im Harn gesteigert wird. Man verabreiche das Magnesia usta, etwa ½ Kaffeelöffel voll, nur unmittelbar nach dem Essen.

Was das Trinken von Brunnen anbelangt, so wird natürlich durch vermehrte Flüssigkeitszufuhr und damit Ausfuhr durch den Harn die Ausfällungsmöglichkeit der Oxalsäure im Harne eine geringere; indessen wäre es nicht ratsam, von vornherein alle Brunnen dem Oxaluriker zu gestatten; wir werden nach Möglichkeit nur diejenigen zulassen, deren Kalkgehalt nicht zu hoch, oder wenigstens deren Kalkgehalt nicht wesentlich größer ist als der Magnesiumgehalt.

Deswegen können wir von den erdigen Säuerlingen folgende erlauben:

Moselsprudel (Bellthal), der Staufenbrunnen (Göppingen), Römerbrunnen bei Eckzell, Natron-Lithionquelle (Tönnisstein), Angelikaquelle (Tönnisstein), Tönnisteiner Sprudel, Schloßquelle (Wildungen);

von den alkalischen Quellen: Apollinarisbrunnen, Arienheller Sprudel, Fachinger, Mineralwasser von Hohenhonnef, Hubertussprudel (Hönnigen), Lindenquelle (Birresborn), Namedy (Inselsprudel) u. a. m.

Phosphatsteindiathese (Phosphaturie, Kalkariurie).

Die Ablagerung von Phosphatsteinen innerhalb der ableitenden Harnwege bezw. die Entleerung eines durch Phosphatniederschläge getrübten Harnes bezeichnen wir als Phosphaturie oder besser Phosphatsteindiathese. Dieses Ausfallen der Phosphate im frisch entleerten Harne (ein Ausfallen der Phosphate in einem Harne, der bereits längere Zeit im Uringlase gestanden hat, ist ohne Bedeutung) beruht nun nicht sowohl auf einer zu großen Menge ausgeschiedener Phosphorsäure, als vielmehr auf der Bildung schwer löslicher Phosphatsalze.

Bekanntlich stellt die Phosphorsäure, die eine endogene Quelle im Körper hat (Lezithin, Protargon, Nukleoproteide, Knochen) und eine exogene (vegetabilische und animalische Nahrung), eine dreibasische Säure dar $PO\begin{cases}OH\\OH\\OH\end{cases}$, die drei Reihen von Salzen bildet (primäre = saure, sekundäre = neutrale, tertiäre = basische). Im Harn ist die Phosphorsäure an Natrium, Kalium, Ammonium, ferner an die Erdalkalien, Kalzium und Magnesium gebunden. Von diesen Salzen der Phosphorsäure sind die sauren, neutralen und basischen Alkalisalze löslich, die Phosphate der Erdalkalien indessen nur, wenn sie primäre sind; die sekundären oder tertiären Salze der alkalischen Erden sind unlöslich oder schwer löslich.

Der normale frisch gelassene Harn eines gemischt ernährten Menschen ist sauer wegen des Überwiegens primärer Phosphate; nimmt die Alkalinität des Harnes zu, zum Beispiel, indem man Kalilauge in den Harn träufelt, so reißt die Phosphorsäure das Alkali an sich und es bilden sich statt der sauren Erdalkaliphosphate die schwer löslichen sekundären und tertiären Erdalkaliphosphate, welche ausfallen.

Das Ausfallen der Phosphate hängt also ab von der im Verhältnis zu den Erdalkalien und Alkalien zu kleinen Menge Phosphorsäure. Ein durch Phosphate getrübter Harn kann deshalb auch durch Zufuhr von reiner Phosphorsäure, ja selbst von Monoalkaliphosphaten wieder zur Klärung gebracht werden.

Wir sprechen nun klinisch von Phosphaturie oder von Pposphatsteindiathese, wenn die Entleerung des phosphatisch getrübten Harnes kein vorübergehendes Ereignis ist, sondern sich als ein dauernder oder wenigstens häufiger Zustand vorfindet. Zu einem derartigen Zustand kann es unter verschiedenen Bedingungen kommen, einmal infolge rein bakterieller Ursachen, in dem sich durch bakterielle Verunreinigung der Blase der Harnstoff in kohlensaures Ammon umsetzt und infolge der Alkalisierung des Harnes durch Ammoniak sich die schwer löslichen Phosphate bilden. Bei dieser bakteriellen Form der Phosphaturie bildet sich vor allem das Doppelsalz der phosphorsauren Ammoniakmagnesia ($Mg . NH_4PO_4$), das an der Sargdeckelform im Sediment leicht erkennbar ist und daher diese bei Cystitiden etc. vorkommende Form der Phosphaturie kennzeichnet. Wir haben es also bei dieser Form der Phosphaturie lediglich mit einer Reaktionsänderung des Urins zu tun, irgendwelche quantitativen Veränderungen der Ausscheidungsverhältnisse spielen keine Rolle. Wenn es dabei zur Steinbildung (Nephrolithiasis) kommt, so handelt es sich in der Regel um kleine, weiße, weiche, abschilfernde Konkremente, nicht um große Steine.

Eine weitere Form von Phosphaturie beruht ebenfalls auf einer exogenen Änderung der Urinreaktion, unter Ausschluß bakterieller Einflüsse. Dazu kommt es unter alimentären Einflüssen bei Bevorzugung vegetabilischer, an Alkalien reicher Nahrung, oder bei Einnahme alkalischer Medikamente (alkalische Wässer, doppeltkohlensaures Natrium oder Soda u. a. m.). Man nennt diese Form alimentäre Phosphaturie.

Oder aber die alkalische Reaktion kommt zustande endogen, ohne Zufuhr vermehrter Alkalien lediglich dadurch, daß die dem Harn zufließende Säuremenge vermindert ist. Hierbei spielt die Salzsäure des Magens eine dominierende Rolle. Nach jeder größeren Mahlzeit ändert sich in den ersten Stunden nach der Mahlzeit die Reaktion des Urins, indem dem Körper durch die stattfindende Abscheidung größerer Salzsäuremengen im Magen Chloride entzogen werden, wodurch Alkali im Organismus verfügbar wird, das durch den Harn ausgeschieden wird; so kann es zu einer Ausscheidung von schwach saurem, amphoterem oder alkalischem Urin kommen. (Gewöhnlich ist der nach der Hauptmahlzeit entleerte Harn amphoter oder schwach alkalisch, wenn der Harn in eine vorher leere Blase sich ergossen hat.) Dieselben Verhältnisse, nur in gesteigertem Maße, finden wir bei den hyperaziden Magenkatarrhen. Wahrscheinlich ist auf letztere Zustände das relativ häufige Auftreten der Phosphaturie bei nervösen Affektionen, vor allem Neurasthenie usw. (sog. nervöse Phosphaturie), zurückzuführen. Man spricht dabei von einer gastrogenen Phosphaturie.

Eine weitere Form der Phosphaturie ist sodann hervorgerufen durch eine Steigerung der Kalkausfuhr. Die Menge der im Urin befindlichen Kalksalze steigt derart an, daß diese nicht mehr in Lösung gehalten werden können. Es handelt sich also hierbei eigentlich um eine Kalkariurie. Der Urin ist alkalisch, sedimentiert und zeigt häufig beim Stehen ein schimmerndes, stark lichtbrechendes, irisierendes Häutchen. Man kann diese Form, welche vornehmlich bei juvenilen Personen vorkommt (juvenile Phosphaturie), nur diagnostizieren, wenn man genaue Gesamtanalysen der Kalkausscheidung vornimmt. Worin die Ursache liegt, ob in einer schlechten Abscheidung des Kalkes in den Darm (Soetbeer), was, wenn überhaupt, höchstens für wenige Fälle zutreffen wird, oder in einer vermehrten Kalkavidität der Nieren (Kalkiotropie, Klemperer), wodurch mehr Kalk durch den Urin und weniger durch den Darm, wo ja die Hauptabfuhr der Kalksalze normalerweise statthat, ausgeschieden wird, ist noch nicht sicher.

Damit sind aber noch nicht alle Formen der Phosphaturie erschöpft. Es gibt eine sexuelle Phosphaturie (besonders bei Sexualneurasthenikern), für die man keine der vorhergenannten Ursachen anschuldigen kann; sie findet sich meist bei chronischen Gonorrhöen. Es gibt aber auch noch andere Formen, die in keine dieser obigen Kategorien gehört.

Was nun die Diätetik dieser Phosphaturien anbelangt, so liegt die Hauptaufgabe bei allen Formen zunächst darin, die Menge der Erdalkalien, vor allem des Kalkes, in der Nahrung strikte zu beschränken; man wird also nach Möglichkeit die kalkreichen (und magnesiumreichen) Nahrungsmittel einschränken müssen; vor allem also Milch, Eier, dann im allgemeinen auch die grünen Gemüse und Wurzelgemüse, ferner auch die Kartoffel! Von Obst, sind besonders Erdbeeren, Pflaumen, Feigen, Datteln, indessen auch andere Obstarten, wie Birnen, Äpfel, Pflaumen diätetisch in den Hintergrund zu stellen. Dagegen ist das Fleisch, das die Azidität des Harnes erhöht, ebenso wie auch Kohlehydrate (Brot, Mehlspeisen) und Fette (Wurst, Sahne, Butter, Knochenmark, Öl) diätetisch nicht eingeschränkt.

Im einzelnen wird man diätetisch der besonderen Form der Phosphaturie Rechnung zu tragen haben; so erfordert die bakterielle Phosphaturie natürlich daneben die lokale Behandlung; die gastrogene Phosphaturie, in erster Linie Behandlung der Gastritis hyperacida, wobei wieder diese zu gewissen Konzessionen zwingt. (Häufige

Mahlzeiten, fette Speisen, Verabreichung der Nahrung in Breiform, wobei man eventuell auch die Milch in kleineren Mengen trotz ihres Kalkgehaltes zu Hilfe nehmen kann; siehe hierzu das Kapitel: Gastritis hyperacida.) Nicht alle Formen der Phosphaturie sind aber lediglich einem diätetischem Regime therapeutisch zugänglich; manche bleiben Zeit des Lebens diätetisch unbeeinflußt oder wenigstens schwer beeinflußbar; hier muß man — es handelt sich meist um die sexuellen Phosphaturien — gewöhnlich die Zuflucht zur medikamentösen Therapie nehmen. Am meisten empfiehlt sich als Mittel während der drei Hauptmahlzeiten die Verabreichung von

Acidum phosphoricum 2,0
Aq. dest. ad. 200,0

D. S. Während der Mahlzeiten 1 Eßlöffel voll zu nehmen.

Für reichliche Flüssigkeitszufuhr sorge man bei allen Formen von Phosphaturien und beachte besonders auch die katarrhalischen Zustände der ableitenden Harnwege. Da wo letztere bestehen, empfiehlt sich die Verabreichung größerer Mengen Tees (2 Liter Lindenblütentee etc.). Sonst empfiehlt sich das einfache Trinkenlassen von Wasser oder erdalkaliarmen Brunnen; in letzterer Beziehung sind also erlaubt: Kaiser Friedrich-Quelle (Offenbach a. M.), die Weilbacher Natron-Lithionquelle, der Rhenser Sprudel, die Roisdorfer Mineralquelle.

Da wo Hyperaziditätszustände mitspielen oder die alleinige Ursache der Phosphaturie sind, können glaubersalzhaltige Wässer in Frage kommen. (Siehe den Abschnitt über Gastritis hyperacida.)

8. Fieberhafte Erkrankungen.

Wenn wir hier die Diätetik fieberhafter Erkrankungen im Zusammenhange besprechen, so geschieht es, weil das Fieber an sich zwar nur ein Symptom, aber als solches doch der greifbarste und prägnanteste Ausdruck einer meist infektiösen Erkrankung ist. Und diese fieberhaften Erkrankungen verlangen eine gewisse diätetische Rücksichtnahme, die richtig zu beurteilen erst exakteren Untersuchungen der letzten Jahre gelungen ist. Früher glaubte man, daß bei einem Fieberkranken die Verabreichung von Nahrung so viel bedeute wie Öl ins Feuer zu gießen; und so verfocht man noch bis in das Ende des 19. Jahrhunderts hinein, die Ansicht, die schon die Hippokratiker vertreten haben, daß man die Fiebernden zum mindesten knapp bemessen müßte mit der Nahrungszufuhr; das praktische Ergebnis war, daß man sie hungern ließ. Heute verfallen wir vielleicht eher in das Gegenteil. Wir sind allzuleicht geneigt, den Fiebernden die Nahrung aufzudrängen, die die Größe ihres Umsatzes erheischt. Dieser Standpunkt hat für fieberhafte Erkrankungen kürzerer Dauer, z. B. Diphtherie, Pneumonie, akute Exantheme sicherlich weniger Berechtigung als bei einer wochenlang sich hinziehenden akut fieberhaften Erkrankung wie dem Typhus abdominalis, den wir deshalb auch gesondert besprechen wollen. Die Schwierigkeit in der Fieberbehandlung liegt nicht nur in dem Darniederliegen der Appetenz, sondern in dem oft fast völligen Darniederliegen der Sekretion der Verdauungsdrüsen. Es ist also nicht nur die Aufnahmemöglichkeit, sondern auch die Verdauungsmöglichkeit der Nahrung bei einem akut fieberhaft erkrankten Individuum beschnitten.

Deswegen müssen wir Fiebernde ganz besonders vorsichtig diätetisch einstellen. Dazu kommt noch eine andere Frage. Die Frage der Größe des Umsatzes. Der Fieberkranke hat nicht nur einen, wenn auch nicht sehr hochgradig gesteigerten Stoffumsatz (ca. 10—15%), er verliert auch infolge toxischer, das Fieber bedingender Einflüsse viel Stickstoff aus seinem Körpereiweiß. Danach müßte also auch die Darreichung der Diät bemessen sein: sie sollte kalorisch hochwertiger als in der Norm sein, relativ mehr Eiweiß enthalten bezw. viel Eiweißsparer, nämlich die Kohlehydrate. Wollte man hier strikte diätetisch den Forderungen des Körpers nachkommen, so würden wir auf unüberwindliche Schwierigkeiten stoßen. In den meisten Fällen gelingt es einfach nicht, dem Fieberkranken den notwendigen Kalorienbedarf in der Nahrung beizubringen, vor allem schon darum, weil der Fieberkranke Widerwillen gegen alle Speisen hat, besonders aber feste; man ist deshalb auch auf die Zuführung flüssiger Speisen angewiesen; damit aber die notwendigen Spannkräfte zuzuführen, gelingt relativ schwer. Indessen ist die Gefahr einer geringen Unterernährung im Fieber bei akut fieberhaften Prozessen nicht von großer Bedeutung, da in der Rekonvaleszenz, falls die Ernährung durch reichliche Zufuhr von Eiweiß und Kohlehydraten ausreichend gestaltet wird, ein schneller Ersatz des verloren gegangenen Eiweißes stattfindet. Besondere Vorsicht in der Ernährung ist wie gesagt, nur bei den länger dauernden akut fieberhaften Prozessen am Platze, z. B. dem Typhus abdominalis (der darum auch noch kurz gesondert besprochen werden soll), der Meningitis u. a. (Chronisch infektiöse Prozesse, wie Tuberkulose, Sepsis usw., sind in der Ernährung reichlich einzustellen im Sinne einer Überernährungskur.)

Also die Ernährung der akut fieberhaften Kranken ist in der Hauptsache eine Ernährung mit Flüssigkeiten bezw. mit breiig-weicher Kost. Überhaupt besteht — infolge der reichen Wasserverdunstung durch Haut und Lunge — im Fieber meist ein großes Durstgefühl. Diesem Durst soll man nachgeben und so reichlich trinken lassen, daß die Urinmenge 1—2 Liter beträgt. Soweit zur Durststillung die Nahrung nicht ausreicht, kann man eisgekühlte Fruchtlimonade, Mineralwässer, ferner durch das Sieb geschlagene Kompotte (Apfelmus, Pflaumenmus, Preißelbeeren), ja selbst Fruchteis verabreichen.

Als Nahrungsmittel obenan steht die Milch, die man durch Zusatz von Sahne kalorisch reichlicher gestalten kann. Da die warme Milch oft ungern genommen wird, sind Zusätze von Kognak, Tee, Kaffee, Süßung mit Zucker und Vanille, die Darbietung als Eismilch, Vanille-Eis usw. sehr zweckmäßig. Man versuche, dem Kranken 1—2 Liter Milch am Tage zu verabreichen, und zwar in häufigen Mahlzeiten (etwa alle 2 Stunden, ev. auch nachts). Weiter kommen dazu die Suppen. Als besonders appetitanregend die Bouillon. Sie kann vor allem Eigelb, dann selbst auch Zusätze von Hafermehl, Weizenmehl, Leguminosenmehl und Butter aufnehmen. Eiweißpräparate, wie Plasmon, Sanatogen, Nutrose u. a., lassen sich in diesen Suppen unterbringen. Zusätze von Liebigs Fleischextrakt, Valentines Fleischsaft u. a. sind erlaubt, ja erwünscht. Auch der reine Succus carnis recenter pressus wird von Fieberkranken gern genossen. Leicht verdaulich und den Fieberkranken gewöhnlich nicht unerwünscht sind Fleischbreie.

Da der Fieberkranke nach Erfrischungen lechzt, ist auch die Darbietung von Gelees empfehlenswert: Fruchtgelees, Weingelees, Fleischgelees. Sobald der Fieberkranke breiige Kost zu sich nimmt, beginnt man mit der Verabreichung von Breien, Puddings, Flammeris etc.

Bezüglich der Verabreichung von Alkohol kann man sich getrost auf den Standpunkt stellen, daß zwar der Alkohol im

Fieber keine conditio sine qua non ist, daß er aber ein gutes Adjuvans für Appetit, ferner als Stimulans für das Herzgefäßsystem in Frage kommt und schließlich auch kalorisch in Rechnung zu stellen ist. Deshalb sei er in Form leichter Weine (kalt oder warm, mit oder ohne Zusatz von Eiern), ev. auch in Form leichter Biere empfohlen.

Schließlich sei noch betont, daß die Fieberdiät ev. angepaßt sein muß dem jeweiligen Zustande des Verdauungskanales, falls es sich um eine Erkrankung dieses handelt, bezw. falls Komplikationen eintreten, wie Erbrechen, Durchfall, Verstopfung: ferner dem Nierenapparate bei Erkrankungen der Niere; dem Herzgefäßsystem bei Kreislaufstörungen usw. (Vergleiche hierzu die einschlägigen Kapitel.)

In der **Diätetik des Typhus** bemühen wir uns, nach Möglichkeit die Kräfte des Patienten durch zureichende Ernährung hoch zu halten. Von vornherein sind wir also bedacht, die notwendige Kalorienzufuhr bei den Kranken durchzusetzen. Wir ernähren dabei den Typhuskranken bis zum Eintritte in die Rekonvaleszenz, d. h. bis etwa 8 Tage nach der letzten Fieberwoche, mit einer Diät, die durchaus nicht lediglich flüssig zu sein braucht, sondern auch zum Teil breiig sein kann, die aber kalorisch hochwertig sein muß. Wir verabreichen dabei größere Flüssigkeitsmengen zur Durchspülung des Körpers, und zwar so viel, daß die Urinmenge mindestens 2 Liter Urin beträgt. Die Kalorienzufuhr betrage wenn möglich pro Kilo Körpergewicht etwa 35 Kalorien. Täglich gibt man 2 Liter Milch und erhöht den Kalorienwert der Milch durch Zusatz von Milchzucker (60-80 g pro Liter), ev. auch durch Zusatz von Sahne. Weiter gestatten wir Kartoffelmus, Grieß-, Reis-, Haferbreie, Gelees, Bouillon mit Ei. Reis-, Grieß-, Haferschleim unter Zusatz von Eigelb und Butter, wenn möglich unter Beigabe von Nähreiweißpräparaten (Plasmon, Nutrose, Sanatogen). Ferner Kalbshirn, Kalbsmilchbrei, geschabtes Rindfleisch roh, Taube, Huhn mit Bouillon fein verrührt, können während der Fieberperiode in nicht zu großen Mengen, sofern kein Widerwille besteht, verabreicht werden; ja selbst durch das Sieb geschlagene Gemüse (Spinat, Blumenkohl, Karotten, Maronen u. a.) unter Zusatz von Butter können gestattet werden. Man überfülle bei der einzelnen Mahlzeit nicht den Magen, sondern mache lieber kleinere, dafür aber häufigere (etwa alle 2 Stunden) Mahlzeiten.

8 Tage nach der Entfieberung beginne man vorsichtig mit der Darreichung fester Speisen, zunächst gerösteten Zwiebacks mit Butter, fein gehackten Fleisches und gehe dann innerhalb einer Woche unter Verminderung der Milchmengen zu einer konsistenteren Nahrung mit reichlichen Kohlehydratmengen und nicht zu geringem Eiweißgehalte (120 g) über. In der Rekonvaleszenz kann eine Überernährungskur Platz greifen.

9. Künstliche Ernährung.

Unter künstlicher Ernährung im weitesten Wortsinne kann man die Ernährung durch Sonden per os, oder durch eine Magenfistel, ferner die rektale Ernährung und schließlich die parenterale (subkutane etc.) Zufuhr von Nahrungsmitteln bzw. Nährstoffen verstehen.

Die Schlundsondenernährung.

Diese tritt in ihr Recht, wenn es sich um Kranke handelt, die eine Stenose des Ösophagus haben, sei sie spastischer oder organischer Natur, ferner bei solchen Kranken, die die Nahrung verweigern und eventuell bei somnolenten oder komatösen Kranken. Allerdings ist bei den Kranken der letzten Gruppe eine große Gefahr mit der Schlundsondenernährung verknüpft, nämlich die des Hineingelangens von Flüssigkeit in die Trachea, womit die Gefahr der Schluckpneumonie heraufbeschworen wird. Da zudem die Einführung der Schlundsonde bei solchen Kranken und den psychopathischen, die Nahrung verweigernden Kranken, nicht immer leicht ist, so empfiehlt sich hier weit mehr, statt eine Schlundsonde per os einzuführen, die Ernährung durch einen weichen biegsamen Katheter von etwa 4—5 mm Lichte und 50 cm Länge, dessen Ende konisch zugespitzt ist, so zu bewerkstelligen, daß man den eingeölten Katheter durch ein Nasenloch steckt und ihn langsam weiterschiebt, bis er etwa 45—50 cm tief eingeführt ist; dann liegt die seitliche Öffnung des Katheters im Magenlumen. Die Gefahr bei dieser Art Einführung in die Trachea zu gelangen, ist keine sehr große, trotzdem soll man es nach Möglichkeit so einrichten, daß man nur einmal am Tage die Prozedur der künstlichen Ernährung vorzunehmen braucht. Daß man an dem freien Ende des eingeführten Katheters einen Trichter anbringt, in den die Flüssigkeit hineingegossen wird, ist wohl selbstverständlich.

Bei Kranken, die bei voller Besinnung sind und der Sondierung spontan zugänglich sind, also meist Ösophaguskranken und Kranken mit Schlucklähmung etc., nimmt man die Einführung im Sitzen des Patienten vor; man wird sich dabei, sofern es sich um eine Ösophagusstenose handelt, gewöhnlich der halbstarren Hohlsonden zu bedienen haben. Wesentlich ist es auch hier, daß man am Tage nicht mehr wie einmal die Sonde zur künstlichen Ernährung einführt. Wir müssen bei dem einmaligen Eingießen durch die Sonde trachten, erstens nur Flüssigkeit, zweitens keine zu große Flüssigkeitsmenge zu verabreichen dabei aber drittens eine möglichst große Kalorienzufuhr zuzuführen, womöglich so groß, daß der Energiebedarf des Patienten gedeckt wird; das gelingt, wenn man etwa folgende Mischung körperwarm eingießt:

Gramm		Kal.
500	Milch	300
500	Sahne	1000—1500

Darin eingequirlt

40	Plasmon	150

In Ermangelung von Sahne läßt sich folgendes Gemisch komponieren:

Gramm		Kal.
1000	Milch	600
50	Rohrzucker	200
40	zerlassener Butter	350
40	Plasmon	150
	in Summa	1300 Kal.

Will man noch höhere Kalorienzufuhr erreichen, so kann man den Rohrzuckerzusatz bis auf 80 g steigern, eventuell bis zu 50 g Butter zugeben. Die ganze Mischung muß natürlich gut durchgequirlt sein. Um das Gemisch in Fällen stark herabgesetzter Magensekretion verdaulicher zu machen, empfiehlt sich ein Zusatz von Pancreon-Rhenania ($1/2$ Teelöffel voll). Ähnlich wie bei der Einführung durch die Schlundsonde wird man auch bei der Ernährung durch eine künstlich angelegte Magenfistel verfahren, nur daß man nicht die ganze flüssige Nahrungsmenge auf einmal verabreicht, sondern in drei Portionen (morgens, mittags und abends). Man gibt dann etwa folgende Mischung:

	Kal.
500 g Milch	300
2 Eier	150
30 g Plasmon	120
20 g zerlassener Butter	250
	820 Kal.

Schwieriger liegen die Verhältnisse da, wo eine stomachale Ernährung unmöglich ist, z. B. bei Erkrankungen des Magens. Auf längere Zeit läßt sich die stomachale Ernährung überhaupt nicht umgehen; jede andere Ernährungsart ist ein Notbehelf und selbst die Ernährung durch eine hoch sitzende Dünndarmfistel läßt nach eigenen Erfahrungen kaum an die Möglichkeit einer auch nur einigermaßen ausreichenden Ernährung denken, insofern der Magen, ganz abgesehen von dem bakteriellen Schutz, den er bietet, das Organ ist, das auch einen Regulator für die Absonderung der Verdauungssäfte im Dünndarm abgibt. Ernährung durch eine Dünndarmfistel pflegt daher sehr bald zu schweren Durchfällen mit reichlichem Abgang unresorbierter Nahrungsschlacken zu führen.

Man hat nun versucht, bei Ausschluß stomachaler Ernährung, subkutan Fett in größerer Menge zuzuführen, indessen zeigte es sich bald, daß derartig zugeführtes Fett sehr langsam in den Stoffumsatz gezogen wird, so daß praktisch diese parenterale Form der Kalorienzufuhr so gut wie illusorisch ist. Leichter kann man — indessen auch nur vorübergehend — Zuckerlösungen (natürlich blutisotonische, daher z. B. 51 g Dextrose auf 1 Liter Wasser) zuführen. Praktisch kommt aber die Zufuhr blutisotonischer Zuckerlösungen nur bei Diabetes im Koma in Frage und bei urämischen Nephritiden, und zwar bei letzteren suchen wir nach Aderlässen eine Flüssigkeitszufuhr dem Körper zu bewirken, die dem Körper keine durch die Nieren auszuscheidenden Salze zuführt.

Rektale Ernährung.

Will man auf extrabukkalem bezw. extrastomachalem Wege dem Körper in nennenswerterer Weise Nahrungsstoffe zuführen, so müssen wir den Weg der **rektalen Ernährung** wählen. Nur dürfen wir auch hier nicht die Bedeutung der Nährklistiere überschätzen. Oft liegt überhaupt ihre Bedeutung weniger in der dem Körper zugeführten Kalorienmenge, als in der psychischen Beruhigung mancher Patienten, welche glauben, verhungern zu müssen, wenn sie einige Tage ohne Nahrungszufuhr per os bleiben. Im übrigen aber stellt die rektale Ernährung einen Notbehelf dar, schon darum, weil es nicht gelingt, länger als etwa 8 höchstens 14 Tage die rektale Ernährung durchzuführen und zwar wegen des Eintretens einer Proktitis; aber selbst wenn es wirklich gelingt, auf längere Zeit hindurch die rektale Ernährung durchzuführen, so beträgt das, was wir dem Körper täglich an Brennwerten zuführen, nicht mehr wie einige hundert Kalorien; also den Nahrungsbedarf des Organismus zu decken, daran ist auch nicht im entferntesten zu denken.

Einige allgemeinere Bemerkungen müssen wir hier noch zur Frage der Art der Verabreichung der Nährklistiere machen. Erforderlich ist es selbstverständlich, daß der Mastdarm gesäubert ist; da man aber — es handelt sich ja meist um schwer gefährdete Patienten — meist mehrere Nährklistiere (2—3) am Tage verabreicht, so ist vor jedem Nährklistier die Säuberung durch ein Klistier nicht immer durchführbar. Praktisch wird man sich also damit begnügen, morgens eine Stunde vor dem ersten Nährklistier ein Reinigungsklistier zu verabreichen, wozu man am besten etwa $\frac{1}{2}$ Liter physiologischer Kochsalzlösung (0,9 % NaCl) benutzt.

Das zweite oder dritte Nährklistier erfordert dann allerdings, daß der Patient die Reste der vorhergehenden Klistiere als Stuhl vorher entleert.

Die Injektion geschieht mit einem weichen Darmrohre und am besten unter mäßigen Druck aus einer 200 ccm fassenden Stempelspritze, nachdem das Darmrohr gut eingeölt, etwa 6—8 cm in den Mastdarm eingeführt ist. Oft besteht infolge des Klistiers Neigung zu Durchfall; dann gebe man vorher 5—15 Tropfen Tct. opii in das Klistier hinein.

Man hat durch das Prinzip der Wernitzschen Klistiere die Resorption zu verbessern gesucht. Dieses Prinzip besteht darin, daß man das Klistier nicht auf einmal einführt, sondern langsam und zwar gewissermaßen tropfenweise. Man benutzt daher keine Spritze, sondern einen Irrigator, und läßt nun aus etwa 2 Meter Höhe langsam das Klistier einfliessen, wobei der langsame Einfluss durch eine Klemmschraube an dem Zuleitungsschlauche reguliert wird.

Über die Indikationen der Nährklistiere wird weiter im Kapitel der Diätetik der Magendarmkrankheiten berichtet. Zur Technik der Zusammensetzung sei nun folgendes gesagt. Zunächst ist die Flüssigkeitsmenge in einem solchen Klysma auf 200—300 ccm zu beschränken, ferner soll das Klistier auch nur als Flüssigkeit verabreicht werden. Die Form, in der Leube das Klistier verabreichte, indem 150—300 g bestes Rindfleisch fein geschabt wurde, dazu 50—100 g fein geschabtes Pankreas vom Rind zugesetzt wurde, das ganze unter Zusatz von höchstens 150 g Wasser zu einem Brei verrührt und sodann nach Erwärmung auf Körpertemperatur (eventuell sogar noch nach Zusatz von 25—50 g Butter) ins Rektum eingespritzt wurde, ist heute als obsolet zu betrachten.

Als Flüssigkeit für ein brauchbares Nährklysma hat man eine 0,9 % NaCl-Lösung zu wählen, denn es hat sich herausgestellt, daß das Klistier nur unter dieser Voraussetzung Aussicht hat, resorbiert zu werden.

Was nun die einzelnen Nahrungsstoffe betrifft, so wird im Nährklysma das Eiweiß schlecht resorbiert. Die Möglichkeit der Resorption präzipitablen Eiweißes im Dickdarm ist an sich außerordentlich gering, wie die Versuche von Peiffer [1]) lehren, anderseits produziert der Dickdarm kein proteolytisches Ferment, und die Fäulnisprozesse im Dickdarm führen nicht zur Aufspaltung genuiner Eiweißkörper, sondern nur zur Aufspaltung von Peptonen [2]). Tritt aber eine bakterielle Zersetzung von Peptonen im Dickdarm ein, so reizen die hierbei auftretenden Spaltungsprodukte den Dickdarm, und es kommt zu stinkenden Stühlen und zu Diarrhöen. Im allgemeinen kann man daher sagen, daß das Eiweiß im Nährklysma eine sehr untergeordnete Rolle in bezug auf die Resorptionsmöglichkeit spielt, so daß es ohne Schaden fortgelassen werden könnte. Die hierbei abweichenden Berichte einzelner Autoren über günstige Resorption von Eiweißpräparaten in Nährklysmen beruhen auf falscher Durchführung der Methodik.

Neuerdings scheint allerdings die Möglichkeit gegeben, durch Verwendung tief abgebauten Milcheiweißes, das erfahrungsgemäß auch in diesem Zustand resorbiert und hinter der Darmwand wieder als Eiweiß aufgebaut wird, auch im Nährklysma größere Eiweißmengen zu zuführen. Derartige Präparate kommen von den Höchster Farbwerken unter den Namen Erepton auf Veranlassung von Abderhalden in den Handel. Ein Versuch eines derartigen Präparates als Zusatz zu Nährklysmen erscheint daher durchaus angebracht.

---

[1]) Zeitschrift f. exp. Pathologie u. Therapie Bd. III.

[2]) Zentralblatt f. Bakteriologie 1. Abt., 1902, 31, 113.

Günstiger als genuines Eiweiß verhalten sich Kohlehydrate und Fette in bezug auf die Resorption bei Nährklysmen. Allerdings ist bei der Verabreichung von Nährklysmen darauf Rücksicht zu nehmen, daß eine zu starke Konzentration, z. B. von Zucker, im Klysma auf die Darmschleimhaut reizend wirkt; man beschränke sich daher auf Zusätze von 10—15 g auf 300 ccm Flüssigkeit.

Trifft man mitunter einmal Glykosurie nach Zuckerklysmen an, so beruht das auf der Resorption des Zuckers durch die Vena haemorrhoidalis inferior, die den Pfortaderkreislauf umgeht. Im allgemeinen gelangt indessen die Zuckerlösung bei der klysmatischen Einverleibung sehr bald in das Gebiet der Vena haemorrhoidalis superior bezw. media hinauf, wo der Zucker der Leber zugeführt wird.

Statt Dextrose, Maltose, Rohrzucker etc. zu verwenden, sind die weit reizlosere Stärke bezw. die dextrinisierten Mehle zur Verwendung von Nährklysmen vorzuziehen, und zwar empfehlen sich hier besonders die Kindermehlpräparate (Nestle, Kufeke, Theinhardt usw.).

Was das Fett betrifft, so wird dieses vom Nährklysma in kleineren Mengen gut resorbiert, besonders wenn dem Nährklysma nach Leube etwas Pankreon (bezw. frisches Pankreas, fein zerhackt) zugesetzt wird und das Fett in fein emulgierter Form (daher zweckmäßig in Milch) verabreicht wird. Meyer empfiehlt als besonders zweckmäßig ein Sahne-Pankreasklistier. Auch die Verwendung von Eigelb zum Klysma ist zweckmäßig.

Besonders gut wird im Nährklysma der Alkohol in kleinen Dosen resorbiert, daher empfiehlt sich auch der Zusatz von etwas Wein zum Klysma.

Nach diesen Auseinandersetzungen dürfte es nicht schwer fallen, sich ein Nährklysma zu kombinieren, zum Beispiel in etwa folgender Art:

200 ccm 0,9 % Kochsalzlösung,
2 Eigelb,
30 g Nestles Kindermehl,
2 Eßlöffel Weißwein.

Da es aber in der Literatur eine Anzahl von Nährklysmen gibt, die viel angewandt werden, so seien auch diese genannt, z. B. nach Boas:

250 g Milch,
2 Eigelb,

1 Messerspitze Kochsalz,
1 Eßlöffel Wein,
1 Eßlöffel Kraftmehl.

Nach Ewald werden 2 Eßlöffel = 40 g Weizenmehl mit 150 ccm lauwarmem Wasser oder Milch verrührt, dazu 1—2 Eier mit 3 g Kochsalz und 50—100 ccm einer 15—20 %igen Traubenzuckerlösung versetzt und das Ganze gequirlt. Als Analepticum kann 1 Glas Rotwein zugesetzt werden.

Die Vorschrift des Sahne-Pankreatinklysmas nach Meyer lautet:

¼ l Sahne,
25 g Pepton. sicc. Witte,
5 g Pankreatin. purissim. Merck.

In vielen Fällen liegt auch der Wert des Klysma lediglich in der Flüssigkeitszufuhr; man wird deshalb da, wo infolge starker Blutverluste, Erbrechen etc. eine starke Austrocknung der Gewebe besteht, in vielen Fällen mit gutem Erfolge einfache Klysmen von physiologischer Kochsalzlösung mit einem Zusatz von einigen Tropfen Opiumtinktur verabreichen.

10. Krankheiten der Verdauungsorgane.

Diätetik der Erkrankungen der Speiseröhre.

Wir werden im folgenden die Erkrankungen des „Ösophagus" nur insoweit hier berücksichtigen, als sie diätetisch besondere Maßnahmen erheischen. Unter den Ösophaguserkrankungen spielt die

akute Ösophagitis

eine gewisse, wenn auch seltene Rolle. Meist entstanden durch kleine Traumen (beim Schlucken) oder durch Verbrennen durch zu heiße Speisen oder durch irgend welche chemische Reize, ev. auch durch Aufsteigen eines akuten Magenkatarrhs oder Absteigen eines Rachenkatarrhs (daher oft auch Begleiterin schwerer Infektionskrankheiten), dokumentiert sie sich ösophagoskopisch durch akute Schwellung und Lockerung der hyperämischen Schleimhaut und gibt sich symptomatisch durch dumpfe Schmerzen in der Gegend der Speiseröhre zu erkennen. Das Schlucken ist schmerzhaft (Dysphagie), oft so, daß das Schlucken fester Speisen unmöglich gemacht ist.

Bezüglich der Diät sehe man einige Tage von der Ernährung per os völlig ab (Rektalernährung), gehe dann zur flüssigen Kost, die lauwarm gereicht werden muß, über, nach einigen Tagen zur flüssig-breiigen Kost; erst wenn die akuten Symptome abgeklungen, erfolgt die Ernährung mit gewöhnlicher Kost.

Man wird namentlich dann, wenn spontane Schmerzen bestehen, bei der Ernährung oft nicht von dem Gebrauch kleiner Morphiumdosen absehen können. Als reizlose Flüssigkeit ist Milch (ev. Milch und Sahne anzusehen), und um das Schlucken, selbst der Flüssigkeiten, angenehmer zu gestalten, kann man entweder reines Olivenöl trinken lassen, oder Milch mit zerlassener Butter oder selbst zerlassene Butter. Morgens, mittags und abends gibt man Schleimsuppe. Wenn man breiig-flüssige Kost verabreicht, so gebe man weniger Fleisch, als gerade Gemüse in Breiform (Schoten, Artischockenböden, Kresse, Lattich, auch Kohle, grünen Salat, Karotten, Blumenkohl etc.), ungesalzen und reichlich mit Butter gemischt, ferner Kompotte durchs Sieb geschlagen (Apfelmus, Zwetschenmus, eventuell auch süße Speisen, wie Aufläufe, Cremes, leichte Eierspeisen etc.

Da die akute Ösophagitis nur relativ kürzere Zeit anhält, so besteht keine große Gefahr der Unterernährung. Wesentlicher ist diese Frage schon bei anderen Erkrankungen des Ösophagus, so z. B. der

chronischen Ösophagitis.

Die Ursache dieser liegt meist in chronischen Schädlichkeiten (Alkohol, Tabak), man findet sie weiter bei Ösophagusstenosen oberhalb der Stenose, indem die stagnierenden Speisemassen die Zersetzung bewirken, ferner bei manchen Herzerkrankungen infolge chronischer, venöser Stauung, schließlich auch fortgeleitet nach oben bei chronischen Magenerkrankungen. Die Symptome, über die solche Kranke klagen, bestehen meist in Deglutitionsbeschwerden, wobei angegeben wird, daß Flüssigkeiten besser geschluckt werden können als feste Bissen, die gewöhnlich Schmerzen verursachen. Auch klagen die Kranken über spontanes Druckgefühl im oberen Drittteil der Speiseröhre. Gewöhnlich exspektorieren sie auch ein schleimiges, eventuell schleimigseröses Exkret.

Diätetisch müssen wir bei dieser Form alle reizenden Substanzen in der Nahrung verbieten, daher alle Alkoholika, ebenso ist das Rauchen streng zu untersagen. Die Kost muß flüssig-breiig sein und zur Herabsetzung der Beschwerden, längere Zeit in dieser Weise durchgeführt werden.

Zum Beispiel:

Morgens 7 Uhr Haferschleimsuppe, 250 g;

9 Uhr: Tee mit Milch oder Sahne und eingeweichtem Zwieback, 50 g;

11 Uhr: 250 ccm Milch mit 25 g zerlassener Butter, 2 weiche (oder rohe Eier);

1 Uhr: Haferschleimsuppe,
Kartoffelpüree, 200 g,
Gehirnbrei oder Geflügelbrei, oder Kalbsmilchbrei, 200 g,
Gemüse in Püreeform, 200 g (Spinat, Karotten, Schoten, Blättersalat gekocht, Maronen etc.),
Kompotte in Püreeform;

4 Uhr: 250 ccm Milch und 2 Eßlöffel zerlassener Butter;

7 Uhr: Eierspeise von 3 Eiern (Eiercreme, Auflauf, Rührei etc.);

9 Uhr: 250 ccm Milch und 2 Eßlöffel zerlassener Butter.

Als Getränke empfehlen sich die alkalischen Brunnen, schon mit Rücksicht auf ihre schleimlösende Eigenschaft. Also: Apollinarisbrunnen, Arienheller Sprudel, Birresborner Lindenquelle, Fachinger Mineralquelle, Emser Kränchen, Gerolsteiner Schloßbrunnen, Göppinger Staufenbrunnen, Namedy Inselsprudel etc. etc. Da alle diese Wässer aber noch einen größeren Gehalt an freier CO_2 und Hydrokarbonsäure haben, so empfiehlt sich, diese Brunnen erst trinken zu lassen, wenn sie längere Zeit offen abgestanden haben, da sonst die Kohlensäure leicht Schmerzen verursacht.

Die diphtherische Ösophagitis, wie die phlegmonöse Ösophagitis, wird, sofern diese klinisch in Erscheinung treten, diätetisch in gleicher Weise wie die akute Ösophagitis behandelt.

Nicht selten begegnen wir der

korrosiven Ösophagitis.

Sie ist die Folge der Verätzung der Speiseröhre durch stark chemisch wirksame Agentien, z. B. starke Mineralsäuren oder Laugen. Je nach der Schwere der Verätzung bestehen dabei heftige

Schmerzen und Unfähigkeit zu schlucken, doch pflegt bereits sehr bald (oft schon nach 24—48 Stunden) die spontane Schmerzhaftigkeit nachzulassen und auch die Deglutitionsbeschwerden von Tag zu Tag geringer zu werden, ja im Verlaufe von 8—10 Tagen oft ganz zu verschwinden, bis oft nach drei Wochen erneute Stenosenerscheinungen infolge Narbenbildung sich bemerkbar machen.

Kommt ein Fall von Ösophagusverätzung frisch in Behandlung, so versuche man, wenn irgend möglich, bei Säurevergiftung durch die Schlundsonde Milch mit Magnesia usta oder Kreide, Kalkwasser einzuführen; bei Laugenvergiftung Zitronenwasser, Essigwasser etc. Bei Lysol größere Mengen Olivenöl, Eiweiß (nachdem man zuvor größere Mengen Wasser durchgespült hat). Bei Sublimat ebenfalls Eiweiß in größeren Mengen. Die Verätzung der Speiseröhre bei Lysol, Karbol und Sublimat pflegt nicht hochgradig zu sein.

Nach der ersten Eingießung in den Magen läßt man alsdann den Patienten einige Tage völlig mit der Ernährung per os in Ruhe und verabreicht nur 2—3 Nährklistiere pro die. Am dritten Tage versucht man schon die Zufuhr von $\frac{1}{2}$ Liter nicht zu kalter Milch oder Eiweißwasser oder Gelatine mit Zusatz von Fruchtsäften. Jetzt steigert man von Tag zu Tag die Flüssigkeitszufuhr auf 1 Liter Milch, $1\frac{1}{2}$ Liter Milch, 2 Liter Milch, wobei man durch Versetzen der Milch mit zerlassener Butter oder Sahne diese hochwertiger gestalten kann. Auch ein Zusatz von Milchzucker (etwa 50 g auf 1 Liter Milch) empfiehlt sich.

Nunmehr geht man, indem man Zusätze macht, zur flüssigbreiigen Kostform über, die außerordentlich reizlos sein muß:

Beispielsweise: 1 Liter Milch mit Sahne und Milchzucker auf morgens (8 Uhr), 10 Uhr und nachmittags 4 Uhr verteilt.

Mittags: 200 g Schleimsuppe
100—200 g Kartoffelmus (mit reichlich Butter),
Apfelmus.

Abends: Schleimsuppe 200 ccm, durch ein Haarsieb geschlagene
Gemüse: ca. 100—200 g.

In die Schleimsuppen, Kartoffelmus, Gemüse lassen sich 100 bis 150 g Butter verarbeiten.

Die weiteren Zusätze müssen noch stets unter großer Vorsicht geschehen und die breiige Kostform ist noch längere Zeit (2—3

Wochen) beizubehalten. Bei Gefahr der Stenosenbildung rechtzeitige Sondierung bei gleichzeitiger Einspritzung von Fibrolysin!

Ähnlich wie bei der korrosiven Ösophagitis hat man sich bei Geschwüren des Ösophagus, und zwar je nach deren Sitz, Ausdehnung und Natur (Syphilis, Tuberkulose etc.) diätetisch zu verhalten, so daß ein näheres Eingehen darauf sich erübrigt.

Die Ösophagusstenosen werden durch narbige Strikturen, oder durch Neubildungen wie das Karzinom, oder durch Kompression des Ösophagus von außen, und endlich durch Ösophagusspasmen bedingt.

Am häufigsten ist wohl das Karzinom, so daß, wenn nicht gerade in der Anamnese eine kurz vorhergegangene Verätzung angegeben ist, etwaige zunehmende Schluckbeschwerden im höheren Alter a priori auf das nicht seltene Karzinom des Ösophagus zurückzuführen sind.

Die Patienten geben meist nur Schluckbeschwerden an. Zunächst gelangt der Bissen nicht mehr glatt in den Magen. Der Patient hat das Gefühl, als ob der Bissen an einer bestimmten Stelle stecken bleibt. Schließlich können auch Flüssigkeiten nicht mehr glatt geschluckt werden. Durch Anamnese, Röntgenbeobachtung, Sondierung und Ösophagoskopie ist die Diagnose sicher zu stellen.

Das oberste Prinzip der Diätetik lautet hier: so lange wie möglich die Ernährung per os zu erhalten suchen und dem Patienten eine kalorisch hinreichende Kost zuführen; daher wird, abgesehen von Ösophagusspasmen (siehe weiter unten), eventuell tägliche Sondenernährung notwendig. Man verwendet dazu die Sonde, die gerade noch die Stenose passiert. So lange der Patient noch Festes schluckt, läßt man häufig Nahrung nehmen, und zwar auch feste Nahrung, die er gut kauen soll. Ist er nur noch imstande, Flüssigkeiten zu schlucken, so läßt man ihn reichlich Milch mit Zusätzen (Plasmon, Kasein usw., 30—50 g, ferner 50 g Milchzucker, 2 Eigelb pro Liter) trinken. Erforderlich etwa zwei Liter.

Bei Sondenernährung, die unter Umständen nur einmal am Tage ausgeführt zu werden braucht, gießt man die Flüssigkeit durch die Sonde ein; vergleiche hierzu das Kapitel künstliche Ernährung.

Man fordert den Patienten auf, daneben noch so oft wie irgend möglich Schluckversuche mit Milch oder Suppen (Schleimsuppen) zu machen. Rektale Ernährung ist für längere Zeit nicht durchführbar. Ist die Sondenernährung unmöglich, so muß man sich zur Anlegung einer Magenfistel entschließen (sehr zweckmäßig ist die Kadersche Fistel). Beim Carcinoma oesophagi halte man so lange wie irgend möglich mit der Sondierung zurück. (Am ratsamsten wäre, in jedem Falle sofort eine Magenfistel anzulegen und ganz das Sondieren zu lassen). Bei Ösophagusspasmen halte man ebenfalls von der Sondierung zurück und verabreiche lieber vor der Mahlzeit Nervina.

Magenkrankheiten.

In dem Magen haben wir einen Schlüssel zu der gesamten Verdauung zu sehen: nicht nur in der Hinsicht, daß der Magen die Verdauung des Eiweißes einleitet, indem die koagulierbaren Eiweißkörper in wasserlösliche, nicht mehr koagulierbare Eiweißkörper (Peptone) aufgespalten werden, darüber hinaus müssen wir in der Physiologie der Verdauung die Hauptaufgabe des Magens in einer Regulierung des gesamten Ablaufes der Verdauung sehen. Nur durch den Magen wird der Dünndarm vor einer Überlastung mit Ingestis bewahrt, was nicht nur vor Katarrhen des Darms schützt, sondern auch die optimale Verdauung und Ausnutzung der Nahrung im Darme gestattet, und weiter ist der Magen auch der Beherrscher der tiefer gelegenen sekretorischen Verdauungsabschnitte. Diese Koordinationen entdeckt zu haben, bleibt Pawlows unsterbliches Verdienst. Aus dieser Entdeckung hat auch die praktische Diätetik einen immensen Gewinn gezogen. Die Magenverdauung beginnt bereits mit dem Sehen, Riechen, Schmecken und Kauen der Speisen; d. h. durch psychische und sensible Reize wird reflektorisch die Absonderung von Magensekret angeregt, so daß die gut eingespeichelten Bissen, wenn sie in den Magen gelangt sind, auf Magensaft treffen. Jenen Saft, der auf solche Reize hin abgesondert ist, nennen wir Appetitsaft, und es ist hervorzuheben, daß ein guter Teil der gesamten Magenverdauung und damit der Verdauung überhaupt davon abhängt, ob man eine Speise mit Appetit genießt oder gar mit Widerwillen. Die in den Magen gelangten eingespeichelten Speisebissen gelangen nun in den Teil des Magens, den man den Fundusteil nennt und der gegenüber dem Antrum eine gewisse anatomische und funktionelle Einheit darstellt. Der Fundus, der leer als wurstförmiges Gebilde ohne Lumen erscheint, übt auf die in den Fundus hereingebrachten Ingesta einen gewissen, wenn auch geringen Druck aus. In dem Maße als nun hier Ingesta sich anhäufen, wird auch die Kapazität des Fundusteiles — ohne daß etwa der Tonus sinkt — größer, wobei man als einigermaßen normales Fassungsvermögen dieses Magenteiles etwa 1 Liter Inhalt angeben kann. Jetzt wird von dem Magenfundus, und zwar von der Incisura cardiaca aus, wie sich röntgenologisch leicht feststellen läßt, eine zum Pylorus hin fortschreitende Peristaltik ausgelöst, welche den Chymus noch im Fundus gut durchmischt und ihn in das Antrum, das beim Menschen nur einen geringen Anteil des Magens ausmacht, weiter schiebt.

Durch die Peristaltik des Antrum, wobei sich das Antrum auch verkürzt, wird der Inhalt des Antrums mit starkem Druck durch den sich öffnenden Pylorus in das Duodenum gepreßt. In den Fundus oder Hauptteil des Magens fallen nebeneinander bezw. aufeinander die Speisen herein, da wo sie aber die Magenwand berühren, rieselt der Magensaft heran und verflüssigt die Kohlehydrate, löst das Eiweiß und verflüssigt das Fett; gleichzeitig findet anch eine Durchmischung statt, wobei die Peristaltik das Gelöste zum Antrum vorschiebt. Ist dann der gelöste Chymus mit Magensaft von dem Antrum aus, das eine weitere Durchmischung vor sich genommen hat, unter Druck in das Duodenum durch den geöffneten Pylorus gespritzt, so tritt, sobald das saure Ingestum die Duodenalschleimhaut berührt, reflektorisch ein Schluß des Pylorus wieder ein. Sobald dieser sich nach Erguß alkalischen Darmsaftes gelöst hat und neuer Chymus-Magensaft in das Duodenum gespritzt wird, wiederholt sich das Spiel von neuem und so fort, bis der ganze Inhalt des Magens verflüssigt in das Duodenum gelangt ist.

Die in das Duodenum gelangenden Mengen sind nur wenige Kubikzentimeter, dafür geschieht aber die Öffnung des Pylorus sehr häufig, etwa alle 20 Sekunden. Dieser Pylorusreflex stellt neben der Tatsache, daß der Eintritt des Chymus in das Duodenum auch den Erreger für die Sekretion des Pankreas, der Galle und des Darmsaftes abgibt, mit die wichtigste Funktion des Magens dar, dabei ist für das Verständnis der gesamten Pathologie und Diätetik der Magenerkrankungen wichtig, daß ein sehr reichlich abgesonderter saurer Magensaft den Pylorusreflex steigert, das Fehlen eines aziden Magensaftes den Pylorusreflex herabsetzt. Allerdings spielen noch andere Verhältnisse mit, welche den Pylorusreflex auslösen können: z. B. die Gewichtsschwere der in den Magen hereingebrachten Ingesta neben gewissen unmittelbaren chemischen Reizen derselben. So vermag z. B. Fett einen stärkeren, längerdauernden Pylorusreflex hervorzurufen und es ist deshalb auch nicht verwunderlich, daß z. B. sehr fette Speisen den Magen schwerer, d. h. später verlassen, als fettfreie. Wenn wir unter Verdaulichkeit die Zeit verstehen, in welcher gewisse Speisen den Magen verlassen (cfr. S. 14), so sind es folgende Momente, welche ceteris paribus die Verdaulichkeit beeinträchtigen können: 1. das Gewicht der Nahrung, 2. ob die Speise grob (schlecht gekaut) oder fein in den Magen gelangt, 3. ob die Speise stark fett ist und schließlich 4. ob eventuell eine starke Salzsäuresekretion des Magensaftes erfolgt. Was die letztere anbetrifft, so gibt es nicht nur einen für verschiedene Speisen verschieden extensiven Appetitsaft im Magen, vielmehr rufen manche Speisen im Magen auch noch durch chemische Reize starke Sekretion des Magensaftes hervor, während andere wieder imstande sind, die Saftsekretion des Magens hemmend zu beeinflussen. Diese Verhältnisse sind diätetisch besonders wissens- und berücksichtigenswert und darum hier ausdrücklich angeführt. So sezernieren z. B. die Drüsen des Fundus, wenn die Extraktivstoffe des Fleisches in das Antrum pylori gelangen; ausgekochtes Fleisch, Eiweiß üben diese Wirkung nicht. Auch die Stärke verhält sich indifferent. Fette setzen gleichfalls die Magensaftsekretion herab, allerdings nicht vom Magen aus, sondern nach Eintritt in das Duodenum. Eine gewisse direkte magensaftsekretionserregende Wirkung hat auch das Wasser, wenn auch dieses nur geringe und langsame Magensaftsekretion hervorruft (anders wirken auch nicht Salzlösungen, Säuren oder Alkalien!), dagegen wirken erregend gewisse Abbauprodukte des Eiweißes, die Peptone. Und schließlich sei noch der Traubenzucker und der Rohrzucker als ein in stärkerer Konzentration die Magensaftsekretion hemmender Nahrungsstoff angeführt. Diese Dinge sind wie gesagt diätetisch außerordentlich wichtig, denn bei Magenerkrankungen müssen wir diätetisch uns vollkommen den verschiedensten Verhältnissen anpassen, wobei wir mit dem beliebten Schlagwort Schonungsdiät des Magens nicht bloß eine Kost verstehen sollen, welche den Magen am wenigsten belastet, sondern eine Kost, welche genau dem jeweiligen funktionellen Zustande des Magens angepaßt ist. Die Gastrosukorrhoe erfordert andere Maßnahmen als eine Achylia gastrica, letztere wiederum andere als ein Ulcus ventriculi etc. und darum ist auch ohne genaue Kenntnis des vorhandenen Magenleidens eine Diätetik nicht denkbar. Probefrühstück und Probemahlzeit, Aufblähung des Magens, eventuell die Röntgendiagnostik müssen uns neben den anamnestischen Daten zuvor auf das genaueste aufgeklärt haben, um welche Zustände es sich handelt; erst dann tritt die Diätetik als die wesentlichste Behandlungsmethode in ihr Recht.

Es läßt sich über die Diätetik der Magenkrankheiten folgendes Allgemeine vorausschicken: Da der Magen geschont werden soll, wird man schwer verdauliche Speisen verbieten müssen; als solche müssen im allgemeinen gelten sehr fettreiche Fleischsorten, wie Schweinefleisch, fettes Hammelfleisch, Gänsebraten, fette Fische: Lachs, Makrelen, Flunder, Aal, Bücklinge; verboten ist auch der Speck. Im übrigen richtet sich die Verdaulichkeit der verschiedenen Fleischsorten nach der Zartheit der Fasern: Kalbsbries, Kalbshirn, rohes geschabtes Rindfleisch zeichnen sich durch leichte Verdaulichkeit aus, dann folgen Taube, Huhn, Kalbfleisch, gesottenes Rindfleisch, wenig durchgebratenes Filetbeefsteak und Roastbeef, Rehfleisch, von Fischen Forellen, Karpfen, Hecht, Seezunge, Schellfisch. Die Bouillon ist wegen ihrer die Saftsekretion fördernden Eigenschaften neben ihrem Salzgehalte bei Magenkrankheiten oftmals zu streichen, reizloser ist — und darum von Fall zu Fall zu gestatten — noch die Hühner-, Kalbfleisch- und Hammelbouillon. Zuträglich sind Leim (Gallert)-abkochungen) aus Kalbsfüßen, Kalbskopf etc. Die Verträglichkeit der Eier ist individuell verschieden. Am leichtesten verträglich sind rohe Eier, dann weich gekochte Eier; schwer verträglich und darum von vornherein bei Magenkranken verboten sind harte Eier, gebackene Eier, Omelette. Auch das Rührei ist nur mit einer gewissen Vorsicht diätetisch bei Magenkrankheiten zu verwerten. (Art der Zubereitung wichtig!)

Was die Käsesorten anbetrifft, so wird man vom weißen Käse (Quarkkäse, Topfen) in vielen Fällen bei Magenkrankheiten Gebrauch machen können, das gleiche gilt vom Crême double, im übrigen aber vermeide man die meist „schwer im Magen liegenden" fetten Käse (Limburger, Holländer, Schweizer, Neuchateler, Camembert, Fromage de Brie etc. etc.).

Was die Kohlehydrate anbetrifft, so sind hartes Brot und alle Arten grob geschroteten Brotes von vornherein verboten. Weißbrot wird am besten geröstet (Toast) verabreicht, auch gerösteter Zwieback, unter denen die ungesüßten Friedrichsdorfer Zwiebacke besonders hervorgehoben werden sollen, ferner Kakes, sind gestattet.

Suppen, wie Ei-, Mehl-, Schleim-, Graupen-, Grieß-, Reis-, Gemüse-, Milch-, Brotsuppen sind als verdaulich für Magenkranke anzusehen, indessen nicht etwa a priori gestattet; Gemüse müssen durchs Sieb geschlagen werden: als solche pürierte Gemüse empfehlen sich Karotten, Spinat, grüner Salat, Artischokkenböden, grüne Erbsen (große Sorte!), auch Maronen. Kartoffeln werden als Mus mit Milch gekocht verabreicht. Breie von Mehl, Grieß, Reis, Tapioka, Sago, Hirse, Haferflocken (ohne Mandeln und Rosinen!) sind eine Magenkranken angepaßte Nahrung. Obst darf nur gekocht als Kompot und durchs Sieb geschlagen verabreicht werden. Apfelmus, Pflaumenmus stellen dabei die durch Fruchtsäuren am wenigsten reizenden Kompotte dar. Über Fruchtgelees läßt sich kein allgemeines Urteil fällen: sie müssen von Fall zu Fall verordnet werden.

Zuträglich erscheint — von Fall zu Fall — Milch, Sahne, Butter, wobei die Form, in der man diese verabreicht, der Individualität des Magenkranken angepaßt wird.

Auch über die Genußmittel: Tee, Schokolade, Kaffee, kann man nur im einzelnen Falle entscheiden; ebenso müssen die Mineralwässer der Magenerkrankung angepaßt sein. Alkoholika meide man nach Möglichkeit, besonders in konzentrierterer Form. Weißweine säuern leicht, daher ist (eventuell) ein leichter Tischrotwein im allgemeinen bei Magenkranken vorzuziehen.

Es müssen noch manche allgemeine Fragen ventiliert werden; so ob man heiße, oder kalte Speisen und Getränke genießen lassen soll, ob man während oder nach den Hauptmahlzeiten Getränke zu sich nehmen soll etc. Viel wichtiger erscheint hier aber die Frage, wie viel Flüssigkeit man Magenkranken gestatten kann; an sich verläßt ja die getrunkene Flüssigkeit — ob bei vollem oder leerem Magen, ist gleich — sehr schnell den Magen; sie verdünnt aber das Magensekret und führt viel Magensaft mit aus; andererseits wird bei motorischer Insuffizienz auch der Mageninhalt vergrößert. Demgegenüber stellt die Temperatur der genossenen Getränke und Speisen eine weit weniger wichtige Frage vor; man wählt am besten natürlich die goldene Mittelstraße und vermeidet allzuheiße und zu kalte Getränke; dabei ist es irrelevant, ob man während oder nach dem Essen trinken läßt, wobei man nur jeweils, wie gesagt, auf die Beschränkung der Flüssigkeitszufuhr überhaupt zu achten hat. Von diesem Gesichtspunkte aus muß daher unter Umständen auch ein Verbot der Suppen bei Magendarmerkrankungen erfolgen.

Wir wenden uns nunmehr der Besprechung der Diätetik der einzelnen Magenerkrankungen zu.

Die Behandlung der **akuten Dyspepsie,** bei der es infolge Genusses schwer verdaulicher oder verdorbener Nahrungsmittel, oder infolge Genusses zu kalter Getränke zu einem völligen Versiegen der Magensaftsekretion gekommen ist, gleichzeitig mit einer bakteriellen Zersetzung des Mageninhaltes, hat diätetisch mit ganz besonderer Vorsicht zu geschehen. Zunächst sorge man für eine Entfernung des restlichen Mageninhaltes durch Magenspülung oder (weniger gut) durch Brechpulver. Ist bereits spontan Erbrechen erfolgt, so verabreiche man ein Abführmittel (Ricinusöl oder Kalomel 0,2—0,3, 2 × in Pausen von 1 Stunde). Am ersten Tage lasse man den Magen völlig in Ruhe und verabreiche bei starkem Durst nur Eispillen (eventuell mit etwas Kognak übergossen) oder teelöffelweise eisgekühltes Selterswasser. Am nächsten Tage versuche man bereits Tee, Haferschleim oder Reisschleim in kleinen Mengen zu verabreichen. Am dritten Tage biete man Bouillon an: Hammelbouillon oder Kalbfleischbouillon; zu den Haferschleimsuppen kann man jetzt Milch oder gleichfalls Bouillon zusetzen; am vierten Tage Zulagen von geröstetem Zwieback, mittags Kartoffelpuree, Apfelmus, am fünften Tage Kalbsbries oder Hirn, Huhn, Kalbfleisch in Breiform, süße Speise als Pudding oder Flammeri oder Brei (ohne Mandel und Rosinen). Der Übergang zur normalen Kost soll noch eine geraume Zeit in Anspruch nehmen, indem man allmählich Zusätze von pürierten Gemüsen gestattet, fettfreie Fleischzulagen, gewiegten Schinken, dann Weißbrot etc. Man mache die Patienten besonders darauf aufmerksam, daß sie noch einige Zeit später sich vor besonders schwerverdaulichen Nahrungsmitteln zu hüten haben (Mayonaisen, geräucherten Fischen, fetten Fleischen etc.) und lege ihnen dringend ans Herz, den Magen nicht über das erste Sättigungsgefühl bei den Mahlzeiten zu füllen!

Hypersecretio acida (Gastritis superacida) — **Gastrosukorrhoe.**

Eine ganz besondere Sorgfalt erfordert die Diät jener Reizzustände des Magens, bei der es zu einer Hypersekretion des Magensaftes kommt, sei es infolge digestiver Reize (alimentäre Hypersekretion) oder darüber hinaus auch ohne jeden digestiven

Reiz (kontinuierliche Gastrosukorrhoe). Die Diagnose jener Zustände stützt sich einmal auf die subjektiven Angaben des Patienten: Magenschmerzen oft intensiver Natur nach dem Essen oder auf nüchternem Magen (sehr heftig mitunter nachts!), ferner auf die Untersuchung des ausgehobenen Mageninhaltes nach Probefrühstück oder Probemahlzeit. Nicht nur, daß wir sehr hohe Säurewerte (über 50—60 ccm $^1/_{10}$ n.KOH für 100 Magensaft beim Probefrühstück, über 80—100 ccm $^1/_{10}$ n.KOH für 100 Magensaft nach Probemahlzeit) in dem Ausgeheberten vorfinden: wenn wir das Verhältnis des Sediments zu dem freien Saft in dem ausgeheberten Inhalt berücksichtigen, so finden wir auch besonders viel Saft und finden, daß auch das Sediment besonders gut chymifiziert ist. Aus diesen Verhältnissen können wir die reichliche Absonderung eines sauren (aber nicht etwa „übersauren“ Magensaftes, den man bisher noch nicht nachgewiesen hat), erschließen. Die Gastrosukorrhoe oder der Reichmannsche Magensaftfluß unterscheidet sich von der einfachen Hypersecretio acida nur dadurch, daß man morgens nüchtern im Mageninhalt mit der Schlundsonde reichlichere Mengen Magensaft (50—100, ja noch mehr) gewinnen kann; sie stellt also einen höheren Grad des Reizzustandes dar.

Wir wollen nur kurz uns der Frage zuwenden, welches im speziellen die Ursachen dieser sekretorischen Irritabilität sind: wir finden ursächlich besonders häufig das Rauchen (besonders auf nüchternen Magen, mit Verschlucken von Rauch und dem nikotinhaltigen Speichel), Alkoholgenuß in konzentrierter Form (Schnäpse etc.), Gewürze (nicht zuletzt Paprika!) u. a. m. Daß eine gewisse „nervöse Konstitution“ in vielen dieser Fällen aggravierend hinzutritt, sei nicht verschwiegen.

Da wo sich irgend ein Abusus von Genußmitteln oben erwähnter Art herausstellt, wird es unsere dringendste Aufgabe sein, diesen abzustellen. Was das rein Diätetische anbelangt, so werden wir zweckmäßig die beiden Formen (mit fließenden Übergängen!) scheiden, indem wir als die schwerer zu beeinflussende Form die chronische Gastrosukorrhoe ansehen.

Bei der Gastritis superacida verbieten wir alle den Magen mechanisch zur Sekretion reizenden Nahrungsmittel (also z. B. sehniges Fleisch, Brot, zellulosereiche Gemüse, gröbere Nahrungsmittel) und bemühen uns, die Nahrung in flüssig-breiiger (pürierter) Form zuzuführen. Dabei kann man nach zwei Richtungen individualisieren; man verabreicht eine laktovegetabilische Kost oder eine Fett-Eiweißdiät. Die beiden Diäten schließen sich nur scheinbar aus; es gibt viele Fälle von supersekretorischen Gastritiden, die auf die eine Diät besser als auf die andere Diät reagieren. Bei beiden werden wir aber von zwei eingangs unserer Darstellung vorweggenommenen experimentellen Erkenntnissen im weitesten Maße Gebrauch machen; daß nämlich Fette im allgemeinen die Magensaftsekretion hemmen; daß dagegen rohes Fleisch oder das Fleisch in halbrohem oder gedämpftem Zustande, also mit seinen Extraktivstoffen die Magensekretion durch chemischen Reiz stark anregt, desgleichen auch „Süßigkeiten". Die letzteren beiden Dinge haben wir also zu vermeiden, die Fette — unter denen reines Olivenöl und Butter allein für uns anwendbar sind — zu bevorzugen. Wollen wir Eiweiß in nicht vegetabilischer Form zuführen, so empfiehlt sich die Milch, das Kasein im Quarkkäse (Topfen), (eventuell auch Sanatogen, Plasmon, Nutrose), ausgekochtes Rindfleisch, Hühnerfleisch, Kalbfleisch, Fische (wobei die fetten Fische bevorzugt werden können). Das Fleisch muß in sehr feiner Form dargereicht werden.

Diätzettel bei Gastritis hyperacida.

Morgens nüchtern im Bett 250—500 ccm Karlsbader Mühlbrunnen.

I. Frühstück: Tee mit 250 ccm Milch
gerösteter Zwieback mit 25 g Butter.

II. Frühstück: 2 Eier (weichgekocht oder) roh
250 ccm Milch mit 2 Eßlöffel zerlassener Butter verrührt.

Mittags: Haferschleim-, Graupen-, Reisschleim-, Leguminosensuppe
150—200 g wassergekochter Fisch mit Butter, oder gekochtes Huhn, Kalbfleisch
150 g püriertes Gemüse (Karotten, Schoten, Maronen, Blumenkohl etc.)
150 g Kartoffelmus mit Milch und mit 25 g Butter bereitet
[100 g Speise (Pudding, Flammeri, Brei etc. ohne Mandeln und Rosinen)].

Nachmittags: Tee (oder Kakao) mit Milch
50 g Zwieback
25 g Butter.

(eventuell abends 7 Uhr: Karlsbader Mühlbrunnen = 250 ccm).

Abends: Reis- oder Grieß- oder Mehlmilchbrei (50 g Reis oder Grieß oder Mehl auf 250 Milch)
25 g Butter
50 g Zwieback.

Vor dem Schlafengehen: 250 ccm lauwarme Milch mit 2 Eßlöffel zerlassener Butter.

Nach der Hauptmahlzeit einstündiges Ruhen, eventuell mit Prießnitzschem Umschlag auf die Magengegend.

Wo nachts Schmerzen bestehen, lasse man auch nachts noch Milch oder Kakao trinken.

Medikamentös mehrmals am Tage gegen die Schmerzen: eine Messerspitze von folgendem Pulver:

Rp.: Magnesia usta
Natr. bicarbonic. āā 30,0.
Extr. Belladonn. 0,3.

Als Getränke Verbot aller Alkoholika; sehr empfehlenswert sind alkalische Quellen (wobei man die CO_2 zweckmäßig erst entweichen läßt), also Apollinarisbrunnen, Arienheller Sprudel, Birresborner Lindenquelle, Fachingen, Göppinger Staufenquelle, Hohenhonnef Drachenquelle, Hubertussprudel von Hönningen, Namedy Inselsprudel, Weilbacher Natron-Lithionquelle u. a. m.

Da wo bei der Gastritis hyperacida eine laktovegetabilische Diät durchgeführt werden soll, gebe man reichlich Milch ($1\frac{1}{2}$ Liter Milch und $\frac{1}{2}$ Liter Sahne), die Gemüse püriert mit Butter (bis zu 100 g pro die), geröstetes Weißbrot oder besser Gerickesche oder Friedrichsdorfer Zwiebacke. Zerealienschleimsuppen und Leguminosensuppen (aus Leguminosepräparaten) sind zu befürworten; auch (nicht zu stark gesüßte) Mehlspeisen erlaubt (s. o.).

Die Diät lasse man nach Möglichkeit monatelang durchführen; ein subjektiver Erfolg pflegt sehr bald einzutreten; die Untersuchung eines Probefrühstückes belehrt uns indessen, daß die digestive Reizbarkeit des Magens noch fortbesteht; deshalb empfiehlt sich die länger durchgeführte diätetische Behandlung. Die Darreichung von Karlsbader Mühlbrunnen dehne man nicht über vier Wochen aus.

Viel schwieriger und hartnäckiger — auch in subjektiver Beziehung — ist die Behandlung des dauernden Magensaftflusses: hier helfen oft nur sehr energisch durchgeführte diätetische Kuren, wobei die digestiven Reize für den Magen zunächst auf das Möglichste beschränkt werden. Eine solche Kur stellt sich etwa folgendermaßen dar: Sie geht von der Kochsalzarmut der Speisen aus und erfordert, daß sämtliche Speisen ungesalzen bleiben. In den ersten Wochen nach Möglichkeit Fett, Sahne, Milch, Mandelmilch, mit gehäuften Mahlzeiten.

8 Uhr: morgens nüchtern 100 ccm Olivenöl (in vielen Fällen besteht Widerwillen dagegen; statt dessen
250 ccm Milch mit 2 Eßlöffel Butter.

10 Uhr: Kakao oder Tee mit viel Milch.

12 Uhr: 250 ccm Milch mit 2 Eßlöffel Butter

2 Uhr: Haferschleimsuppe, Reisschleimsuppe etc. mit Sahne.

4 Uhr: Tee mit Milch.

6 Uhr: Haferschleimsuppe.

8 Uhr: Kakao mit Milch oder Sahne.

10 Uhr: 250 ccm Milch mit 2 Eßlöffel Butter.

Nachts: Kakao oder Milch gegen die Schmerzen schluckweise zu nehmen.

In der ersten Woche ist die Kur im Bett vorzunehmen. In der zweiten Woche gestattet man Zusätze von weißem Käse, zwei weichen Eiern.

In der dritten Woche pürierte Gemüse (mittags 150 g) und abends die gleiche Menge.

In der vierten Woche mittags Zulage von 100 g Kartoffelpüree und 100 g Hirnbrei, Kalbsmilchbrei, Brei ven Hühnerfleisch, Kalbfleisch, wassergekochter Fisch mit Butter. Morgens geröstetes Weißbrot, desgleichen abends.

In der fünften Woche steigert man vorsichtig die Fleischdiät und geht, falls die Kur von Nutzen war, zu der Diätform über, wie sie für die alimentäre Gastritis hyperacida angegeben war.

Häufig wird man die Kur mit medikamentösen Darreichungen verbinden müssen (z. B. Argentum nitricum, Atropin, Extr. Belladonnae); warnen möchten wir nur vor der Anwendung von Morphin gegen die Schmerzen. Zwar wird zu Anfang die Sekretion des Magensaftes herabgedrängt, gar bald folgt aber eine stärkere Sekretion des Magensaftes nach.

Von dem zweiten Monat ab empfiehlt sich die gleichzeitige Durchführung einer Karlsbader Diät.

Bei der **Gastritis subacida** oder **Gastritis anacida,** d. h. jenen Erkrankungen des Magens, wo es zu einer Verminderung der Salzsäureabscheidung oder gar zu einem völligen Versiegen derselben kommt, hat die Diätetik wieder andere Aufgaben zu erfüllen. Zuvörderst soll nur noch erwähnt werden, daß wir nur dann bei jenen Zuständen von einem Katarrh zu reden berechtigt sind, wenn in dem ausgeheberten Mageninhalt nach Probefrühstück oder Probemahlzeit sich Magenschleim befindet. (Unter diesen Umständen ist besonders eine abendliche Magenspülung indiziert mit alkalischen Wässern, z. B. Zusatz von Natr. bicarbonicum, Spülung mit Karlsbader Wasser u. A.)

Unsere diätetischen Maximen liegen bei der Gastritis subacida und anacida anders, als bei den superaciden Zuständen. Hier wollen wir nicht den Magen reizen, dort dürfen wir dem Magen nicht mehr zumuten, als er gerade zu ertragen imstande ist; nicht nur mit Rücksicht auf den Magen, sondern auch mit Rücksicht auf den Darm, denn manche Diarrhöen sind rein gastrogenen Ursprungs und erst durch eine rationelle Diätetik in Hinsicht auf die bestehende Magenerkrankung zu bekämpfen.

Man kann die diätetischen Grundsätze bei der Ernährung subazider oder anazider Gastritiden in folgendem zusammenfassen: Kohlehydratreiche, fettarme Nahrung, der Eiweißgehalt soll auf das zulässige minimale Maß heruntergedrängt werden. Mit anderen Worten, wir werden bei derartigen Erkrankungen besonders leicht verdauliche Nahrungsmittel verabreichen, wie sie in den Leube-Pentzoldschen Kostformen (nach ihrer Verträglichkeit geordnet) angegeben sind (cfr. S. 179).

Dabei wird man im gegebenen Falle Konzessionen machen, wenn die fortdauernde Beobachtung des Falles ergibt, daß die subazide Gastritis normalen Sekretionsverhältnissen Platz macht.

a) Beispiel einer Diät bei **Gastritis chronica subacida.**

Frühstück: $^1/_4$ Liter Wasserkakao mit Sahne
50 g Friedrichsdorfer oder Gerickescher Zwieback, oder geröstetes Weißbrot
25 g Butter.

Vormittags:	1 Tasse Bouillon mit Ei 30 g Zwieback.
Mittags:	200 g Schleimsuppe (Gerste, Hafer, Reis) 200 g Taube, Huhn, Rindfleisch oder Fisch (fettfrei) 200 g Kartoffelbrei event. 100 g Gemüsepürees (Spinat, Blumenkohl, Karotten, Maronen, Artischockenböden usw.) 50—100 g Kompott.
Nachmittags:	250 ccm Tee oder Kaffee mit Sahne 50 g Zwieback 25 g Butter.
Abends:	200—300 g Mehlspeise, eventuell als Mehl-, Grießbrei 100 g Kompott.

oder

Frühstück:	250 ccm Tee mit Sahne 50 g geröstetes Weißbrot mit Honig 25 g Butter.
Vormittags:	2 weichgekochte Eier mit 50 g Weißbrot.
Mittags:	50 g geschabtes Rindfleisch mit 100 g Weißbrot und 25 g Butter 150—200 g Kalbsmilch oder Hirn (püriert) 200 g süße Speise 50 g Kompott.
Nachmittags:	250 ccm Tee mit Sahne 50 g Zwieback mit 25 g Butter.
Abends:	2 Eier als Omelette soufflée 100 g Kompott 100 g Weißbrot 25 g Butter.

oder (nach Rodari)

Morgens:	1 Teller Hafermehlsuppe 100 g geschabter roher Schinken 50 g Weißbrot.

Vormittags: 1 Teller Wasserkakao
25 g Kakes
15 g Butter.

Mittags: 1 Teller Bouillon mit Paprika oder Sago oder Nudeln
200 g Filetbeefsteak, Rostbeef, Entrecôte, Kalbsbraten oder Kalbsschnitzel (Wienerschnitzel)
100 g Makkaroni
200 g Mondaminpudding oder Reispudding
50 g Kompott
etwa 1/4 leichter Wein.

Nachmittags: 1 Tasse Tee mit Milch oder Sahne mit Kakes oder Zwieback mit Butter.

Abends: 1 Teller Schleimsuppe oder Zwiebacksuppe
150 g Geflügel oder Fisch
200 g Kartoffel- oder Reisbrei.

Diätbeispiel für Achylia gastrica.

Morgens: Hafermehlsuppe mit Eigelb und Butter (oder statt dessen 150—200 g Hygiama.

Vormittags: 250 ccm Wasserkakao mit Sahne
50 g Zwieback
25 g Butter.

Mittags: Leguminosensuppe mit Eigelb
150 g Beefsteak (geschabt und mit Butter gebraten) oder Huhn, Geflügel
100 g Kartoffelmus.

Nachmittags: 250 ccm Wasserkakao mit Sahne
50 g Zwieback
20 g Butter.

Abends: Reis- oder Grieß- oder Mehlmilchbrei (50 g Reis oder Grieß oder Mehl auf 250 ccm Milch)
50 g Zwieback
20 g Butter
oder statt dessen 100 g Kalbsmilch als Ragout oder gebraten
100 g Gemüsepüree
50 g Weißbrot mit 25 g Butter.

Die Kost bietet etwa 2000 Kalorien und läßt sich durch Zusatz von Butter oder Sahne kalorisch noch erweitern.

Was die Getränke bei diesen Erkrankungen anbelangt, so vermeide man stärker alkalische Wässer; will man mit der Diätetik Trinkkuren verbinden, so gebe man einfache Kochsalzquellen (morgens nüchtern 1 Glas und abends 7 Uhr 1 Glas). Als solche seien z. B. genannt: Bad Salzhausen, Salzbrunnen I, Salzschlirfer Bonifaziusquelle, Sodenthaler Albertquelle, Suderode Behringer Brunnen, Suhl Ottilienquelle, Wiesbaden Kochbrunnen, Kiedricher Sprudel, Kissinger Rakoczy, Königsborn (bei Unna), Friedrichsborn, Kreuznacher Oranienquelle, Münster am Stein Hauptbrunnen, Niederkonitz St. Hieronymus-Quelle, Pyrmont Salztrinkquelle, Ricklingen Augustaquelle, Rothenfels (in Baden) Elisabethquelle u. a. m.

Im übrigen empfehle man den Kranken während der Hauptmahlzeiten, um nicht die Salzsäure aus dem Magen fortzuschwemmen, nicht größere Flüssigkeitsmengen (Wasser etc.) zu trinken, sondern erst einige Zeit (eventuell mehrere Stunden) nach Tisch.

Sehr zu empfehlen ist die Verabreichung von 20—30 Tropfen Acidum hydrochloricum dilutum während der Hauptmahlzeiten in einem halben Weinglase Wasser mit einem Glasrohre schluckweise zu nehmen. Konzentriertere Alkoholika (Magenbitter etc.) verbiete man ganz, ebenso auch, wenn angängig Bier und Wein, um so mehr, da ein großer Teil der subaziden chronischen Gastritiden auf Alkoholabusus zurückzuführen ist.

Schließlich noch ein Wort über die Gewürze: Kochsalz kann man bei subaziden und anaziden Gastritiden reichlicher verabreichen, ab und an auch die Speisen mit wenig Pfeffer, Paprika, Senf etc. würzen; das regt entschieden die Saftsekretion des Magens an, doch darf man keinesfalls hier in Übertreibungen verfallen.

Motorische Insuffizienz des Magens.

Hinsichtlich der Diätetik der motorischen Mageninsuffizienz müssen wir uns nach dem Grade dieser richten. Wir nehmen folgende drei Grade an:

I. Grad, wo 7 Stunden nach Verabreichung der Probemahlzeit noch Rückstände angetroffen werden.

II. Grad, wo morgens im nüchternen Magen Rückstände angetroffen werden, aber noch ein gut Teil der Nahrung weiter befördert wird.

III. Grad, wo die Retentionen dauernd hochgradige sind und so gut wie nichts den Magen verläßt.

Von vornherein werden wir diätetisch für die Behandlung der Insuffizienz III. Grades keine großen Hoffnungen hegen und solche Fälle dem Messer des Chirurgen zur Anlegung einer Gastroenterostomie zu überweisen haben, sobald nicht innerhalb kurzer Zeit (nach etwa 8—10 Tagen) der Körpergewichtsverlust durch die Behandlung sich aufhalten läßt. Diätetisch zu behandeln — und ev. mit Erfolg zu behandeln — ist die Insuffizienz I.—II. Grades. Auch hier ist die Prognose abhängig von der Ursache der Insuffizienz. So gibt eine narbige Pylorusstenose nach Ulcus ventriculi schlechtere Chancen, als eine Insuffizienz, die sich infolge einer Atonie, einer Erschlaffung der Magenwände (Ektasie und Insuffizienz) herausgebildet hat.

Die erste Forderung, die wir bei Aufstellung eines diätetischen Regimes bei motorischer Insuffizienz zu erfüllen haben, heißt: maximale Schonung der motorischen Kraft des Magens, daher geben wir häufigere, aber kleinere Mahlzeiten, zugleich eine Kost in der Form, wie sie den Magen am schnellsten verläßt.

Aber damit ist unsere Aufgabe im allgemeinen nicht erschöpft; wir müssen diese Kost den sekretorischen Verhältnissen des Magens anpassen. Wo also hinreichende Salzsäureproduktion vorhanden ist, können wir uns getrost zu einer eiweißreicheren Fleischkost entschließen mit Bevorzugung der nicht fetten, zarten Fleischsorten. Wir werden also Fische (außer Aal, Lachs, geräucherten Fischen) in Wasser gekocht, geschabtes Rindfleisch, zartes Filet, feingeschnittenes Roastbeef, Beefsteak (geschabt und gebraten), Kalbfleisch, Hammelfleisch, Huhn, Taube, zartes Reh, Eier gestatten, Gänsebraten, Poularde, fetten Entenbraten, Schweinefleisch dagegen verbieten. Was die Fette anbelangt, so vermeiden wir alle Fette (Speck, Gänseschmalz, Hammelfett, Schweinefett etc.) außer dem Butterfett (Butter, Sahne), welch letzteres in nicht zu großen Mengen bei diesen Zuständen gut vertragen wird. Kohlehydrate beschränken wir dagegen nach Möglichkeit, weil in Fällen motorischer Insuffizienz die Verweildauer des Chymus im Magen an sich ja eine längere ist und andererseits der Magen das Amylum nicht verdaut, wenn auch noch zum Teil im Magen die Amylumverdauung durch das Mundspeichelferment weiter fortgehen kann. Ganz besondere Vorsicht werden wir da mit der Zufuhr von Kohlehydraten üben, wo es neben einer Herabsetzung der Salzsäureproduktion zu Gärungen gekommen ist. In solchen Fällen ist die abendliche Magenspülung das souveräne Mittel. $1/2$ Stunde später kann man dann allerdings Kohlehydrate in Form von Schleimsuppen und Brei (von Grieß-, Graupen-, Reismehl etc.) verabreichen, während man sonst nach Möglichkeit nach dem Vorschlage von Strauß eine Eiweiß-Fettdiät verabreicht. In manchen Fällen mag auch nach dem Vorschlage von Cohnheim die Verabreichung von 100—200 ccm Öl dem Magen nüchtern eventuell durch Schlundsonde einverleibt, von Nutzen sein.

Die Form, in der man übrigens die Nahrungsmittel verabreicht, auch das Fleisch, soll die flüssig-breiige in den Fällen mit herabgesetzter Salzsäuresekretion sein; in den übrigen Fällen kann das Fleisch in hachierter Form (ohne Sehnen und Bindegewebe!) verabreicht werden.

Schließlich beachte man, daß der Patient seinem Körper die notwendige Flüssigkeitsmenge einverleibt; das erkennt man nicht etwa an der Menge der genossenen Speisen und Getränke, sondern an der Urinausscheidung; bei einer motorischen Insuffizienz III. Grades findet man gewöhnlich eine Diurese unter 500 ccm Urin innerhalb 24 Stunden. Dieser Wert beweist schon eine ungenügende Ernährung. Erst dann sind die Folgen der motorischen Insuffizienz behoben, wenn die Flüssigkeitsausscheidung auf normal hohe Werte gestiegen ist (ca. 1500 pro Tag und mehr) und das Körpergewicht konstant bleibt bezw. sich hebt. Man trachte nicht etwa durch reichliches Trinkenlassen von Flüssigkeiten (Wasser, Suppen, Tee etc.) die Diurese zu steigern: Das nützt nichts, solange nicht die motorische Insuffizienz gebessert ist; im Gegenteil größere Flüssigkeitszufuhr verursacht nur eine Vergrößerung (Ektasie) des atonischen Magens, daher ist in der Kost auch die Flüssigkeitszufuhr in größeren Mengen auf einmal zu widerraten, ja bei stärkerer Insuffizienz nehme man zunächst überhaupt von der Zufuhr der Getränke per os Abstand und verabreiche Wasserklistiere (1—2 am Tage, 300—500 ccm) per rectum. Alkoholika verbiete man im allgemeinen, dagegen ist gegen die Verabreichung von Tee, Kaffee in kleinen Mengen nichts einzuwenden.

Schließlich seien noch einige Diätschemen (nach Riegel) als Beispiele hier angeführt.

I. Diätzettel bei Ektasie mit verminderter HCl-Sekretion (zit. nach Riegel) [ca. 2060 Kal.]

Früh 7 Uhr: 250 ccm Milch[1]), 30 g Röstbrot, 5 g Butter
10 Uhr: 125 ccm Bouillon mit 1 Ei, 30 g Röstbrot
12 Uhr: Leguminosensuppe aus 20 g Leguminose mit 1 Eigelb.
Mittags 1 Uhr: 100 g Kalbsmilch,
Omelette soufflée aus 2 Eiern, 10 g Zucker, 10 g Butter.
Nachmittags 4 Uhr: 250 ccm Milch[1]), 2 Zwiebäcke.
Abends 7 Uhr: Reismilchbrei aus 50 g Reis, 250 ccm Milch, 15 g Zucker.
Abends 9½ Uhr: 150 ccm Milch, 2 Zwiebäcke.
(30 g Kaseinnatrium auf Milch und Bouillon verteilt.)

II. Diätzettel bei Ektasie mit erhaltener oder vermehrter HCl-Sekretion.

Früh 7 Uhr: 250 ccm Milchkakao, 3 Zwiebäcke, 1 Ei.
Früh 10 Uhr: 70 g Braten, 20 g Röstbrot.
Mittags: 80 g gesottenen Hecht
140 g Kalbsbraten oder Schnitzel
50 g Kartoffelbrei
4 Uhr: 125 ccm Milchkakao, 2 Zwiebäcke.
7 Uhr: (nach vorangegangener Magenspülung): 100 g roher Schinken, 30 g Röstbrot, 10 g Butter, 2 Eier.
9 Uhr: 250 ccm Milch mit 10 g Kaseinnatrium und 2 Zwiebäcke.

Magengeschwür.

Wie jede Wunde, so erfordert auch das blutende Magengeschwür Ruhigstellung des blutenden Organes, also des Magens. Es ist daher eine schon lange in der Medizin durchgeführte Regel, beim blutenden Magenulkus den Magen ruhig zu stellen. Daß eine derartige Ruhigstellung des Magens absolut nur erreicht

[1]) Wird am besten nicht auf einmal, sondern in Zwischenräumen genommen.

werden kann durch jegliche Fernhaltung der Nahrung von dem Magen, ist einleuchtend, um andererseits aber den Kranken nicht ohne Nahrungszufuhr zu lassen, hat man den Weg der rektalen Nährklistiere gewählt. Eine Frage bleibt nur von besonderer Wichtigkeit, wie lange man nämlich diese rektale Ernährung durchführen soll? In dieser Beziehung ist man früher sehr weit gegangen; man hat bis zu drei Wochen und darüber hinaus die rektale Ernährung der Ulkuskranken durchgeführt und wenn man auch dem betreffenden Ulkuskranken pro Tag zwei bis drei Nährklistiere zugeführt hat, so stellt doch eine derartige protrahierte Rektalernährung eine grobe Unterernährung dar, insofern man dem Kranken nicht mehr als vielleicht 600 Kalorien pro Tag zuführt. Es ist aus diesem Grunde auch das durchaus berechtigte Bestreben hervorgegangen, die Ruhigstellung des Magens nicht über ein gewisses Maß hinaus auszudehnen, um den Kranken nicht unnötig durch Unterernährung herunterkommen zu lassen. Wenn wir uns deshalb praktisch auf den Standpunkt stellen, nicht länger als zwei Tage nach der letzten Blutung die Ernährung per os hinauszuschieben, so wählen wir die goldene Mittelstraße zwischen älteren und neueren Bestrebungen, zum Vorteil des Kranken.

Zur Technik der Nährklistiere verweisen wir auf das auf S. 152 angeführte, wobei wir die Wahl des Klistieres freistellen, sofern es auf rationellen Grundsätzen aufgebaut ist. Will man ganz von den Nährklistieren absehen, so kann man es auch ohne großen Schaden tun, sofern man — und das ist besonders wichtig und auch der hauptsächlichste Nutzen der Nährklistiere liegt darin — für ausreichende Flüssigkeitszufuhr sorgt; diese darf aber nicht per os geschehen; um den Durst zu stillen, läßt man nur Eisstückchen im Munde zergehen und das Wasser wieder ausspucken, während man durch Zufuhr von dreimal täglich 300 ccm physiologischer Kochsalzlösung per rectum (ev. mit Zusatz von einigen Tropfen Opiumtinktur) die eigentliche Wasseraufnahme erreicht.

Nach der Ruhigstellung des Magens beginnt man die eigentliche Ulkusdiät entweder in Form der Leube-Ziemssenschen Kur, die neben der leicht verdaulichen Kost absolute Ruhe in der ersten Zeit der Behandlung erfordert und sehr bald gewisse Mineralwässer (Karlsbader Mühlbrunnen) zu Hilfe nimmt oder — neuerdings — in Form der Lenhartzschen Kur.

Pentzoldt hat die Speisen zum Gebrauche für eine Leube-Ziemssensche Ulkuskur nach dem Grade ihrer Verdaulichkeit geordnet und sie in vier Gruppen eingeteilt. Die erste Kostordnung läßt er etwa 10 Tag, die zweite ebensolange, die dritte etwa 8 Tage lang und die vierte etwa 8—14 Tage lang durchführen.

Speisen oder Getränke	Größte Menge auf einmal	Zubereitung	Beschaffenheit	Wie zu nehmen
		I. Kost (ca. 10 Tage)		
Fleischbrühe	250 g ca. 1/4 Liter	aus Rindfleisch	Fettlos, wenig oder gar nicht gesalzen	langsam
Kuhmilch	250 g	gut abgesotten, ev. sterilisiert (Soxhlet)	ev. 1/3 Kalkwasser, 2/3 Milch	ev. mit etwas Tee
Eier	1–2 Stück	ganz weich, eben nur erwärmt oder roh	frisch	wenn roh, in die warme, nicht kochende Fleischbrühe völlig verrührt
Fleischsolution (Leube-Rosenthal)	30—40 g	—	darf nur einen schwachen Fleischbrühgeruch haben	Teelöffelweise oder in Fleischbrühe verrührt
Kakes (Albert-Biskuits)	6 Stück	—	ohne Zucker	nicht eingeweicht, sondern gut kauen und einspeicheln
Wasser	1/8 Liter	—	gewöhnl. oder natürl. kohlens. mit schwachem CO_2-Gehalt (Selterswasser)	nicht zu kalt
		II. Kost (ca. 10 Tage)		
Kalbshirn	100 g	gesotten	von allem Hautartigen befreit	am besten in der Fleischbrühe
Kalbsbries	100 g	gesotten	„	„
Tauben	1 Stück	„	nur jung, ohne Haut, Sehnen und ähnliches	„
Hühner	1 Stück von Taubengröße	„	„ (keine Masthühner)	„
Rohes Rindfleisch	100 g	fein gehackt od. geschabt und wenig Salz	vom Filet zu nehmen	mit Kakes zu essen
Rohe Rindwurst	100 g	ohne Zutat	wenig geräuch.	ebenso
Tapioka	30 g	mit Milch als Brei gekocht	—	—

Speisen oder Getränke	Größte Menge auf einmal	Zubereitung	Beschaffenheit	Wie zu nehmen
		III. Kost (ca. 8 Tage)		
Taube	1 Stück	mit frisch. Butter gebraten, nicht zu scharf	nur junge, ohne Haut usw.	ohne Sauce
Huhn	1 Stück	„	„	„
Beefsteak	100 g	mit frisch. Butter halbroh (engl.)	das Fleisch vom Filet, gut geklopft	„
Schinken	100 g	roh, feingeschabt	schwach geräuchert ohne Knochen, sog. Lachsschinken	mit Weißbrot
Milchbrot od. Zwieback od. Freiburger Brezeln	50 g	knusperig gebacken	altbacken (sog. Semmeln, Wecken)	sehr sorgfältig zu kauen, gut einspeicheln
Kartoffeln	50 g	a) als Brei durchgeschlagen b) als Salzkartoffeln zerdrückt	die Kartoffeln müssen mehlig, beim Zerdrücken krümelig sein	—
Blumenkohl	50 g	als Gemüse in Salzwasser gekocht	nur die Blumen zu verwenden	—
		IV. Kost (ca. 8—14 Tage)		
Reh	100 g	gebraten	Rücken, abgehängt, doch ohne Hautgout	—
Rebhuhn	1 Stück	gebraten, ohne Speck	junge Tiere, ohne Haut, Sehnen, die Läufe usw. abgesägt	—
Roastbeef	100 g	rosa gebraten	von gutem Mastvieh, geklopft	warm oder kalt
Filet	100 g	rosa gebraten	„	„
Kalbfleisch	100 g	gebraten	Rücken od. Keule	„
Hecht Schellfisch Karpfen Forelle	100 g	gesotten in Salzwasser, ohne Zusatz	sorgfältige Entfernung der Gräten	in der Fischsauce
Kaviar	50 g	roh	wenig gesalzener russischer Kaviar	—
Reis	50 g	als Brei durchgeschlagen	weichkochender Reis	—
Spargel	50 g	gesotten	weich, ohne die harten Teile	mit zerlassener Butter

Speisen oder Getränke	Größte Menge auf einmal	Zubereitung	Beschaffenheit	Wie zu nehmen
Rührei	2 Stück	mit wenig frisch. Butter u. Salz	—	—
Eierauflauf	2 Stück	mit etwa 20 g Zucker	muß gut aufgegangen sein	sofort zu essen
Obstmus	50 g	frisch gesotten, durchgeschlagen	von allen Schalen und Kernen befreit	—
Rotwein	100 g	leichter, reiner Bordeaux	oder eine entsprechende Rotweinsorte	leicht angewärmt

Allgemeine Regeln. Langsam essen und sehr sorgfältig kauen und einspeicheln. Das Fleisch soll genügend abgehängt sein, ohne jeden Geruch sein und genügend abgeklopft sein.

Riegel betont als besonders wichtig für die Diätetik des Magenulkus den Gebrauch der Milch, wobei er die leichtere Verdaulichkeit der gekochten Milch gegenüber der rohen Milch hervorhebt. Da, wo die Milch schlecht vertragen wird, kann man Zusätze von Kalkwasser, Natron, Kasein, Tropon, Sanatogen etc. machen. Auch die Verwendung als Milchkakao erscheint diätetisch geeignet. Ist Kasein die Ursache der schweren Verdaulichkeit, so käme die Verwendung von Gärtnerscher Fettmilch, deren Kasein zum Teil entfernt ist, in Frage, auch mit Wasser verdünnte und mit Milchzucker versetzte Sahne, ev. auch Milchkonserven und dergl. mehr. Riegel empfiehlt weiter auch Abkochungen von Tapioka, Reis-. Maizenamehl, Arrowroot, Löfflundsches Kindermehl und dergl. mehr. Die erste Zeit soll der Kranke — bei Bettruhe — nur flüssige Diät einnehmen, allmählich (nach 14 Tagen) kann man dann nach Riegel zur konsistenteren und reichlicheren Kost übergehen, doch nur erst möglich spät zur IV. Kostordnung, die den Übergang zur normalen Kost bildet.

Ein Diätschema nach Riegel stellt sich dann ungefähr folgendermaßen dar.

I. Schema (für die erste Zeitperiode, 1133 Kal.).

1½ Liter sehr guter Milch (die Milch soll nur in kleinen Portionen genommen werden; die Gesamtdosis kann von Tag zu Tag gesteigert werden).

200 ccm Bouillon.
20 g Kaseinnatrium, auf Milch und Bouillon verteilt.
(ca. 1100 Kal.)

II. Schema (für die zweite Zeitperiode, 1826 Kal.).

2 Liter Milch (auf den Tag verteilt).
4 Kakes (zu 8 g).
Suppe aus 15 g Sago, 10 g Butter, 1 Ei, 10 g Albumosen (statt dessen Plasmon, Kasein, Sanatogen).
150 ccm Fleischbrühe, 1 Ei, 10 g Kaseinnatrium.
(ca. 1800 Kal.)

III. Schema (für die dritte Zeitperiode, 2156 Kal.).

2 Liter Milch auf den Tag verteilt.
200 ccm Bouillon und 2 Eier.
1 gekochte Taube, gehackt (zu 100 g), oder 100 g Kalbsmilch.
30 g Reis, mit Bouillon gekocht.
Suppe aus 30 g Tapiokamehl.
10 g Butter und 1 Ei.
4 Zwiebäcke auf den Tag verteilt.
(ca. 2150 Kal.)

Schema für die vierte Zeitperiode.

Früh: Tee mit 100 ccm Milch, 20 g Zucker, 3 Kakes.
10 Uhr: 200 ccm Bouillon mit 10 g Kaseinnatrium, 15 g Sago und 1 Ei.
Mittags: Suppe aus 15 g Hafer- und Gerstenmehl, 10 g Butter und 1 Ei
150 g Beefsteak mit 20 g Butter gebraten
100 g Kartoffepüree.
Nachmittags: Tee mit 100 ccm Milch, 20 g Zucker, 3 Kakes.
Abends: 100 g geschabter Schinken
150 g Tapiokabrei
20 g Röstbrot, 10 g Butter.
Später: 250 ccm Milch, 2 Zwiebäcke.

Die jüngste Zeit hat uns ermutigt, kühner diätetisch vorzugehen. Lenhartz hat hervorgehoben, daß der blutende Ulkuskranke ja stets Blut, also etwas, was der Verdauung anheimfällt, in seinem Mageninhalt beherbergt und zweitens hat er besonders die salzsäurebindende Eigenschaft des Eiweißes betont. Lenhartz gibt also selbst am Tage der Blutung 200—300 g Milch und einige Eier per os, um bald mit der Diät zu steigern.

Stehen wir auch auf dem Standpunkte, den wir oben auseinandergesetzt haben, wenigstens in den ersten Tagen in und nach der Blutung von der Nahrungszufuhr abzusehen, so schließen wir uns doch dem Lenhartzschen Prinzip an, wobei wir als weiteren Vorteil dieser Diät ansehen, daß Bouillon, Peptone, die erfahrungsgemäß stark magensafttreibend wirken, aus der Kost ausgeschlossen sind. Auch das rohe Fleisch wird man besser aus der Lenhartzschen Diät streichen und durch Brei eines gekochten Fleisches (Hirn, Kalbsbries, Huhn etc.) ersetzen, da rohes Fleisch sehr stark die Saftsekretion anregt.

Diätschema.

Die beiden ersten Tage keine Nahrungszufuhr.

Tage nach der Hämatemesis	3.	4.	5.	6.	7.	8.	9.	10.	11.	12.	13.	14.	15.	16.
Eier, geschlagen .	2	3	4	5	6	7	8	8	8	8	8	—	—	—
Milch, geeist, teelöffelweise . .	200	300	400	500	600	700	800	900	1000	1000	1000	—	—	—
Zucker	—	—	20	20	30	30	40	40	50	50	50	—	—	—
Rohes Hackfleisch (besser püriertes Kalbfleisch, Huhn, Hirn, Kalbsbries) . .	—	—	—	—	—	35	2 × 35	2 × 35	2 × 35	2 × 35	2 × 35	—	—	—
Milchreis	—	—	—	—	—	—	100	200	200	200	300	—	—	—
Zwieback	—	—	—	—	—	—	—	20	40	40	60	—	80	100
Rohschinken . .	—	—	—	—	—	—	—	—	—	50	50	—	—	—
Butter	—	—	—	—	—	—	—	—	—	20	40	—	—	—
Kalorien	280	420	637	777	955	1135	1588	1721	2138	2478	2941	3007	3073	—

Gegen Ende der dritten Woche geht man dann zu einer flüssigbreiigen Kost über, die aus Milch und Eiern (etwa 4 an der Zahl), Zwieback, Butter, Grieß-, Reis-, Hafermehlbrei, Kartoffelbrei besteht mit Zulagen pürierter Fleische (100—200 g). In der vierten Woche sind dann Gemüsepürees erlaubt, auch steigt man mit der Zufuhr des Fleisches, zunächst noch in der Form von Fleischpürees. Betonen möchten wir, daß man nach Durchführung einer derartigen 5—8 Wochen langen Ulkuskur, die in den ersten 3Wochen mindestens im Bett zugebracht werden soll, nicht sofort zur vollen Kost übergehen darf, sondern daß man nach Möglichkeit danach noch einige Monate lang eine breiige weiche Kostform verordnen soll. Das gleiche ist der Fall, wenn es sich um nicht blutende Ulcera oder sog. Magenerosionen mit Kardialgien handelt. Sind die Schmerzen sehr groß, so läßt man eine strenge Ulkuskur durchmachen, im leichteren Falle genügt eine breiig-weiche Diätform in ähnlicher Weise durchgeführt wie bei sog. Superazidtät des Magensaftes (s. S. 166).

Man kann vom Beginn der zweiten Woche ab die diätetische Ulkuskur durch Verabreichung von $1/4$ Liter Karlsbader Mühlbrunnen mit Zusatz von 5—10 g Karlsbader Salz, 50° C heiß morgens und abends getrunken, während der Patient heiße Breiumschläge auf die Magengegend appliziert bekommt, unterstützen oder kann im Sinne von Mintz-Fleiner Bismuthum carbonicum in wässeriger Suspension verabreichen.

Magenkrebs.

Es ist nicht ohne weiteres möglich, ein diätetisches Schema für die Ernährung der Magenkrebskranken zu geben. Das liegt zum Teil an gewissen subjektiven Momenten: Inappetenz der Kranken gegenüber manchen Speisen, z. B. gegenüber dem Fleisch, denen man von Fall zu Fall Rechnung tragen muß; zum Teil liegt das auch an den mannigfaltigen verschiedenen Störungen, die das Magenkarzinom — es darf sich ja nur um das inoperable Magenkarzinom handeln, das operable gehört dem Messer des Chirurgen — in bezug auf Motilität und Sekretion des Magens setzt. Zwei Störungen kommen im wesentlichen in Betracht: Erstens Versiegen der Salzsäure-Pepsinsekretion, ferner Stagnation des Mageninhaltes mit bald nachfolgender fauliger Zersetzung bezw. Gärung. Ist Stagnation des Mageninhaltes vorhanden — Magenspülungen wirken zunächst noch unterstützend, später sind sie auch erfolglos —, so gebe man eine breiig-weiche Diät, wobei man bei noch vorhandener Salzsäure Fleisch bezw. Milcheiweiß neben Schleimsuppen und Mehlspeisen verabreichen kann. Gemüse sind nur dann erlaubt, wenn sie durchs Sieb geschlagen werden können. Milch kann man nur verabreichen, wenn sie dem

Kranken bekömmlich ist; ev. kommen hier Ersatzpräparate in Frage: Gärtnermilch, Milchkonserven, Nestles Kindermehl etc. Auch mit Kefir kann man unter Umständen einen vorsichtigen Versuch machen. Ist neben der Stagnation die Salzsäuresekretion erloschen, so wird die Ernährung bereits schwieriger; die Fleisch- und Eiweißzufuhr, die nur in feinster Form geschehen darf, wird man nach Möglichkeit immer noch auf ein gewisses Maß zu bringen suchen; im übrigen wird man auch Zerealien in feinstvermahlener Form, sei es als Schleimsuppen oder als Breie immer noch zuführen müssen, auch wenn eine Gärung des Mageninhaltes besteht, die man durch medikamentöse Mittel (Resorzin, Salzsäure per os, sofern die Magenspülung aussichtslos), einzuschränken wird versuchen müssen. Hier ist vor der Milch mit dem leicht vergärbaren Milchzucker eher zu warnen.

Leichter zu behandeln sind die Fälle von Magenkarzinom, die selbst bei fehlender Salzsäuresekretion noch eine gute Motilität aufweisen. Hier führe man die Diät ruhig mit größeren Eiweißmengen, sei es in Form von Fleischgelees, Fleischsäften, Fleischbreien oder mit Hilfe von Eiern, Eiweißpräparaten etc. durch; bezüglich der Kohlehydrate und Fette verhalte man sich wie bei der Achylia gastrica.

Der Magen der Magenkarzinomkranken ist höchst launisch, und diesen Launen muß man nachgeben. Alkohol, Limonaden etc. a priori zu verbieten ist ebenfalls nicht nötig, ja die Alkoholika sind bis zu einem gewissen Grade der Psyche der Kranken wegen und wegen der die Saftsekretion anregenden Wirkung brauchbar. Auch in desolaten Fällen mit stärkerer Stagnation des Mageninhaltes kann eine Gastroenterostomie noch Gutes leisten.

Magenneurosen.

Zu diesen zählen wir die Sensibilitätsneurosen, die Sekretionsneurosen und die Motilitätsneurosen. Beginnen wir mit den letzteren, so ist unter diesen als besonders wichtig und diätetisch besonders beachtenswert der Vomitus nervosus, das **nervöse Erbrechen** anzusehen; es schließt als solches jede organische Erkrankung des Magens aus und kann in letzter Linie zerebral bezw. spinal bedingt sein; ferner gehört dazu das Erbrechen Hysterischer und der Neurastheniker und schließlich das reflektorische Erbrechen ausgelöst von bestimmten Organen (z. B. vom

Uterus bei Schwangeren). Die diätetische Einstellung erfordert zu Zeiten der Brechkrisen oft vollkommene Ausschaltung jeder Nahrungszufuhr per os, mit Ernährungsversuch durch Nährklysmen. Sobald das Erbrechen nachläßt, beginnt man vorsichtig mit kleinen Mengen der Nahrungszufuhr, wobei man sich ganz praktisch auch an das Diätschema der Ulcuskranken halten kann. Das Wesentlichste bleibt, daß man dem Magen zu Anfang nur kleine Mengen anbietet, dafür aber lieber öfters, z. B.:

Morgens 8 Uhr: ½ Tasse Milch.
10 Uhr: 1 Zwieback mit Butter bestrichen.
12 Uhr: Feingeschabtes Rindfleisch mit Butter und (ungesüßtem) Zwieback oder Toastbrot
2 Uhr: Haferschleimsuppe
Apfelmus.
4 Uhr: ½ Tasse Tee und Milch.
6 Uhr: Zwieback mit Butter.
8 Uhr: ½ Tasse Milch.

Wo starkes Durstgefühl besteht, wird man Wasserklistiere anwenden oder per os eisgekühlte Kompotte, Frucht-Himbeereis, eisgekühlte Milch mit Selterswasser geben etc.

Bei dem Erbrechen der Schwangeren versuche man — da es gewöhnlich des Morgens aufzutreten pflegt — das Frühstück im Bett einnehmen zu lassen, oder überhaupt die Hauptmahlzeit auf den Abend zu verlegen; auch die häufige Aufnahme kleiner Nahrungsmengen leistet hier gute Dienste. In schwereren Fällen vorsichtige Ernährung wie beim Ulcus ventriculi in den ersten Tagen. Auf die übrigen therapeutischen Maßnahmen (Magenspülungen mit kaltem Wasser, medikamentöse Therapie) kann hier nicht eingegangen werden; nur eines sei noch hervorgehoben, daß man gerade bei Hysterischen häufig trotz vielfachen Erbrechens keine Gewichtsabnahme der Kranken beobachtet, was ev. uns sogar veranlassen muß, aus rein suggestiven Gründen dem Erbrechen der Hysterischen diätetisch wenig Bedeutung beizulegen.

Unter den Sensibilitätsneurosen des Magens werden wir die Hyperästhesie der Magenschleimhaut ebenso wie die Gastralgie diätetisch individuell bezw. rein medikamentös behandeln müssen, während die Bulimie in erster Linie diätetisch durch Verabreichung geringer Mengen fester oder flüssiger Diät und zwar alle Stunden oder zwei Stunden behandelt werden muß. In zweiter

Linie kommt dann die Verabreichung der Nervina (Brom, Valeriana etc.) in Frage. Bei manchen Patienten treten in milderer Form Heißhungergefühle zwischen den Mahlzeiten auf, deren Befriedigung durch das Essen geringer Mengen von Fleischpastillen (Brand) oder Beefkakes (Strochein) zu erreichen ist.

Schwieriger ist die Bekämpfung des entgegengesetzten Zustandes, der Anorexia nervosa, d. h. der nervösen Appetitlosigkeit. Die Frauen, namentlich junge Mädchen besser situierter Stände mit und ohne Chlorose stellen hier das größte Kontingent, daneben findet sie sich auch bei Männern, die dem Abusus des Rauchens, des Morphiums etc. unterlegen sind, besonders dann, wenn die konstitutionelle Minderwertigkeit des Organismus von Haus aus da war.

Ganz besonders wichtig wird uns die nervöse Anorexie als ein Begleitsystem oder besser Frühsymptom der Lungentuberkulose. Die Ernährung hat in Fällen von Anorexie zunächst mit kleinen Nahrungsmengen, ähnlich wie beim nervösen Erbrechen, alle 2 Stunden gereicht, zu beginnen, wobei man zweckmäßig die den Magen zur Sekretion reizenden Nahrungsmittel: Bouillon, Fleischextrakt, Beefsteak, Fleischsolution, kleine Mengen Alkohol zusammen mit Ei, Sardellen, Anchovis, Kaviar, Austern, überhaupt leichtere Delikatessen in den Vordergrund rückt. Allmählich steigt man mit der Nahrungszufuhr quantitativ und um die Nahrung besonders kalorisch wichtig zu gestalten, empfiehlt sich die Zulage größerer Mengen guter Teebutter. Sahne, sonst ja sehr erwünscht, vermindert in diesen Fällen meist stark den Appetit und liegt auch den Kranken lange im Magen. Man trachte nach einiger Zeit der Diätkur — die man zunächst unter Einhaltung der Bettruhe durchführt — eine Mastkur durchzusetzen, wenn nicht anders sogar unter Zuhilfenahme der Schlundsonde, wobei man dann ein- oder zweimal am Tage größere Mengen der Nahrung (s. S. 150) einführt. In ganz desolaten Fällen bleibt überhaupt die Schlundsonde der letzte Rettungsanker; Fleiner rät in diesen Fällen, vor der künstlichen Ernährung zur Vergrößerung des Rauminhaltes des Magens wiederholt Wasser in den Magen ein- und ausfließen zu lassen und danach Hafergrütze mit Milch zu verabfolgen (in Mengen von 200—300 ccm, später steigend auf 500 bis 800 ccm); eine Liegekur ist dabei durch 2—3 Wochen durch zu halten. Leider kommt man aber auch damit in seltenen Fällen nicht zum Ziel; nach unserer Erfahrung sind das dann in psychischer Beziehung schwer hereditär belastete Individuen, deren Körper zugleich das Stigma der konstitutionellen Minderwertigkeit trägt.

Zu den Magenneurosen gehören weiter die nervösen Sekretionsstörungen, unter denen die nervöse Dyspepsie die am meisten im Vordergrunde und diätetisch wichtigste ist. Das Wesen dieser nervösen Störung wird durch die Erklärung Leubes am besten verständlich gemacht:

„Der Verdauungsvorgang ruft auch beim gesunden Menschen Erregung des Nervensystems hervor; Eingenommenheit des Kopfes, Müdigkeit, allgemeines Unbehagen, das Gefühl des Vollseins sind mehr oder weniger bei jedem Menschen vorhanden. Treten diese unangenehmen, den Verdauungsakt physiologischerweise begleitenden nervösen Erscheinungen in ungewohnter Intensität auf und gesellen sich bei normaler Digestion neue, ebenfalls auf das Nervensystem zu beziehende Symptome hinzu, so entwickelt sich die „nervöse Dyspepsie"." Es handelt sich bei dieser nervösen Dyspepsie meist um ein launenhaftes wechselndes Verhalten des Magens, vor allem der Magensekretion gegenüber manchen Speisen bezw. überhaupt gegenüber der Nahrungsaufnahme, wobei man die Leistungsfähigkeit des Magens in Abhängigkeit von dem labilen Zustand des Nervensystems findet. Ist daher die Bekämpfung der nervösen Dyspepsie gewöhnlich auch in erster Linie an allgemeine, das Nervensystem beeinflussende Maßnahmen (Hydrotherapie etc.) geknüpft, so tritt doch auch hier die Ernährungsfrage in Vordergrund, insofern nämlich durch Aufbesserung des allgemeinen Kräftezustandes sich auch die Überempfindlichkeit des Magens bessert. Bei sehr heruntergekommenen Patienten versuche man daher eine Überernährungs-Ruhe-Kur durchzuführen, wobei man u. a. auf eine Ernährung durch die Schlundsonde nicht wird verzichten können. Man führt etwa zweimal am Tage Milch, Eier, Fleischsolutionen durch die Schlundsonde ein (cfr. S. 150), wobei nur die Frage des Erbrechens wichtig wird. Um letzteres zu vermeiden, lasse man, wie gesagt, eine Liegekur mit warmen Breiumschlägen nach der Sondenernährung durchführen. Mag die Patienten zunächst der Druck nach der Einführung der Nahrung stören, allmählich (8—10 Tage) gewöhnen sie sich daran und schließlich gelingt die Nahrungsaufnahme per os, die man später zu einer Überernährungskur (unter Wahrung der Bettruhe, Massage etc.) ausgestaltet (cfr. S. 103).

Schließlich seien noch einige Worte über die

Lage und Formveränderungen des Magens

in diätetischer Beziehung angeführt. Die Gastroptose, die als „Langmagen" eine Teilerscheinung einer Asthenia universalis, d. h. des Stillerschen Habitus darstellt, pflegt gerade bei Mädchen nach der Pubertätszeit ebenso wie ohne diesen Habitus bei Frauen die durch häufige und kurz hintereinander folgende Partus stark geschwächt und bei denen sich durch die Schlaffheit der Bauchdecke und intraabdominalen Bänder eine allgemeine Enteroptose ausgebildet hat, zeitweise intensive Beschwerden nach der Nahrungsaufnahme zu verursachen, darin bestehend, daß jede größere Nahrungsmenge Magendruck, ev. Magenschmerz mehrminder diffuser oder lokalisierter Art verursacht. Erfahrungsgemäß wird die Gastroptose durch eine Mast-Liege-Kur mit häufigen und kleinen Mahlzeiten sehr günstig beeinflußt, man überzeuge sich nur davon, daß keine Anomalien der Sekretion oder Motilität des Magens bestehen; auch bei dem Sanduhrmagen, der häufig gleiche Symptome verursacht, versuche man, sofern keine deutlicheren Stenosenerscheinungen da sind, eine gleiche Liege-Mast-Kur. (Über die Prinzipien der letzteren s. S. 103.) Bei ausgesprochenen Stenosenerscheinungen halte man sich an die bei motorischer Insuffizienz dargelegten Prinzipien.

Darmerkrankungen.

Die Voraussetzungen der zweckgemäßen Diätetik der Darmerkrankungen ist die richtige Diagnostik dieser Zustände. Diese Diagnostik gründet sich in erster Linie auf den Verlauf der Erkrankung, dann auf den Lokalbefund. So zeichnen sich z. B. Katarrhe des Dünndarms durch Druckempfindlichkeit in der vorderen und unteren Bauchgegend aus, solche des Dickdarms durch Empfindlichkeit in der seitlichen Bauchgegend. Die Typhlitis und Appendizitis lokalisiert sich in der rechten Darmbeinschaufelgegend, sich hier durch Druckschmerz, Geschwulst, Auftreibung etc. manifestierend, die Sigmoiditis lokalisiert sich auf die linke Darmbeinschaufelgegend, wo man einen walzenförmigen runden Tumor tastet etc.

Nächstdem kommt die Untersuchung des Stuhles in Frage. Hier achte man zunächst auf das Aussehen, seine Konsistenz, Farbe, auf die makroskopische Beimengung von Schleim, Eiter,

Blut, Bandwurmgliedern und anderen Parasiten, dann auf die Reaktion des Stuhles (besonders bei dünnen Stühlen, wo die alkalische Reaktion durch Eiweißfäulnis, die saure Reaktion durch Kohlehydratgärung bedingt wird). Nunmehr erfolgt die mikrospokische Untersuchung, wobei man auf Nahrungsreste, Bindegewebe, Muskelfasern, Fetttropfen, Fettsäurenadeln und Seifen, Stärkekörner achtet, auf die Reste der pflanzlichen Zellulosehüllen (die allerdings keinen pathologischen Befund darstellen), dann auf pathologische Beimengungen von Schleim, Epithelien, Leukozyten, auf Parasiteneier etc. Schließlich kommt als sehr wichtig in Frage der chemische Nachweis von Blut. Mit diesen Dingen kommt man in der Praxis aus; als speziellere chemische Untersuchung kommt noch der Nachweis von Trypsin im Stuhl in Frage und bei Resorptionsstörungen der quantitative Ausnutzungsversuch.

Zeigt sich im Stuhl mikroskopisch reichlich Bindegewebe, Muskelfasern, Fett (Tropfen und Nadeln) und Stärkekörner, so empfiehlt sich dringend die nochmalige Untersuchung nach Verabreichung einer Probekost nach Schmidt-Straßburger:

Morgens 0,5 l Milch oder falls Milch schlecht vertragen wird, 0,5 l Kakao aus 200 g Kakaopulver, 10 g Zucker, 400 g Wasser und 100 g Milch; dazu 50 g Zwieback.

Vormittags 0,5 l Haferschleim (aus 40 g Hafergrütze, 10 g Butter, 200 g Milch, 300 g Wasser, 1 Ei bereitet und durchgeseiht).

Mittags 125 g gehacktes Rindfleisch (Rohgewicht) mit 20 g Butter leicht gebraten, so daß es inwendig noch roh bleibt. Dazu 250 g Kartoffelbrei (aus 190 g gemahlenen Kartoffeln, 100 g Milch und 10 g Butter).

Nachmittags wie morgens.

Abends wie vormittags.

Diese Probekost enthält 102 g Eiweiß, 111 g Fett, 191 g Kohlehydrate und entspricht 2234 Rohkalorien.

Man läßt diese Kost drei Tage durchführen und untersucht die Fäzes des letzten Tages.

Akute Darmkatarrhe.

Sie schließen sich oft an die akute Dyspepsie an, kommen indessen auch häufig primär ohne eine vorherige Erkrankung des Magens vor. Im letzteren Falle pflegt allerdings bald auch der

Appetit notzuleiden, besonders bei vorhandenen Dünndarmkatarrhen.

Man muß unterscheiden zwischen Dünn- und Dickdarmkatarrhen; bei ersteren kann der Durchfall fehlen und das einzige objektive Zeichen kann sich in Kolik, Meteorismus der Därme und Druckempfindlichkeit der Därme kundgeben; bei Dickdarmkatarrhen steht der Durchfall, der meist von kotiger Beschaffenheit ist und häufig mit Schleim, ja Eiter bedeckt ist, im Vordergrund. Durchfälle bei Dünndarmkatarrhen haben meist eine gelbgrüne, flockige Beschaffenheit; auch sedimentieren sie häufig im Nachtgeschirr. Der Schleim ist innig gemischt mit dem Kote, nicht selten gallig tingiert.

Im allgemeinen wird man die Behandlung, die hauptsächlich diätetisch sein soll, mit einem Abführmittel (Kalomel oder Rizinusöl, sofern der Kräftezustand es erlaubt; daher bei alten Leuten Vorsicht; ja hier sind mitunter sogar herzanregende Mittel [Sekt, Kaffee] am Platze). Ferner verordne man warme Umschläge auf den Leib.

Zunächst beschränke man sich diätetisch auf Abkochungen von Sago, Arowroot, Salep und richte sich nunmehr nach der Beschaffenheit der Stühle. Sind diese hellgelb, stechend riechend, indem die Schaumbildung eine reichliche Nachgärung anzeigt und dadurch eine Intoleranz gegen Kohlehydrate sich manifestiert, so ist die Vermeidung reiner Kohlehydrate, der Milch, deren Milchzucker leicht vergärt, der Vegetabilien am Platze und eine Ernährung mit Eiweiß in leicht verdaulicher Form (Fleischsäfte, Fleischgelees, geschabtes rohes Fleisch vorzuziehen. Besonders beliebt ist (neben dem adstringierend wirkenden rohen Fleisch) die Hammelbouillon. Zu gestatten sind ferner Suppen oder Breie aus Hafermehlen, Reis, Grieß, Grütze usw.

Wenn die Durchfälle stinkend braun sind — Eiweißfäulnis —, so ist das Fleisch bezw. das Eiweiß möglichst einzuschränken und dafür sind Kohlehydrate in reichlicherer Menge, u. a. selbst die Milch (abgekocht) oder Milchpräparate (Gärtnersche Milch, Milchkonserven), ja selbst Kefir zu gestatten.

Treten Zeichen von Kräfteverfall ein, so verabsäume man nicht, frühzeitig Alkoholika zu verabreichen (Portwein, Malaga, Champagner, Sherry); auch der Glühwein ist (ohne Zimt!) empfehlenswert. Wasser lasse man nur abgekocht mit Zusätzen von Rum oder Kognak verabreichen.

Ganz besondere Vorsicht übe man bei dem Übergang zur vollen Ernährung, da sehr häufig Rezidive auftreten; es gelten da dieselben Prinzipien, wie sie bei der Besprechung der akuten Dyspepsie angeführt sind.

Die chronischen Diarrhöen.

Wenn wir hier die chronischen Diarrhöen als Ausgangspunkt der Diätetik wählen, als Symptom, dessen Ursache ganz verschiedenerlei sein kann (es kann sich darunter eine Achylia gastrica, eine Gärungsdyspepsie, ein chronischer Dickdarmkatarrh, ferner Ulcera des Dünn- oder Dickdarms verbergen, seien sie tuberkulöser, syphilitischer, urämischer, dysenterischer Natur), so tun wir es lediglich deshalb, weil die Diarrhöen dasjenige Symptom darstellen, das in erster Linie eine diätetische Einstellung erfordert. Man kann allerdings chronische Diarrhöen diätetisch nicht generell nach einem Schema behandeln; man muß genauestens die Diagnose der vorliegenden Störung wissen, und danach diätetisch individualisieren.

Finden sich beispielsweise im diarrhöischen Stuhle große Mengen Bindegewebe auch nach der Schmidt-Straßburgerschen Diät, so weist das auf eine Insuffizienz der Magenverdauung hin und sehr bald wird uns dann die Untersuchung des Magensaftes nach Probefrühstück und Probemahlzeit das Vorhandensein einer Achylia gastrica als die Ursache der Durchfälle ergeben (gastrogene Diarrhöen). Hier wird lediglich die Einstellung im Sinne einer Achylia gastrica das Übel beheben (cfr. S. 171). Also Beschränkung der Eiweißzufuhr, wozu an sich auch schon die meist stinkenden braunen Stühle mit reichlichen Muskelfasern und gut erhaltenen Kernen auffordern. Die Herabsetzung der Fleischrationen (rohes oder halbrohes Fleisch ist jedenfalls ganz zu verbieten), der Ersatz des Fleischeiweises durch Milch und die Zugabe von Nudeln, Makkaroni und Mehlspeisen in größerer Menge wirken dann oft Wunder. In schwereren Fällen ist (wenigstens für mehrere Tage) die Rosenfeldsche Ernährung mit 100 g Reis (mit Wasser oder Bouillon gekocht), 200 g Schokolade (mit Wasser gekocht) und 300 g Zwieback, wodurch man dem Kranken 2160 Kalorien zuführt, angebracht.

Die chronischen Dünndarmkatarrhe, bei denen die gelbgrünen Stühle entleert werden (man findet mikroskopisch viel gallig tingierten Schleim), zeichnen sich meist durch eine mangelhafte

Resorption der Kohlehydrate aus. Die Stühle gären deshalb auch stark nach — daher auch die Schaumbildung an den Fäzes, wenn man sie einige Zeit stehen läßt — und reagieren gegen Lakmus sauer (blaues Lakmuspapier wird gerötet). Diese Diarrhöen stellt man richtig ein, wenn man die Milch in allen Formen verbietet, ferner den leicht gärenden Rohrzucker. Geboten sind dagegen Schleimsuppen und Breie aus feinst vermahlenen Zerealien. Leguminosenmehle sind dagegen nur mit Vorsicht zu gestatten. Zum Süßen der Speisen bedient man sich des Saccharins. Kakao, Eichelkakao oder Haferkakao darf man gestatten. Desgleichen alle Fleischsäfte und Fleischpräparate, ferner Bouillon. Das Eiweiß soll in fein verteilter Form verabreicht werden: als geschabter Lachsschinken, Hirn, Kalbsmilch, hachiertes Hühner-, Tauben-, Kalbfleisch (eventuell Milcheiweißpräparate: Plasmon, Nutrose usw.). Allmählich legt man Gemüsepürees (Karotten, Möhren, Schoten, Spinat, Artischockenböden, Maronen) zu der Nahrung zu; das Weißbrot wird geröstet verabreicht (Toastbrot), oder sonst Zwieback. Butter ist in mäßigen Mengen gestattet. Mit steigender Toleranz erlaubt: Rindfleisch, Hammelfleisch, Fische, Makkaroni, Nudeln, Kartoffelpüree, Heidelbeergelee. Von Getränken erlaubt: Heidelbeerwein, Rotwein, Tee (kalt oder warm). (Verboten sind prinzipiell Kohl, Rüben, Salate, Obst, Kompotte außer Heidelbeeren, Schwarzbrot, kalte Getränke, Kaffee.)

Bei den Durchfällen infolge von Katarrhen des Dickdarms bezw. Geschwüren braucht man die Auswahl der Diät meist nicht so peinlich zu treffen wie bei den Katarrhen des Dünndarms. Man kann deshalb getrost auch Milch (eventuell in größerer Menge), Sahne, Butter, mageres Fleisch (befreit von Sehnen und Bindegewebe), Eierspeisen, Kohlehydrate in süßen Speisen, Breien und Suppen und Gemüse in durchpassierter Form (Karotten, Mohrrüben, Artischockenböden, Blumenkohl, Maronen usw.) versuchen. Ganz zu vermeiden sind auch hier kalte Getränke, Kaffee, blähende Gemüse (Kohl, Rüben), Salate, Leguminosen (außer in der Form der Leguminosensuppen), Obst und Kompotte. Erlaubt nur Heidelbeerkompotte oder -gelees. Von Getränken sind erlaubt Heidelbeerwein, Rotwein, Tee. Gewürze sind ganz zu vermeiden.

Brunnenkuren kommen erst nach Verschwinden der Durchfälle in Frage.

Betonen möchten wir noch, daß man beizeiten darauf Bedacht nehmen soll, daß der Kranke die notwendige Zahl der Kalorien zugeführt bekommt, da mit der Hebung der allgemeinen Kräfte sich auch die Widerstandskraft des Darmes hebt. Ist im Anfang wegen der Heftigkeit der Durchfälle die Ernährung noch unzureichend, so führe man rigoros eine Liegekur durch, wobei man meist ohne medikamentöse Therapie nicht auskommt. Opiate vermeide man nach Möglichkeit ganz und verwende vorzugsweise die Adstringentien (Tannin und seine Präparate), bei Dickdarmkatarrhen auch durch Einläufe; ferner das Kalkwasser wegen seiner syptischen Eigenschaften. Das Hauptgewicht lege man therapeutisch aber stets auf die richtige diätetische Einstellung.

Obstipation.

Während die **akute Obstipation** in den meisten Fällen keine eigentliche diätetische Einstellung erfordert, sondern durch Einlauf oder medikamentös zu beseitigen ist, es sei denn, daß die akute Obstipation bei bestehender Darmstenose ein alarmierendes Symptom darstellt, das zu einer diätetischen Einstellung der Darmstenose zwingt, ist die **chronische Obstipation** — ein Leiden, mit dem viele Menschen hereditär belastet sind, das auch oft die Folge der Vernachlässigung des Stuhlganges oder die Folge schlaffer Bauchdecken usw. darstellt — der Diätetik zugänglich. Im Gegensatz zur akuten Obstipation ist sie in erster Linie *diätetisch* zu bekämpfen; oft kommt man damit allerdings nicht aus und erst in letzter Linie, wenn Öleinläufe, Massage usw. nichts mehr gefruchtet haben, muß man sich zur Zuhilfenahme der Laxantien, und hier auch nur der ganz milden (Feigensirup, Cascara etc.) entschließen.

Man muß bei der Obstipation genauest die zugrunde liegende Ursache zu ergründen suchen. Handelt es sich beispielsweise um einen Dickdarmkatarrh, in dem Diarrhöen und Obstipation die Szene beherrschen, so verschwindet die Obstipation wenn der Dickdarmkatarrh behoben ist.

Vom rein praktisch-diätetischen Standpunkt aus klassifiziert man die chronische Obstipation am besten in die atonische Form, bei der ein fehlender Tonus der Dickdarmmuskulatur die Ursache der Verstopfung ist, und die spastische Form, bei der ein Hypertonus der Dickdarmmuskulatur eine Barrière für das Nachfolgen des Dickdarminhaltes abgibt.

Die Diagnose dieser beiden Zustände ist nicht immer leicht, doch im ganzen auch nicht schwierig, zeigt doch der Kot bei der atonischen Form die entsprechende Konfiguration der Dickdarmhaustren (Schafkot), oft von Schleim überzogen, während wir bei der spastischen Obstipation eine bleistiftdünne Kotsäule vor uns haben. Man kann auch durch die Palpation des Dickdarms weiter kommen: dort haben wir den schwappenden mit Kybala gefüllten Dickdarm, hier tastet man das eng zusammengezogene Dickdarmrohr besonders in der linken Flanke; es läßt sich der Dickdarm dann auch bis zum S romanum als spastisch kontrahiertes, walzenförmiges Rohr abtasten. Bei Frauen mit schlaffen Bauchdecken bleiben oft sehr lange verhärtete Kybala im Rektum liegen (eine Digitaluntersuchung des Mastdarms ist notwendig!), hier müssen natürlich Wassereinläufe (warm + Seife), zunächst das äußerste Hindernis wegräumen.

Diätetisch muß man eine allgemeine Regel in bezug auf die habituelle Obstipation voranschicken, erstens nämlich, daß kalte, namentlich auf nüchternen Magen genossene Getränke die Peristaltik anregen (daher die abführende Wirkung von 1 Glas kalten Wassers, morgens früh genossen); ferner daß eine schlackenreiche (zellulosereiche) Kost, rein mechanisch und dadurch, daß sich aus der Zellulose im Darm organische Säuren und Gase bilden, die Peristaltik anregt. Im gleichen Sinne wirken Fruchtsäfte, Salate, Obst, saure Milch, überhaupt organische Säuren. Nahrungsmittel und Genußmittel, die adstringierend wirken, müssen prinzipiell gemieden werden; daher zu verbieten Tee, Rotwein, Heidelbeeren, Preißelbeeren, Kakao und Kakao enthaltende Präparate.

Da wir es nun bei der atonischen Form der Obstipation mit einem wenig reizbaren Darm zu tun haben, so wird man alle die Nahrungsmittel bevorzugen, die erstens mechanisch den Darm reizen, zweitens viel Fruchtsäuren enthalten (Obst, Salate, Limonaden) bezw. Fruchtsäuren entwickeln (also die zellulosehaltigen Nahrungsmittel).

Man wird also bei der atonischen Obstipation alle Speisen genießen lassen und nur das Fleisch, das ja wenig Schlacken liefert, nach Möglichkeit einschränken. Namentlich verabreiche man größere Mengen von grobgeschrotetem Brote (300 bis 500 g Pumpernickel, Weizenschrotbrot, Grahambrot, Kommißbrot, Rademanns DK-Brot, Simonsbrot). Auch Honigkuchen ist zweckmäßig. Gröbere Gemüse (Kohl, Rüben), viel Salate mit Essig und Öl und saurer Sahne, Süßigkeiten. Marmeladen und Honig zum Frühstück, zum Mittag und Abend reichlich

Obst (alle Arten!) und Kompotte (besonders auch Rhabarberkompott) sind zu empfehlen. Vor dem Schlafengehen läßt man 12 Backpflaumen essen. Die Getränke sind kalt zu genießen, eventuell ist auf nüchternen Magen morgens kaltes Wasser zu trinken. Empfehlenswert sind gärende Getränke: gärender Traubenmost, Pilsener Bier, Weißbier und sonstige Jungbiere. Erlaubt Bohnen- oder Malzkaffee. Verboten alle Mehlsuppen und -Speisen, also Mehl, Reis-, Grieß-, Sago-Speisen etc.

Bei der spastischen Form der Obstipation werden wir den mechanischen Darmreiz der Schlacken ausschalten, dagegen als abführenden Reiz nur die organischen Säuren bevorzugen. Eine solche Diät gestaltet sich dann folgendermaßen: Morgens reichlich Honig oder Marmeladen, Weißbrot mit Butter, mittags reichlich Gemüse, Puddings, Kompotte (Apfelmus, Pflaumenmus), nachmittags Weißbrot mit Butter, Honig oder Marmelade. Abends Weißbrot mit Butter und Aufschnitt, vor dem Schlafengehen Apfelmus oder Pflaumenmus. Das Fleisch ist eingeschränkt, zellulosereiche Brote sind verboten, desgleichen die Schalen- und Hülsenfrüchte.

Als Getränke sind Sahne, Buttermilch, eintägiger Kefir, saure Milch, Yogurtmilch, Limonaden von Fruchtsäften, Apfelwein, Pomril, Pilsener Bier, Weißbier erlaubt. Das Obst soll nur in Püreeform, gekocht gegeben werden, von Gemüsen werden die zarteren bevorzugt. (Verboten daher Kohl, Rüben.) Verboten sind jegliches rohes Obst und fettes Fleisch.

Im Gefolge der habituellen Obstipation stellen sich häufig Tenesmen ein unter Abgang von Schleim. Man spricht dann von einer **Colica mucosa** (bei der spastischen Form) oder von einer **Enteritis membranacea** (bei der atonischen Form); beide Zustände sind diätetisch wie die entsprechenden reinen Obstipationsformen zu behandeln; sie eignen sich aber lokal besonders zu einer Ebsteinschen Ölkur oder Paraffinkur (abends 50—100 g) in das Rektum flüssig eingespritzt und am nächsten Morgen mit dem ersten Stuhlgang entleert.

Hier mögen noch einige Krankheiten des Darmes wegen deren klinischen Bedeutung diätetisch ihre Besprechung finden. Daß man bei einer **Appendicitis** im Anfalle, deren Behandlung nicht dem Messer der Chirurgen anheimgegeben ist, zunächst bis zur

Bekämpfung der peritonealen Reizerscheinungen sich auf Eispillen, teelöffelweise zugeführten Tee, kalte Milch beschränkt, dann allmählich bei Nachlaß des Anfalles zu Hafer-Schleimsuppen Fleischbrühen steigend, erst mehrere Tage nach Abklingen der akuten Erscheinungen zu reichlicherer Flüssigkeitszufuhr und weiter zu breiig-flüssiger Kost übergehen darf, braucht nicht besonders betont zu werden. Fälle von chronischer Typhlitis und Appendicitis behandle man diätetisch etwa wie eine spastische Form der Obstipation, wobei man besonders die vegetabilisch-zellulosereichen Nahrungsmittel (also blähende, fasernreiche Gemüse, ferner kernhaltiges rohes Obst etc.) verbietet.

Darmgeschwüre, die stark bluten, sind diätetisch während der Blutung und einige Tage danach mit Abstinenz per os und eventuell Nährklistieren oder Wasserklistieren zu behandeln, dann führt man die Lenhartzsche oder Leube-Ziemssensche Ulkuskur in analoger Weise wie beim Ulcus ventriculi durch (cfr. 177).

Chronische **Darmstenosen,** seien sie karzinomatöser oder nicht karzinomatöser Natur, wird man diätetisch verschieden einstellen: Eine Dünndarmstenose verlangt eine nach Möglichkeit flüssige (bezw. breiige) Ernährung unter möglicher Beschränkung der Eiweiß-(Fleisch-) Zufuhr, um die Fäulnis (Indikangehalt des Urins kontrollieren!) des Eiweißes einzuschränken. Aus diesem Grunde bevorzuge man auch die Milch und Milchpräparate (Zusätze von Sanatogen, Plasmon, Nutrose etc.) und gebe Fleisch (von Sehnen und Bindegeweben) befreit nur als Fleischsaft oder durch das Haarsieb geschlagen.

Unter den Kohlehydraten sind die feinvermahlenen Zerealien die gegebenen Nahrungsmittel: man verordne sie als Schleimsuppen oder Breie (natürlich ohne Zusatz von Mandeln und Rosinen). Mit den Leguminosenmehlen sei man selbst in der Darreichungsform der Suppen vorsichtig. Unter den Fetten stellt die Butter und eventuell das reine Olivenöl zweckmäßige Kalorienspender dar, deren Menge nicht limitiert zu werden braucht. Pürierte Gemüse und pürierte Kompotte, Zwieback, geröstetes Weißbrot sind in solchen Fällen von hochsitzender chronischer Darmstenose, wo die Gefahr eines akuten Ileus (Erbrechen etc.) besteht, mit Vorsicht erlaubt. Was die Getränke anbetrifft, so wird man keine allzu ängstliche Auswahl zu machen haben, sofern die stark kohlensäurehaltigen ausgeschlossen sind (also z. B. Selterswasser,

Biere). Auch gegen Alkohol lassen sich in der Darmstenose keine Gegenindikationen sehen.

Weniger ängstliche Rücksicht wird man bei Dickdarmstenosen diätetisch zu üben haben, zumal ja selbst bei flüssiger Diät im Dickdarm sich fester Kot bildet. Man kann also selbst hier getrost eine breiige, ja feste Diät verabreichen, unter möglichster Vermeidung aller schlackenreicher Nahrungsmittel. Die Diät wird sich also ähnlich wie bei der spastischen Form der Obstipation zu gestalten haben: man verabreiche keine zellulosereichen Brote und gebe prinzipiell nur geröstetes Weißbrot, Zwieback, Kakes. Von Zerealien die fein vermahlenen Mehle in Form von Suppen, Breien und süßen Speisen. Kompotte reichlich in pürierter Form. Von Vegetabilien sind die leicht gärenden einzuschränken, daher alle Kohlarten verboten, desgleichen alle Salate, Gurken, erlaubt sind Blumenkohl, Spinat, Karotten, durchs Sieb geschlagen. Zartes (sehnen- und faserarmes) Fleisch (Huhn, Taube, Fische), Kalbfleisch, zartes Wild (Reh), sind erlaubt. Von Butter, Sahne, Öl, Milch und deren Präparaten mache man reichlich Gebrauch.

Bezüglich der Getränke verhalte man sich wie bei Dünndarmstenosen.

(Im übrigen erzwinge man Stuhlgang durch hohe Einläufe.)

Daß das Bild des akuten Darmverschlusses uns sofort zur Einholung chirurgischen Rates zwingt und an sich diätetische Maßnahmen überflüssig macht, braucht wohl nicht hervorgehoben zu werden.

Einige Worte mögen nur noch über gewisse Darmneurosen gesagt werden: so die Neigung zur **Flatulenz,** die sich am ehesten durch Verabreichung von Teeaufgüssen der Karminativa (Kümmel, Fenchel, Wermut etc.) bekämpfen läßt. Die **neurogenen Diarrhöen** wird man nicht immer durch reizlose breiig-weiche Kostformen bekämpfen können, oft hilft hier besser eine normale gemischte Diät, wie sie nur ein gesunder Darmkanal bewältigen kann; daneben treten allerdings hydriatische Prozeduren und sonstige, die allgemeine Neurose bekämpfende Maßnahmen (Arsenkur etc.) in ihr Recht.

Daß man die **Plethora abdominalis** diätetisch bekämpft im Sinne einer Entfettungskur mit Einschränkung des Fleischeiweißes mag nebenher erwähnt werden; wichtig ist die Plethora abdominalis bei manchen Hämorrhoidariern, und die Entfettung neben der Einschränkung der Fleischzufuhr, Veränderung der Lebensweise, Sorge für regelmäßigen Stuhlgang stellt jedenfalls mit die hauptsächlichste innere Behandlung solcher Fälle von Hämorrhoidalzuständen vor. Es gibt daneben auch nicht plethorische Hämorrhoidalleiden. Hier sorge man diätetisch hauptsächlich für leichten Stuhlgang, zumal sich in solchen Fällen eine Neigung zu habitueller Obstipation herausstellt. Eine vorwiegend vegetabilische, obstreiche Kost tut dann oft Wunder.

Ikterus.

Wenn wir hier das Symptomenbild des Ikterus bei den Erkrankungen der Leber zum Ausgangspunkt diätetischer Besprechungen machen, so geschieht es nicht ohne Absicht, indem nämlich der Abschluß der Galle vom Darm in diätetischer Beziehung das wichtigste Symptom der Lebererkrankungen darstellt. Die Galle hat die Aufgabe, die Fette (Neutralfette und freie Fettsäuren) zur Lösung zu bringen und wenn die Galle im Darm fehlt, leidet notgedrungen die Lösung der Fette im Darm und damit auch deren Resorption. So ist es kein Wunder daß man bei Abschluß der Galle vom Darm 40 % des Nahrungsfettes im Kote wiederfindet, während Eiweiß in fast normaler Menge resorbiert wird und die Kohlehydrate vollkommen aufgesogen werden. Ein Ikterus erfordert deshalb, daß die Ernährung fettarm und kohlehydratreich sei, wobei man als Kohlehydrate die fein vermahlenen Zerealien in Form von Suppen, Breien und süßen Speisen, ferner zarte Gemüsepürees wählt. Da die Ga le weiter bis zu einem gewissen Grade Antiseptikum des Darmes ist, hat man auch eine größere Zufuhr von Fleisch (Taube, Huhn, Kalbfleisch, geschabtes Rindfleisch) zu vermeiden, während das Milcheiweiß (weißer Käse) und die Milchpräparate zu bevorzugen sind. Da die Milch trotz ihres Fettgehaltes von 4 % im gleichen Maße ein kohlehydratreiches und eiweißreiches Nahrungsmittel ist, wird man auch trotz ihres Fettgehaltes sie in Form von Magermilch womöglich unter Zusatz von Milchzucker beim Ikterus verwenden. Überhaupt sollen Fette nicht ganz aus der Nahrung fortgelassen werden, da sie zu einem Teile noch resorbiert werden, nur müssen sie als Butter oder in Milch, ja selbst in der Sahne zugeführt werden.

Man kann aber nicht alle Formen des Ikterus diätetisch gewissermaßen über einen Kamm scheren: Der Icterus catarrhalis stellt daneben ja eine akute Duodenitis meist mit allgemein dyspeptischen Symptomen dar: man wird also deshalb gerade in den ersten Tagen der Erkrankung eine „Dyspepsie"-Diät (cfr. S. 166) mit Bevorzugung von Schleimsuppen und Bouillon durchführen; erst nach einigen Tagen, wenn sich die Inappetenz gelegt hat, steigt man unter Zufuhr von Milch, Mehl etc. -Breien, Kartoffelmus pürierten Kompotten, Toastbrot, Zwieback, Kakes, Butter, pürierten Fleisch (Huhn, Kalb, geschabtes Rindfleisch etc.). (Sehr zweckmäßig gleichzeitig pro die 1—2 hohe Krullsche Kaltwasserklistiere von 1 Liter.)

Handelt es sich um einen chronischen Ikterus, so ist in erster Linie auf die kalorisch zureichende Kost zu achten, wobei man ja nicht allzu ängstlich auf die Fettfreiheit der Nahrung achten soll. Hier wird man besonders bei darniederliegender Ernährung sein Heil in der Milch (Magermilch), pro Tag 2 Liter etwa, Weißbrot, Kartoffelpüree, Mehlspeisen, Honig, Marmelade, Kompotte, Fleischpürees zu suchen haben. Fette Fleische verbiete man. Gezuckerte Limonaden sind ebenfalls Kalorienträger. Alkoholika vermeide man ganz mit Rücksicht auf die Leber; Tee Kaffee, sind erlaubt.

Eine derartige Kostzusammenstellung sei hier genannt:

2 l Magermilch,
300 g Weißbrot,
Bouillon,
200 g Kalbfleisch, Huhn, geschabtes Rindfleisch, zartes Reh, Kapaun, Fische,
40 g Zucker in Limonaden,
50 g Grieß, Reis etc. in Breien,
200 g Kompott, püriert.

Cholecystitis (Cholelithiasis).

Im Anfalle keine Ernährung, sondern nur Zufuhr kalten Tees oder geeister Milch, eisgekühlten Selterwassers oder von Eispillen. Nach Abklingen der Reizerscheinungen flüssige Kost: Haferschleim, später fettarme Bouillon, Milch, dann Zulagen von Zwieback, Kartoffelbrei, Mehl, -Grieß etc. -Breie, später Fleisch.

Ist der Anfall vorüber, so wird man, um die Gallenblase zu häufigen Entleerungen der Galle zu veranlassen, die Nahrung in häufigen (alle 2—3 Stunden) Mahlzeiten verabreichen. Abends und morgens läßt man heiße Getränke trinken (Karlsbader Wasser,

Wasser, Milch). Im allgemeinen empfiehlt sich die Verabreichung größerer Flüssigkeitsmengen. In der Auswahl der Speisen ist man bei Cholelithiasis früher weit ängstlicher gewesen. So verbietet noch J. Kraus (Karlsbad)[1]) den Gallensteinkranken die Fette, die Essigsäure, scharfe Gewürze, Süßigkeiten, Mehlspeisen, getrocknete und ungekochte Gemüse, Bratkartoffeln und Käse.

Speisezettel:

1. Frühstück: Eine Tasse Tee oder Kaffee, wenig Milch und Zucker, Wasserzwieback.

2. Frühstück: 1—2 weiche Eier oder etwas kaltes Fleisch.

Mittagsbrot: Fisch mit Ausnahme von Lachs und Aal, gebratenes Fleisch ohne Sauce, grünes gekochtes Gemüse oder Kartoffelpüree, gekochtes Obst ohne Zucker. Als Getränke Wasser, Rotwein (1—2 Gläser), 1 Glas Bier (kohlensäurehaltige Getränke möglichst zu meiden).

Abendessen: Kaltes oder warmes Fleisch, Tee oder Wein oder Bier.

Täglich werden nur 150—200 g Brot gestattet. Heruntergekommenen Kranken wird frische Butter gestattet, eventuell da, wo Fleisch nur in kleinen Mengen vertragen wird, zum Ersatz desselben Reis oder Grütze. Die Kost soll abwechselungsreich sein, die Mahlzeiten häufiger und kleiner sein; dabei soll gut gekaut werden und mäßig getrunken.

Jetzt sind wir im allgemeinen Cholelithiasiskranken gegenüber toleranter in bezug auf die Diät: man verbiete ihnen nur die unmäßige Überlastung des Magens und gewisse, schon für den Gesunden schwerverdauliche Speisen, die leicht zur Dyspepsie und dadurch zur Cholecystitis führen können. Zu diesen schwerverdaulichen Speisen gehören: besonders fette Speisen, wie Speck, Mayonnaisen, Gänseleber, Pflanzenöl, Lachs, Aal, Makrelen, Thunfisch, Flundern, Sprotten, Heringe, Sardinen, Neunaugen (geräuchert und ungeräuchert), Bratkartoffeln, Kartoffelsalat, größere Mengen fetten schweren Käses, Wildschwein, Pasteten, fette Saucen usw.; stark gesalzene, gewürzte und geräucherte Sachen, wie Rauchfleisch, Wurst, besonders Leberwurst, Stockfisch, Kabeljau,

[1]) Beiträge zur Pathologie und Therapie der Gallensteinkrankheiten. Berlin 1891.

ebenso starke Gewürze (Curry, Kayennepfeffer, Schnittlauch, Paprika, Knoblauch) [erlaubt ist milde gesalzener Schinken und Zunge]; schwere, süße Mehlspeisen, wie Plumpudding, süßes Konfekt, Marzipan; schwere und blähende Gemüse, wie alle Kohlsorten, gelbe und grüne Erbsen, Linsen, Bohnen, Oliven, Zwiebeln, Gurkensalat; stärkere Alkoholika, wie Porter, Ale, Whisky, Kognak, Schnaps, Rum usw.

Lebercirrhose.

„Les vents prèvont la pluie", sagt ein französisches Sprichwort und so gehen der Lebercirrhose mit Ascites die Verdauungsstörungen im Sinne der Darmkatarrhe voran. Man wird schon darum die Diät einrichten, als wenn ein chronischer Darmkatarrh bestände ja man hat bei der Lebercirrhose überhaupt nur diätetisch den Darm, der infolge der Pfortaderstauung hyperämisch ist und zu Transsudationen neigt, in Vordergrund zu stellen, während man die Leber nur dadurch zu schützen sucht, daß man das Eiweiß nach Möglichkeit einschränkt (besonders das Fleischeiweiß und die Eier) und den Alkohol in jeder Form verbietet. Die Fettverdauung pflegt, sofern Ikterus nicht in höherem Maße besteht, nicht wesentlich bei der Lebercirrhose zu leiden, ebenso die Resorption der Kohlehydrate. Trotzdem wird man die Darmarbeit zu erleichtern suchen durch häufige kleine Mahlzeiten, durch eine kohlehydratreiche, fettreiche, eiweißarme Kost, durch Ausschaltung der Gewürze.

Was die Details der Ernährung anbetrifft, so wird man fettfreie Fleischsorten erlauben können (Rindfleisch, Kalbfleisch, Huhn, Taube, Kapaun, zartes Reh, Fische [kein Aal, Lachs], alle Zerealien in feinem vermahlenen Zustande als Suppe, Brei, süße Speisen. Weißbrot, Zwieback, Kakes sind ebenfalls erlaubt, desgl. Butter, Marmelade, Honig. Auch die Milch ist sehr zweckmäßig.

Eine absolute Milchdiät stellt bei Lebercirrhotikern eine meist nicht unbedenkliche Form der Unterernährung vor. Leichtere Gemüse sind erlaubt, wie Mohrrüben, Spargel, Spinat, Blumenkohl, Schwarzwurzel. Dagegen Rüben und Kohlarten verboten, Obst (gekocht) ist erlaubt.

Der akuten gelben Leberatrophie gegenüber hat sich die Diätetik meist nur auf Zufuhr flüssiger Kost zu beschränken: geeiste Milch, kalter Tee, kalter Wein eventuell Schleimspeisen.

Die Fettleber wird zum Objekt eines diätetischen Regimes nur da, wo sie in Verbindung mit allgemeiner Fettsucht auftritt. Hier sind Entfettungskuren (vgl. S. 89) am Platze in Verbindung mit Brunnenkuren (Marienbad, Karlsbad usw.).

Pankreaserkrankungen.

Gegenüber dem Ikterus sind wir bei Pankreaserkrankungen meist schlimmer in der Diätetik daran, insofern hier die Resorption des Eiweißes und des Fettes sehr stark darniederliegt, allerdings erst bei Pankreaserkrankungen in vorgeschrittenen Stadien (wo sie gewöhnlich erst diagnostiziert werden). Kommt noch hinzu, daß die sonst gute Assimilation der Kohlehydrate bei Pankreaserkrankungen so häufig durch eine stärkere Glykosurie entwertet wird, so erhellt, daß die Diätetik der Pankreaserkrankungen eine Kunst ist, der man nicht immer gewachsen sein kann. Weder darf man dann die Fettzufuhr beschränken, noch die Kohlehydratzufuhr, noch die Eiweißzufuhr, da auch bei optimalem Angebot dieser Nahrungsstoffe die Resorption sich nicht verbessert. Deshalb wird man auch dazu getrieben, durch künstliche Pankreaspräparate (z. B. Pankreatin, Pankreon-Rhenania und ähnliche Präparate) den Versuch einer Besserung der Resorption der Nahrung zu machen. Wir werden trotz aller noch so ungünstigen Aussichten uns an einige Regeln bei der Diätetik der Pankreaserkrankungen halten müssen. 1. Fett wird emulgiert besser resorbiert als nicht emulgiert; eine Ausnahme macht die Butter. Als Fett bezw. Fettträger kommen daher nur Butter, Milch, Sahne in Betracht. 2. Kohlehydrate werden gut resorbiert. Bei bestehender Glykosurie darf man nicht versuchen, etwa durch Ausschaltung der Kohlehydrate die Glykosurie zum Schwinden zu bringen. Nur müssen die Kohlehydrate in Weißbrot, Zwieback, Mehl-, Grieß-, Sago-, Graupen-, Tapiokaspeisen usw. zugeführt werden.

Das Eiweiß wird am zweckmäßigsten als Milcheiweiß verabreicht und die Fleischzufuhr ist ad maximum zu beschränken, eventuell durch künstliche Eiweißpräparate zu ersetzen. Fleischbouillon, Fleischsäfte etc. sind zweckdienlich; auch wird das Fleisch am besten in pürierter Form, fettfrei verabreicht. Gemüse sind in pürierter Form erlaubt, Kompotte in gleicher Form ebenfalls. Getränke stehen ad libitum frei, nur darf man sie nicht zu kalt genießen lassen. Berechnet man den Kaloriengehalt der Nahrung, so berücksichtige man die Entwertung durch den Kot, die mindestens den halben Kalorienwert der Nahrung ausmacht. Also ein derartiger Kranker muß bald doppelt so viel als ein Gesunder essen.

Ist eine Pankreasfistel vorhanden, die (chirurgisch) geschlossen werden soll, so gebe man (nach den Erfahrungen von Wohlgemuth) eine Zeitlang eine kohlehydratfreie Diät, da die Kohlehydrate in erster Linie das Pankreas zur Sekretion anregen.

III. Diätetische Küche.

A. Milch und Milchpräparate.

Die Kuhmilch stellt diätetisch eines der reizlosesten Nahrungsmittel dar, insofern sie frei von Extraktivstoffen ist und einen relativ nicht sehr hohen Kochsalzgehalt besitzt, ferner stellt sie insofern ein ideales Nahrungsmittel dar, als sie alle Nährstoffe, deren der Mensch bedarf: Eiweiß, Fett, Kohlehydrate, Salze und Wasser in einem günstigen Mischungsverhältnisse und in leicht assimilierbarer Form enthält; ein Nachteil liegt nur in der Milch, insofern als die Nährstoffe in ihr in großer Verdünnung enthalten sind, so daß man — wollte man zum Beispiel einen Erwachsenen nur mit Milch ernähren — zu große Flüssigkeitsmengen mit der Milch verabreichen müßte, um dieses Ziel zu erreichen (4—5 Liter pro Tag).

Eine reine Milchkur stellt deshalb a priori eine Unterernährungskur für den Erwachsenen dar.

Diätetisch verwendet man beim Menschen die Kuhmilch; sie enthält:

Eiweiß	3,6 %,
Fett	3,5—4 %,
Kohlehydrate	4,5 %,
Salze	0,75 %,
Wasser	87,75 %.

Das Kohlehydrat der Milch ist Milchzucker, das Eiweiß zum größten Teile Kasein, und nur zum kleineren Teile Albumin, das Milchfett, das in Emulsion und darum in ganz besonders leicht assimilierbarer Form enthalten ist, ist Butterfett. Die Milch ist sehr kalkreich und sehr phosphorreich, aber arm an Eisen.

Beim Stehen setzt sich in der Vollmilch, der fette Rahm (Sahne, Obers) ab, und läßt sich noch weiter durch Zentrifugieren von der Magermilch trennen. Je nach dem Fettgehalt des Rahmes beträgt sein Kalorienwert pro Liter 1500—3000 Kalorien gegenüber 500—600 Kalorien der Vollmilch. Der Fettgehalt der Sahne beträgt etwa 15—30 %. Aus dem Rahm wird durch das Buttern das Fett als Butter gewonnen und von der Buttermilch getrennt.

Die Butter stellt das reine Milchfett dar mit einem Kaloriengehalte von etwa 780 Kalorien pro 100 g, während die Buttermilch der Magermilch kalorisch gleich steht.

Aus der Vollmilch oder Magermilch entsteht durch Säuregärung die saure Milch, die gleichzeitig durch eine Gerinnung des Eiweißes zu saurer dicker Milch wird. Es gibt auch eine süße dicke Milch, wenn die Gerinnung des Kaseins durch das Labferment gerinnt ohne Vergärung des Milchzuckers. Die süße dicke Milch unterscheidet sich nur durch die weichere Gerinnung von der Vollmilch, während die saure Milch durch die Vergärung des Milchzuckers und durch die Bildung der Milchsäure neue Eigenschaften gewonnen hat.

Aus der Milch läßt sich nun unter Einwirkung von Lab der Käsestoff (der das Fett mitreißt) vollständig abscheiden. Als Käse bezeichnet man diese abgeschiedenen Fetteiweißstoffe der Milch, die nun weiter mechanisch behandelt, teils durch Zusätze (Salz, Gewürze etc.) verändert und durch Gärungsprozesse etc. zu schmackhaften Käsesorten umgebildet werden.

Man muß nach dem Fettgehalt der Käse drei Sorten unterscheiden:

Käse aus Rahm (Fettkäse) (Gervais, Fromage de Brie u. a.).

Käse aus Vollmilch (Holländer, Schweizer etc.).

Magermilchkäse (Quarkkäse).

Das nach Abpressen des Kaseins und Fett hinterbleibende Serum heißt Molken, unter denen man eine süße und (nach Vergärung des Milchzuckers) eine saure unterscheidet. Der Kalorienwert der Molken ist gering (pro Liter etwa 200 Kalorien).

Eine gute Vollmilch soll folgende Eigenschaften haben: sie muß weiß, nicht bläulich oder durchscheinend sein, einen angenehm süßlichen, keinen säuerlichen Geschmack haben und muß spezifisch schwerer als Wasser (ein Tropfen sinkt unter im Wasser) sein. Bei guter Milch behält der Milchtropfen auf den Fingernagel gebracht, die halbkugelige Gestalt bei, eine wässerige Milch zerfließt dagegen.

Hat man frische Milch zur Hand, so kann sie auch ein Kranker roh genießen; durch das Kochen verliert sie entschieden an Wohlgeschmack, wird aber haltbarer. Die Milch muß in sauberen Gefäßen gut verschlossen und kühl aufbewahrt werden, im Sommer am besten auf Eis. Saure Milch gerinnt beim Kochen. Da im Haushalt für gewöhnlich die Beschaffung ganz frischer Milch auf große Schwierigkeiten stößt, so empfiehlt es sich, den Kranken die Milch abgekocht zu verabreichen. Man verabreiche auch dann die Milch möglichst frisch abgekocht und bewahre sie auch nicht von einer Mahlzeit zur anderen auf.

Ein Pasteurisieren oder Sterilisieren der Milch erscheint diätetisch nicht angebracht.

Die Verträglichkeit der Milch hängt davon ab, wie sie im Magen gerinnt. Die grobe Gerinnung führt die schwerere Verdaulichkeit herbei, die feine Gerinnung die leichtere. Die Verdaulichkeit im letzteren Sinne wird gehoben durch Verdünnung der Milch (Tee, Kaffee, Wasser), durch Zusatz von Sahne (Rahm), durch Zusatz von Kalkwasser (1 Eßlöffel pro 250 ccm). Ist die Milch vorher schon fein geronnen, so ist die Verdaulichkeit eine bessere. Andererseits besteht in allzu reichem Fettgehalt der Milch insofern ein Nachteil, als sehr fette Milch (daher auch der Rahm) den Magen langsamer verläßt. Eine saure Magermilch würde also diätetisch nun das leichtest bekömmliche Nährpräparat darstellen und in der Tat kann man sich diätetisch von der dicken Milch, von der sauren Milch wie der Buttermilch hinsichtlich ihrer Bekömmlichkeit viel versprechen. Da wo Milch abführt, kann man Zusätze von Gummi arabicum, Kalkwasser gestatten, wo sie stopft, Zusätze von Milchzucker.

Schließlich sei noch diätetisch hervorgehoben, daß da, wo es sich um eine flüssige Form der Ernährung handelt, die Milch leicht Zusätze von Fett in Form von Sahne (Rahm), zerlassener Butter, Eigelb, von Kohlehydraten (Reis, Grieß, Hafermehl, Milchzucker etc.), von Eiweißpräparaten (Plasmon, Sanatogen, Nutrose etc.) gestattet.

Milchpräparate.

Stopfende Milch.
Vollmilch 250 ccm.
Gummi arabicum 10 g.

Milch und Gummi arabicum werden miteinander aufgekocht; soll die Milch **abführende Wirkung** haben, so setzt man 100 g Milchzucker hinzu (pro Liter).

Beim **Kefir** ist der Milchzucker zum Teil in Kohlensäure und Alkohol vergoren. Die Bereitung geschieht mittelst der Kefirkörner.

Die Kefirkörner werden (nach Munck und Uffelmann) fünf bis sechs Stunden in laues Wasser, dann in ein Glas Milch gelegt und letztere nach drei Stunden zwei- bis dreimal erneuert. Steigen die gequollenen Körner an die Oberfläche, so sind sie zur Kefirbereitung geeignet. Für etwa zwei Glas Milch wird ein Eßlöffel gequollener Körner gebraucht, dann die Milch mit den Körnern durch Musselin verschlossen, bei 18—20° C stehen gelassen und häufig umgeschüttelt. Nach sieben bis acht Stunden seiht man die Milch durch das Musselin in eine andere reine Flasche, verkorkt sie und bindet den Pfropfen fest, stellt sie bei etwas niederer Temperatur hin, schüttelt aber alle zwei bis drei Stunden tüchtig durch. Die beim Stehen zurückgebliebenen Körner befreit man mittelst nochmaligen Waschens vom aufgelagerten Käsestoff, trocknet sie und kann sie dann aufs neue verwenden.

Man verwendet zum Gebrauch den zweitägigen und dreitägigen Kefir, der vor dem Gebrauche tüchtig durchzuschütteln ist.

Kumiß (nach Jürgensen).

Zentrifugierte Milch, 1000 ccm, wird einige Stunden hingestellt mit Wasser 700, Rohrzucker 17, Milchzucker 8, Preßhefe 2, bei 37° C — unter mehrmaligem Umrühren — wird auf starke Flaschen gefüllt und in 6 Tagen auf 12° C gehalten.

Milch, peptonisierte (nach Jürgensen).

I. Peptonisierendes Pulver (Fairchild, 1 Tube) wird mit 1/4 Lit. kalter Milch in einer Flasche stark geschüttelt — in warmes Wasser (40° C) 10 Minuten gestellt — sofort zu verwenden.

II. Milch (1/4 Lit.) wird aufgekocht — auf 40° C abgekühlt — mit einigen Teelöffeln Liquor pankreaticus verrührt und etwas Sodapulver — wird eine Stunde bei schwacher Wärme hingestellt — dann aufgekocht und gleich angerichtet.

Williamsons Diabetesmilch (nach Dr. Lauritzen).

Fetter Rahm wird mit der vierfachen Menge Wasser gut gemischt — an kalter Stelle 12 Stunden hingestellt — der Rahm wird abgenommen — und darauf die zuckerfreie Milch bereitet durch Auflösen von 3—4 Eßl. des ausgewaschenen Rahms zu 1/4 Lit. kalten Wassers, mit etwas Salzzusatz — ein wenig Eiereiweiß kann auch darin glatt eingerührt werden.

Molke (nach Jürgensen).

a) Mit Lab bereitet:

Milch (1/8 Lit.) wird auf 30° C erwärmt, Labextrakt (1 Tl.) wird hinzugesetzt — an lauwarmer Stelle hingestellt, bis Gerinnung eintritt — nach Umrühren geseiht.

b) **Mit Zitrone** bereitet:

in derselben Weise mit 4 Tl. Zitronensaft — 5 Minuten hingestellt.

c) **Mit Wein** bereitet:

1/8 Lit. Milch, 70° warm, wird mit 2—3 Eßl. Sherry- oder Weißwein hingestellt, 5 Minuten — wonach die Molke abgeseiht wird.

Zur Bereitung der Joghurtmilch benutzt man das Laktobazillin von Metschnikoff, ein Präparat, das aus dem Mayabazillus gewonnen ist, unter Hinzufügung des in der gewöhnlichen Sauermilch enthaltenen Bacillus paralyticus (siehe Wegele, D. med. Wochenschr. 1908. Nr. 1).

B. Eier.

Diätetisch kommt in erster Linie das Hühnerei in Betracht. Im allgemeinen pflegt ein Hühnerei etwa 50 g zu wiegen, wovon 30 g auf das Eiweiß, 15 g auf den Dotter und der Rest (5 g) auf die Schale entfallen. Es enthält im Dotter und Eiweiß insgesamt etwa 6—7 g Eiweiß und etwa 5—5,5 g Fett (letzteres fast nur im Dotter); der Gesamtkaloriengehalt eines Eies beträgt etwa 70—75 Kalorien; der Kalorienwert des Dotters etwa 55 Kalorien, der des Eiweißes etwa 16 Kalorien. Der Eidotter stellt nicht nur ein fettreiches Nahrungsmittel vor, sondern zeichnet sich auch durch den Gehalt an einem leicht resorbierbaren, flüssigen und emulsionierten Fett aus. Ferner ist der Dotter phosphor- und eiweißreich. Was die Verdaulichkeit des Eies anbetrifft, so ist diese, sofern das Ei eine flüssige oder weiche Konsistenz beibehalten hat, eine gute; daher ist ein weiches Ei als leicht verdaulich zu bezeichnen, ein Ei, dessen Eiweiß geronnen ist, ist schwer verdaulich. Daher sind in der diätetischen Küche die rohen Eier oder die weich gekochten Eier vorzuziehen. Die Gerinnung des Eiweißes beginnt schon bei 70°, besonders schnell gerinnt das Eiweiß. Man kann die Eier (besonders das Eigelb) als Zusatz unter Einrühren zu Bouillon, Suppen, Milch, Saucen und Speisen verwenden, man kann auch die Eier roh, gekocht und gebacken bezw. gebraten genießen lassen. Das Backen oder Braten der Eier mit Fett macht sie unverdaulicher, ja durch das Hartwerden des Eiweißes bei dem Braten des Eiweißes allein, wird es unverdaulicher. Man wird also diese Form der Zubereitung diätetisch im allgemeinen zu meiden haben.

Um zu erkennen, ob ein Ei frisch ist, hält man es vor eine helle Flamme im dunklen Raume (frisches Ei durchscheinend), schüttelt es vor dem Ohre (es darf kein plätscherndes Geräusch geben), legt es in kaltes Wasser (darf nicht untersinken).

Ganzei, geschlagen (nach Jürgensen). Ganze Portion ca. 90 Kal.

		Gr.	Kal.
Ei	1 St.	45	20
Zucker	1 Tl.	5	70
Salz	1 Msp.		

Das Ei wird geschlagen unter Zusatz von Zucker und Salz, bis es schäumig geworden — wird so im Glase angerichtet — nach Geschmack mit Zitronensaft, 1 Eßl., angerührt.

Dotter, gerührt („Eierschnaps“). Portion ca. 283 Kal.

Dotter	2 St.	30	108
Zucker	3 Eßl.	45	175

Die Dotter werden mit dem Zucker weiß gerührt — nachdem kann Zitronensaft, Wein (Kognak, Rum) bis 1 Eßl. eingerührt werden.

Weichgekochtes Ei (nach Jürgensen).

1. Das Ei wird vorsichtig in ein Kochgeschirr gegeben, mit so viel kochenden Wassers gefüllt, daß das Ei ganz davon bedeckt ist, und ist dann bei einer Wärme von 75° C zu halten, indem das Geschirr in eine Kochkiste oder zur Seite auf dem Kochherd gestellt wird, wo es nicht wieder zum Kochen kommt; wird nach 6—8 Min. herausgenommen.
2. Das Ei wird in ein Geschirr mit kaltem Wasser gelegt, so viel, daß es bedeckt ist; das Wasser wird langsam ins Kochen gebracht; wenn Kochpunkt eben erreicht, soll das Ei weichgekocht sein. Der Zeitaufwand ungefähr wie bei 1.
3. Das Ei in eine Tasse gegeben, 3—4 mal neues kochendes Wasser darauf geschüttet, jedesmal 1 Min. darin gelassen.
4. Das Ei wird vorsichtig in kochendes Wasser gegeben, 3—4 Min. darin gekocht.
5. (Soll ganz besonders „diätetisch“ sein.) Das Ei wird aus der Schale in eine porzellanene Tasse (mit abgerundetem Boden) geschlagen und in ein Kochgeschirr mit Wasser von 75° C gestellt; kann auch über Dampf gestellt werden. Wenn das Eiweiß zu stocken beginnt, wird es allmählich mit einem silbernen Löffel von den Seiten der Tasse abgehoben; sobald

es (gleichmäßig) geleeartig geworden, wird der Dotter ausgerührt; ist in derselben Tasse zu reichen (eine Messerspitze Salz kann hinzugesetzt werden, eventuell 1 kl. Löffel Wein).

Spiegelei — diätetisch, gedämpft.

Ein kleiner, mit Butter leicht bestrichener, emaillierter Teller wird über kochendes Wasser gestellt. Wenn der Teller durchgewärmt ist, wird das Ei vorsichtig auf demselben ausgeschlagen und zugedeckt stehen gelassen, bis das Weiße weich gestockt ist. Auf demselben Teller anzurichten.

Rezept für Rührei.

Zwei ganze Eier werden mit etwas Salz geschlagen bis zur innigen Vermischung von Eiweiß und Gelb. Dann wird etwas Butter heiß gemacht und die Eiermischung damit unter beständigem Umrühren auf gutem Feuer gekocht, bis sich ein dicklicher Brei gebildet hat. Man achte darauf, daß der Brei eine lockere, cremeartige Masse darstellt und daß die Oberfläche nicht dunkel, sondern gleichmäßig lichtbraun wird (zitiert nach Wiel).

Omelette wird aus 2 Eiern, 1 Eßlöffel Sahne und wenig Salz bereitet: gequirlt und mit Butter auf der Pfanne gebacken.

Omelette soufflée ohne Kruste.

4 Eigelb,
4 Eierschnee,
75 g Zucker,
1 Eßlöffel Zitronensaft oder
30 g Butter.

Eigelb und Zucker werden zu einer dicken Creme gerührt, ein Eßlöffel Zitronensaft wird hinzugefügt und der sehr steife Schnee unterzogen.

Eine Form wird mit der genannten Buttermenge dick ausgeschmiert (damit die Butter in die Speise einzieht, was für Gesunde nicht gemacht wird), die Eiercreme hineingefüllt, die Form in ein Wasserbad gestellt und darin in der Bratröhre bei starker Hitze gebacken. Auf die Form wird ein Papier gedeckt, damit die Soufflée von oben keine Kruste bekommt. Sollte das Papier bräunen, so ist es zu erneuern (zitiert nach Hannemann).

C. Fleisch.

Darunter versteht man nicht nur das Muskelfleisch, sondern alles, was nach Entfernung der Schlachtabfälle von den geschlachteten Tieren eßbar ist.

Das magere Muskelfleisch besteht aus etwa 20 % Eiweiß (hauptsächlich Myosin, ferner aus Bindegewebe, geringen Fettmengen (1—2 %) und sog. Extraktivstoffen wie Kreatin, Hypoxanthin etc. Daneben finden sich geringe Mengen Glykogen. Unter den Aschenbestandteilen ist besonders reich das Kali, ferner die Phosphorsäure vertreten.

Die Weichheit und damit in letzter Linie die Verdaulichkeit des Fleisches hängt ab von der Individualität des Fleisches und dem Alter der Tiere. Gewöhnlich bezeichnet man „weißes Fleisch" als weicher gegenüber dem dunklen, was indessen durchaus nicht immer zutrifft; so gehört z. B. das Wild zu den weichen Fleischsorten.

Das Fleisch muß, um genießbar zu werden, abhängen: Dabei bildet sich aus dem Glykogen Milchsäure, die die Fasern, d. h. das Bindegewebe erweicht. Ein frischgeschlagenes Fleisch ist vollkommen hart und ungenießbar.

Das Fleisch läßt man daher einige Tage in kühlen (am besten bei 0°), luftigen Räumen (zur Vermeidung der Fäulnis) abhängen, oder aber man legt das Fleisch mehrere Tage lang in Milch, wodurch gleichfalls durch die sich bildende Milchsäure das Bindegewebe gelockert wird.

Diätetisch ist Fleisch alter Tiere zu meiden; nur bei Bereitung von Suppen verwende man das Fleisch älterer Tiere. Zur Bereitung von Bouillon zerschneide man das Fleisch in kleine Stücke und setze die Bouillon kalt an, damit die Extraktivstoffe besser ausgelaugt werden.

Beim Kochen wie Braten verliert das Fleisch ca. 10—15 % seines Wassergehaltes.

Was die Verdaulichkeit der einzelnen Fleischarten anbelangt, so zeichnet sich Hühnerfleisch infolge seiner zarten Fasern durch Verdaulichkeit aus, dann folgen Taube, Rebhuhn, Fasan, Poularden. Vom Wild ist Rehrücken, dann Hase (und zwar das Filet) am verdaulichsten. Von Fischen sind die fettreichen Sorten als schwerverdaulich zu bezeichnen, also Aal, Lachs, Salm, Hering, Neunauge; leichter verdaulich sind: Forelle, Barsch, Schellfisch, Hecht, Zander, Karpfen, Schleie, Seezunge, Rotzunge.

Schwer verdaulich sind gepökelte Fleischsorten: Schinken, Ochsenzunge, Rauchfleisch, Würste. Nur der milde gesalzene

Lachsschinken, sofern er wie rohes Fleisch geschabt wird, kann als leicht verdaulich gelten.

Ist schon bei der Beurteilung des Fleisches wichtig, daß es keinen ausgesprochen unangenehmen Geruch hat und klare Farbe, so müssen wir auch für die Fische ganz besonders die Frische der Ware verlangen. Folgendes sind nach Fiebiger die Merkmale frischer Fische:

Hautoberfläche glänzend, Schuppen schwer abziehbar, kein zäher, bläulicher, schleimiger Überzug über Schuppen und Flossen, kein unangenehmer Geruch; Fleisch derb elastisch, Kiemen rot, Augen lebhaft und durchsichtig, Maul und Kiemenspalte geschlossen, Bauch nicht aufgetrieben oder verfärbt. Im Gegensatz zum Fleisch der Schlachttiere ist für den Genuß des Fischfleisches ein Reifungsprozeß nicht erforderlich. Der lebend gekaufte Fisch kann schon nach kurzer Zeit genossen werden, ohne die unangenehmen Eigenschaften des frischen, nicht tafelreifen Schlachtfleisches zu zeigen; ferner leidet der Wohlgeschmack der Fische in der Regel schon nach kurzer Ablagerung, auch wenn sie in Kühlräumen oder auf Eis lagern.

Die Zubereitung des Fleisches geschieht durch Kochen, Dämpfen und Schmoren, Braten. Dadurch werden die Fasern durch Umbildung des Bindegewebes in Leim gelockert; das Eiweiß gerinnt. Bei dem Dämpfen, Schmoren und Braten bilden sich gewisse, das Aroma erzeugende Gewürzstoffe, die den Wohlgeschmack des Fleisches bedingen. Beim Kochen lösen sich aus dem Fleisch gewisse lösliche Eiweißstoffe und Extraktivstoffe (Kreatin, Hypoxanthin etc.), die wieder den Wohlgeschmack der Bouillon bedingen, das gekochte Fleisch selbst wird ausgelaugt und schrumpft durch Wasserverlust; allerdings werden die Fasern gelockert durch Umbildung des Bindegewebes in Leim. Je rascher sich beim Braten, Schmoren, Dämpfen und Rösten eine Kruste um das Fleisch oberflächlich bildet, desto weniger wird es an Wasser verlieren, daher schrumpfen und die die Magensaftsekretion steigernden Stoffe abgeben.

Frisch kalt ausgepresster Fleischsaft (nach Hannemann).

Das ganz magere, sehr frische, feingehackte oder durch die Fleischmühle gedrehte Fleisch (125 g) wird mit Salz (Prise) und Wasser (30 g) vermischt und $^1/_4$ Stunde kalt gestellt — mit einer Fleischsaftpresse oder einem Leinentuche wird der Saft abgepreßt und kalt gestellt — hält sich nur sechs Stunden — kann verschiedentlich gereicht werden; gefroren als Pillen, gemischt mit Gelbei, auch mit wenig Kognak — oder zu gleichen Teilen mit Wein oder Hafer- oder anderem Schleim.

Fleischbrei a la Fonssagrives (nach Jürgensen).

Fleisch (von Rind oder anderes), mageres, mürbes, wird fein geschrappt, von allen häutigen Teilen befreit, im Mörser ganz fein zerstoßen — oder mit einem flachen Hammer auf einer Platte zermalmt — kann dann noch durch ein recht feines Drahtsieb getrieben werden — so daß eine gleichmäßige rahmartig weiche Masse erhalten wird, die sich in verschiedener Weise verwenden läßt — als:

Kakaobouletten, wozu die Masse zu Kügelchen ausgerollt, in Kakaopulver umgekehrt wird (um so mit etwas Wasser dazu ganz verschluckt zu werden);

auf gerösteten Brotschnitten leicht gesalzen.

Fleischbreicreme.

25 g Fleischbrei,
15 Dotter,
10 g Rahm,
5 g Butter,
Salz

Dotter, Rahm, Butter werden weiß und schäumig gerührt — der Fleischbrei damit genau verrührt — wird gereicht auf geröstetem Brot — oder in kleine Kuchen geformt, mit Röstbrot — kann auch ganz oder teilweise aus geräuchertem rohen Schinken bereitet werden.

Kalbsmilchbrei (nach Hannemann).

125 g gekochte Kalbsmilch,
2 Gelbeier,
30 g süße Sahnenbutter,
1 Messerspitze Salz.

Die gekochte Kalbsmilch wird gewiegt und durch ein Haarsieb gestrichen, mit dem Gelbei und der Butter untermischt und in einem spitzen Töpfchen unter Quirlen im Wasserbade bis zum Sieden gebracht.

Gehirnbrei (nach Hannemann).

½ Kalbshirn,
30 g süße Sahnenbutter,
2 Gelbeier,
3 g Salz.

Das Kalbshirn wird in Salzwasser gar gekocht, durch ein Haarsieb gestrichen und dann weiter wie im vorigen Rezept verarbeitet.

Fleischbrei von Geflügel (nach Hannemann).

50 g Hühner oder Taubenfleisch,
25 g feinste frische Sahnenbutter,
½ Gelbei,
2 Eßlöffel gekochte süße Sahne mit
2 g Fleischextrakt.

Das von der Haut befreite, gedämpfte oder gebratene Geflügelfleisch wird in der Fleischhackmaschine zerkleinert oder sehr fein zerstoßen und durch ein feines Haarsieb gestrichen. In einem schmalen Töpfchen wird nun das Fleisch mit allen anderen Zutaten zusammengequirlt und dann in ein Wasserbad, das eine Temperatur von 70° hat, gestellt und darin zu einem derben Brei gerührt.

Die Kalbsmilch wird ½ Stunde unter viermaligem Wechsel des Wassers gewässert. Dann wird sie mit kaltem, leicht gesalzenem Wasser aufgesetzt und 4 Minuten gekocht. Nachdem man dann die Kalbsmilch von der Haut befreit hat, kocht man sie langsam 30 Minuten in der Brühe und serviert sie, in Scheiben geschnitten und mit der Brühe übergossen.

Fleischgelees (nach Hannemann).

250 g Rindfleisch,
400 g sehniges Kalbfleisch (Hesse oder Sehnenstück aus der Keule),
100 g magerer Schinken,
2 Blatt weiße Gelatine,
3/16 l Wasser.

Das durch die Fleischhackmaschine gedrehte Fleisch wird mit dem angegebenen Wasser und der Gelatine in eine Verschlußbüchse oder Flasche gefüllt. Nachdem die Büchse gut verschlossen ist, stellt man sie in einen Topf, den man bis zur Hälfte der Höhe der Büchse mit kaltem Wasser füllt. Damit die Büchse feststeht, umlegt man sie unten mit etwas Papier oder einem Tuch. Im zugedeckten Topf läßt man nun das Fleisch in der Brühe 3—4 Stunden langsam kochen. Dann gießt man die Brühe durch ein Tuch oder ein Suppensieb, welches mit Filtrierpapier belegt ist, in ein Glas ab und stellt sie zum Erstarren kalt.

Leubesches Beefsteak.

Man schabt vom Lendenfleisch mit einem stumpfen Löffelstiel ca. 150 g Fleisch (ohne Bindgewebe!) herunter, salzt wenig und formt das Fleisch zu einem Kuchen, der roh genossen werden kann, oder brät es oberflächlich mit Butter.

Wiel-Beefsteak.

Die Hauptsache ist mürbes Filet; es muß im Sommer mindestens 2 Tage, im Winter sogar 8—14 Tage an einem luftig-kühlen Ort im Eisschranke gehangen haben. Ferner muß alles Sehnige gut entfernt sein. Das Fleischstück muß in einer Dicke von 3—4 cm und quer durchschnitten sein. Ferner muß das Fleisch tüchtig geklopft sein. Man verwendet Fleischstücke von etwa 100—150 g. Als Kochgeschirr benutzt man eiserne, emaillierte, flache Pfannen. Das Feuer muß lebhaft brennen. Das Beefsteak wird auf der einen Seite mit Salz gewürzt, dann legt man es in die Pfanne, in der man frische Butter hat zergehen lassen, so ein, daß die gewürzte Fläche oben ist und läßt genau 1 Minute lang braten. Jetzt dreht man das Beefsteak in der Bratenpfanne um und begießt die nunmehr zur oberen gewordene Fläche mit einem Eßlöffel voll Bratenjus. Die zweite Fläche darf nur so lange braten, bis das Fleisch beim Eindrücken sich weich wie Butter anfühlen läßt.

Kalbfleischpudding (nach Hannemann).

150 g Kalbfleisch,
80 g Butter,
60 g Schweinefleisch,
2 Gelbei,
2 Eierschnee,
20 g Mehl,
1/8 l Milch.

30 g Butter und Mehl werden geröstet und mit der Milch zu einem Kloß abgebrannt. Man rührt den Kloß kalt und dann mit 50 g Butter und Gelbei schaumig, gibt Salz und Eierschnee darunter und zuletzt das viermal durch die Fleischhackmaschine gezogene Fleisch. Eine Puddingform wird dick mit Butter ausgestrichen, die Farce wird hineingefüllt, die Form verschlossen und 3/4 Stunden im Wasserbade gekocht.

Fleischauszüge.

Flaschenbouillon (nach Uffelmann).

300 g frisches, fettloses Rindfleisch wird in kleine Stücke geschnitten und ohne Zusatz in eine weithalsige Flasche gebracht, die durch einen Wattestöpsel verschlossen wird. Man bringt die Flasche in einen Kochtopf mit warmem Wasser, erhitzt vorsichtig und läßt $1/2$ Stunde sieden. Man erhält dann ca. 100 g einer bräunlich-trüben Brühe in der Flasche, die man ohne durchzuseihen abgießt.

Beeftea (Jürgensen).

Mageres, geschrapptes Fleisch (von Rind oder anderes) wird sehr fein gehackt, im Mörser zerstoßen — mit Wasser verrührt — 125 g Fleisch zu $1/4$ l Wasser — die Mischung wird in einer gut zugebundenen Kruke in einem mit Wasser halbangefüllten Kochtopf gestellt — nachdem das Kochen ca. zwei Stunden fortgesetzt ist (soll inwendig auf ca. 60^0 C Wärme kommen), während ab und zu umzurühren ist, wird der Inhalt auf ein recht feines Drahsieb gegeben — und mit einem Löffel durchgestrichen, wobei das meiste in Gestalt eines bräunlich-grauen dünnen Breies mit feinen aufgeschwemmten Fleischteilchen durchgehen soll.

Einfache Bouillon (nach Wegele).

$1/2$ kg mageres Rindfleisch wird in kleine Stücke geschnitten, in einen ca. 3 l fassenden Kochtopf mit gut schließendem Deckel (oder Dampfkochtopf) gebracht, der mit kaltem Wasser anzufüllen ist, und das Fleisch 3—4 Stunden lang ausgekocht. Je nachdem die Fleischbrühe mehr oder minder konzentriert sein soll, wird die verdampfende Flüssigkeit durch Zugießen von kochendem Wasser ersetzt. Man erhält schließlich ca. 2 l Bouillon; das Fleisch ist nicht weiter verwendbar. Die Bouillon wird schmackhafter, wenn man sie mit Suppenkräutern, zugleich mit dem Fleische, ansetzt.

Fleischbrühe mit Liebigs Fleischextrakt.

In eine Bouillontasse bringt man ein Eigelb, wenig Kochsalz, eine Messerspitze Butter, einen halben Teelöffel voll Fleischextrakt und verrührt gut, während man allmählich die Tasse mit $1/4$ l kochenden Wassers füllt.

Kraftbouillon (zitiert nach Pickardt).

½ Pfund mageres Rindfleisch,
1 Pfund Kalbsbrust,
1 alte Taube,
¾ l Wasser,
5 g Salz,
1 junge Mohrrübe.

Alles Fleisch wird in kleine Würfel gesch nitten,das Geflügel gesäubert und die Brust zu einem anderen Gericht abgetrennt. Keulen und Gerippe werden klein geschlagen und alles in einem irdenen Topfe mit kaltem Wasser übergossen, 1 Stunde stehen gelassen. Mit hinzugefügtem Salz und der Mohrrübe setzt man den Topf 2½ Stunden langsamer Kochhitze aus, siebt durch ein feines Sieb, entfettet und verwendet die Brühe als Tassenbouillon oder Zusatz zu anderer Suppe.

Nutritious Chicken-Tea (nach Davies).

1 junges Huhn,
½ l Wasser,
Brotrinde,
Salz,
Muskatnuß,
1 Schnitte Selleri.

Das Huhn wird entzweigeschnitten — mit kaltem Wasser aufs Feuer gesetzt, mit Salz, Brotrinde, Muskatnuß, Sellerie — wird zwei Stunden schwach gekocht, bis das Fleisch sich von den Knochen löst — das Fleisch und die Rinde werden feingestoßen im Mörser, mit etwas der Suppe zu einem dicken glatten Brei angerührt — gut warm (mit Röstbrot u. dgl.) anzurichten.

Peptonbouillon (nach Rosenthal, Wien).

250 g Rindfleisch,
100 g Kalbsbries,
90 g Wasser,
5 g verdünnte Salzsäure,
½ g Pepsin,
5 g Zitronensaft.

Fleisch und Brieschen, ganz fein gewiegt, wird in eine Flasche gegeben mit dem Wasser — mit einem Wattetampon verschlossen in Wasserbad gestellt (60° C), drei Stunden — die Masse durch ein grobes Sieb (Steingut) gestrichen. — Pepsin-Salzsäure kann gleich von Anfang hinzugesetzt werden — zuletzt der Zitronensaft.

D. Speisen aus pflanzlichen Nahrungsmitteln.

Man teilt die pflanzlichen Nahrungsmittel ein in Körnerfrüchte (Zeralien), Hülsenfrüchte (Leguminosen), Gemüse, Obst und die Pilze.

Die pflanzlichen Nahrungsmittel unterscheiden sich von den animalischen dadurch, daß die Nährstoffe dort in schwer verdaulichen Zellulosehüllen eingeschlossen sind. Es müssen daher für die diätetische Küche wenigstens im allgemeinen diese Nährstoffe mechanisch aufgeschlossen werden. Was die pflanzlichen Nahrungsmittel auszeichnet, ist ihr Gehalt an Kohlehydraten, dagegen ist ihr Gehalt an Eiweiß gering; nur die Hülsenfrüchte enthalten neben reichlichen Mengen von Kohlehydraten reichlicher Eiweiß (22—23 %). Am wenigsten Eiweiß enthalten die grünen Gemüse und Früchte, während die Zerealien etwa 10 % Eiweiß aufweisen.

Über den Gehalt an Kohlehydraten orientiert folgende Tabelle:

Zerealien	65—75 %
Leguminosen	50—60 %
Gemüse	2—10 %
Wurzeln	4—20 %
Früchte	5—12 %

Unsere pflanzlichen Nahrungsmittel pflegen im ganzen arm an Fetten zu sein (eine Ausnahme machen nur Nüsse und Oliven), ebenso auch im allgemeinen an Purinbasen. (Vgl. indessen die Tabelle auf S. 48.)

Unter dem Salzgehalt der pflanzlichen Nahrungsmittel ist der Gehalt gewisser Nahrungsmittel an Eisen (Spinat, Äpfel, Kirschen, Erdbeeren etc.) hervorzuheben. Auch an gewissen Extraktivstoffen sind die pflanzlichen Nahrungsmittel nicht arm.

Unter den Kohlehydraten ist für die Frage der Verdaulichkeit am wesentlichsten der Gehalt an Zellulose und Stärke. Letztere muß erst durch die Fermente des Mund- und Bauchspeichels bis in einfachere wasserlösliche Zucker aufgespalten werden. Die Zellulose, die das Fasergerüst der Pflanzen darstellt, stellt nur als Hemizellulose, d. h. als junge Zellulose ein halbwegs verdauliches, d. h. in einfache Kohlehydrate überführbares Kohlehydrat dar, während die verholzte Zellulose als unverdaulich angesehen werden muß. Die Zellulose umschließt die Nährstoffe der Pflanzen; deshalb müssen diese mechanisch aus den Zellulosehüllen gesprengt werden. Eine besondere Bedeutung besitzt die Zellulose für die Verdauung deshalb, weil sie die Peristaltik anregt.

Ein pflanzliches Nahrungsmittel ist um so verdaulicher, je feiner die Nährstoffe (durch Vermahlen, Kochen etc.) aus den Zellulosehüllen aufgeschlossen und je weiter die Stärke in wasserlösliche, leicht resorbierbare Kohlehydrate übergeführt ist.

Die Zerealien.

Als solche nennen wir den Weizen, Roggen, Gerste, Hafer, Reis, Mais. Das, was wir in der Küche schlechtweg als Mehl bezeichnen, ist Weizenmehl.

Die Form, in der die Zerealien aus der Mühle in den Handel kommen, ist

als ganzes Korn, geschält,
als Grütze (mittelfein zertrümmert),
als Grieß, fein zerquetscht,
als Mehl, fein vermahlen.

Je nach der Feinheit des Mehles unterscheidet man ganzes Mehl — Schrotmehl — (aus ungeschältem Korn) und gebeuteltes Mehl (Entfernung der Kleie durch Sieben oder Beuteln).

Flocken (von Hafer, Reis, Mais) stellen eine besondere Form dar, die deshalb diätetisch besonders wichtig ist, als das ungeschälte Korn mit hochgespannten Wasserdämpfen behandelt wird (wodurch die Stärke dextrinisiert wird) und dann die Körner durch Walzen flach gewalzt werden. Man kann auch aus den Zerealien die Stärke darstellen: Darnach unterscheidet man Reis, Weizenstärke, Maisstärke (Maizena, Mondamin).

Arrowroot ist ein Stärkemehl aus gewissen Wurzelknollen. Tapioka ist eine Grütze aus Arrowroot; Sago kommt als Mehl oder Grütze in den Handel und stellt eine Stärke aus Palmenmehl dar. Salep ist eine Orchideenstärke.

Zerealien in Suppen und Breien.

Die Zerealien müssen vorher eingeweicht werden und zwar (nach Jürgensen) ca. eine Stunde bei Stärkemehlen und Stärkegrützen (Sago, Tapioka usw.) und Mehlen von Reis, Gerste, Hafer, Weizen; ca. drei Stunden bei Grießen von Weizen, Gerste, Hafer, ca. sechs Stunden bei feineren Grützen von Gerste, Reis, Hafer, ca. zwölf Stunden bei groben Grützen und ganzen Körnern und Graupen von Hafer, Gerste, ganzem Reis. Danach wird das Aufgeweichte in kochendes Wasser unter Verrühren geschüttet und auf offenem Feuer unter Umrühren aufgekocht; dann läßt man noch eine Zeitlang kochen.

Beispiele einer Mehlsuppe:

Roggenmehlsuppe (oder Hafermehlsuppe).

20 g = 1 gestrichener Eßlöffel Roggenmehl,
0,4 l Wasser,
15 g frische Butter,
Salz nach jeweiligem Verlangen.

Das Roggenmehl wird in 0,1 l kalten Wassers gequirlt, in 0,3 l kochendes Wasser gebracht, man läßt es dann unter fortwährendem Umrühren aufkochen und noch langsam 12—15 Minuten kochen. Butter und Salz wird zuletzt zugefügt.

Der Nährwert kann noch erhöht werden durch Zusatz von 1 Eßlöffel süßer, kalter Sahne, ferner durch Verrührung mit einem Gelbei, welches dann in die vom Herd gezogene Suppe gerührt wird (zitiert nach Hannemann).

Suppen von Flocken (Hafer-, Reis-, Sagoflocken) erfordern 3/4 Stunden Kochzeit, wobei auf 0,5 l Wasser zwei knappe Eßlöffel Flocken zu nehmen sind. Die Suppe wird durchs Sieb geschlagen, nochmals zum Kochen gebracht und Butter und Salz hinzugefügt.

Graupen oder Grützen werden nach Aufweichen in kaltem Wasser ins kochende Wasser gegeben und müssen 3—4 Stunden kochen. Nachdem sie gar gekocht sind, werden sie durch ein Sieb gestrichen. Auf 1/4 l Suppe kommt ein Zusatz von 15—20 g Butter. Man rechnet auf 1 l Wasser 50 g Hafergrütze, Graupen usw.

Reis wird mit kochendem Wasser ein- bis zweimal überbrüht und muß 1 1/2 Stunden gekocht werden. Man rechnet für 1 l 50 g = 2 Eßlöffel (nach Hannemann).

Zu Schleimsuppen benutzt man Hafer-, Gersten- oder Reismehl, 15 g auf 1/2 l Wasser, und kocht 10 Minuten lang.

Auch von den Breien und Speisen seien einige Beispiele angeführt.

Porridge

wird nicht mehr von Haferkorn zubereitet, sondern von Haferflocken oder Quäker Oats.

Porridge von Oatmeal.

25 g Oatmehl,
3/8 l Wasser,
1 Prise Kochsalz.

Das Oatmeal wird mit kaltem Wasser glatt verrührt, Salz hinzugefügt, in 15 Minuten unter Umrühren langsam gekocht und angerichtet. Man kann den Brei auch mit kalter Milch oder Sahne anrichten.

Mehlbrei von Mondamin, Reis-, Gersten- oder Hafermehl oder Weizenpuder mit Milch oder süßer Sahne (nach Hannemann).

45 g Mehl,
10 g Butter,
½ l Milch, Sahne oder Wasser,
1 Prise Salz.

Die Hälfte der Milch wird mit Butter und etwas Salz zum Kochen gebracht, dann wird das mit der übrigen kalten Milch gut verrührte Mehl hinzugerührt. Vom Beginne des Kochens an muß der Brei bei fleißigem Umrühren 10 Minuten langsam kochen. Eventuell kann auch von 1—2 Weißeiern steifer Schnee unterrührt werden, doch muß der Brei bis 80° abgekühlt sein.

Reisbrei (nach Wegele).

30 g Reis (am besten Karolinen-Reis) wird abends zuvor zweimal tüchtig gewaschen, dann mit kaltem Wasser, in dem man eine Messerspitze Natron aufgelöst hat, übergossen und bis zum anderen Tage stehen gelassen. Vor dem Gebrauch wird das Wasser abgegossen, ½ l Milch wird kochend gemacht und der Reis daran getan, welcher, gut zugedeckt, unter öfterem Schütteln auf mäßigem Feuer 5/4 Stunden gekocht wird. Wird die Milch durch das Kochen zu sehr eingedickt, bevor der Reis völlig erweicht ist, so gießt man etwas heiße Milch nach. Das Eiweiß von zwei Eiern wird zu Schnee geschlagen und kurz vor dem Anrichten leicht unter den Brei gemischt; will man denselben noch nahrhafter machen, so kann man zuerst die beiden Eigelb und dann den Schnee dazu rühren.

Tapiokabrei (nach Wegele).

¼ l Milch wird kochend gemacht, 20 g bester Tapioka exotique („Knorr“ oder „Bloch“ & Cie.) darunter gerührt und ¼ Stunde unter fortwährendem Rühren weiter gekocht. Das weitere Verfahren wie beim Reisbrei; ebenso wird Grießbrei gekocht.

Fruchtbrei (nach Hannemann).

Von $\frac{1}{2}$ l zur Hälfte mit Wasser verdünntem Fruchtsafte und einem Mehle, mit Grieß oder Flocken, kocht man beliebige Breie, die erkaltet mit süßer Sahne oder mit Milch gereicht werden. Verwendbar sind hierzu alle Beerensäfte, Kirsch- und Apfelsaft, auch verdünnter Apfelbrei oder Wein.

Statt der Breie lassen sich diätetisch auch Flammeris und Puddings (ohne Mandeln und Rosinen) verwenden. Es seien hier zwei Beispiele angeführt.

Feiner Flammeri (nach Hannemann).

$\frac{1}{4}$ l süße Sahne,
30 g Zucker,
20 g frische Sahnenbutter,
30 g Mondamin,
1 Prise Salz,
$\frac{1}{6}$ Stange feinste Vanille,
3 Eigelb,
3 Eierschnee.

Sahne, Butter, Zucker, Salz und Vanille werden zusammen aufgekocht, Mondamin und Gelbeier werden in der kalten Milch klar gequirlt, der kochenden Sahne hinzugegossen und einmal aufgekocht und der steife Eierschnee unterzogen. Die Masse wird in eine mit kaltem Wasser ausgespülte Form gefüllt, erkalten lassen, gestürzt und mit Fruchtsaft serviert.

Reispudding (nach Wegele).

35 g feinster Reis wird abends zuvor in kaltem Wasser aufgeweicht (wie beim Reisbrei); $\frac{1}{2}$ l Milch wird heiß gemacht, der Reis daran getan und zugedeckt, danach so lange langsam gekocht, bis er ganz weich ist; 25 g Butter werden schaumig gerührt, zwei Eigelb und ein Eßlöffel Zucker daran getan; wenn der Reis nunmehr lauwarm ist, die übrige Masse darunter gerührt; zwei Eiweiß werden zu Schnee geschlagen, der Teig in eine mit Butter bestrichene Porzellanform gefüllt und $\frac{1}{2}$ Stunde im Bratofen gebacken.

In ähnlicher Weise läßt sich auch ein Grießpudding, ein Schokoladenpudding u. ä. bereiten.

Leguminosen.

(Erbsen, Linsen, Bohnen.)

Hülsenfrüchte, die sich neben dem Gehalt an Kohlehydrat durch hohen Eiweißgehalt und durch relativ hohen Gehalt an

Purinkörpern, daneben auch durch einen gewissen Lezithingehalt auszeichnen (1 % Lezithin), sind nur in feinstvermahlenem Zustande verdaulich, da ihre Nährstoffe besonders fest von Zellulosehüllen eingeschlossen sind. Diätetisch bevorzugt man die Leguminosenmehle, so zum Beispiel die Hartensteinsche Leguminosenmehle, die Liebigschen Maltoleguminosen, die Biskuitleguminosen u. a. m.

Die Leguminosen müssen stets 24—48 Stunden in kaltem, weichen, kalkarmen Wasser (eventuell unter Zusatz von doppeltkohlensaurem Wasser) aufweichen, dann nach dem Aufweichen kocht man sie 10—30 Minuten in demselben Wasser, gießt neues Wasser bezw. Bouillon herauf und kocht wieder. Dann läßt man die Leguminosen durch das Sieb schlagen und verwendet sie als Breie.

Weißes Bohnenpüree mit süßer Sahne (nach Hannemann).

100 g weiße Bohnen,
1/8 l süße Sahne,
20 g Butter,
2 g gekörnte Maggibouillon,
Salz nach Neigung.

Die abgewaschenen, 24 Stunden in kaltem Wasser eingeweichten weißen Bohnen werden mit frischem kaltem Wasser und einer Prise Natron zum Kochen gebracht. Nach fünf Minuten wird das Wasser abgegossen, und es werden die Bohnen in frischem Salzwasser gar gekocht. Alsdann werden sie auf ein Sieb zum Ablaufen gebracht und durch ein Haarsieb gestrichen. Das durchgestrichene Püree wird mit der süßen Sahne, der Butter und dem Salz auf heißer Herdstelle schaumig gerührt. Zuletzt wird die aufgelöste Maggibouillon zugefügt. Veränderungen: In das Püree können noch 1—2 Gelbeier eingerührt werden.

Grüne Erbsen (nach Wegele).

Die Erbsen (1/2 l) werden aus den Schoten genommen und in 15 g Butter und Bouillon gedünstet; Zeitdauer 1—1 1/2 Stunden; oder man nimmt Büchsenerbsen (am besten Kaiserschoten) und stellt die geöffnete Büchse in heißes Wasser oder kocht sie mit der gleichen Menge Butter und Salz durch. Eventuell empfiehlt sich, die Erbsen durch ein Sieb zu treiben und als Püree zu verabreichen. Statt dessen kann man sich auch des getrockneten (grünen) Erbsenmehls von Knorr bedienen, das, 1/2 Stunde gekocht, ein sehr gutes Püree gibt. 1/2 l Erbsen geben 280 g Erbsenbrei.

Gemüse.

Die Gemüse stellen sehr wasserreiche, aber kohlehydrat-, fett- und eiweißarme Nahrungsmittel vor, die indessen einen verhältnismäßig großen Aschegehalt aufweisen. Durch ihren Gehalt an wohlschmeckenden Stoffen tragen sie viel zur Abwechslung in der Kost bei, indessen eignen sie sich nicht direkt als kalorisch wertvolle Nahrungsmittel, vielmehr indirekt dadurch, daß man sie mit Fett anrichten kann. Die Haupteigenschaft der Gemüse liegt in ihrer die Peristaltik erregenden Wirkung.

Die Gemüse stellen Wurzeln, Knollen, Blätter oder Blüten dar.

1. Knollen und knollenartige Wurzelstöcke: Kartoffeln, Topinambur, Batate, Stachys affinis, Ober-Kohlrabe, Bodenkohlrabe (Kohlrübe, schwedische Rübe), Erdkastanien (die Knollen von dem Knollenkümmel), Erdnüsse (die Wurzelknollen von den knolligen Platterbsen), Erdmandel.

2. Wurzeln: Gelbe Rübe (Karotte), Schwarzwurzeln, weiße Rübe, Karbelrübe, Runkelrübe, hauptsächlich die Spielart Rotrübe (Rahne), Pastinak, Zuckerwurz, Meerrettich, Rettich, Sellerie, Gartenrapunzel, Rapunzelrübe, Rapunzelglockenblume.

3. Zwiebel: Rohe Zwiebel, spanische Zwiebel, Porree.

4. Sprossen: Spargeln (Stangen- und Brechspargeln), über der Erde der grüne Spargel, junge Hopfensprossen, Meisterwurz.

5. Kräuter: Römischer Sauerampfer, Kresse, Gartenmelde, Spinat, Neuseeländer Spinat, grüner Salat, Mangold, Gartenbibarnelle, Meerkohl, Wirsingkohl, Rosenkohl, Weißkraut (auch Kappis genannt), Blau- und Rotkraut (auch bayerisches Kraut genannt), Löwenzahn (Zichoriengemüse genannt), Endivie, Portulak.

6. Blumen- und Blütenstände: Blumenkohl (Carfiol), Artischocke, Cardonen.

7. Schoten: Wachsbohne, Schneidebohne, Perlbohne; Sauce aus frischen grünen Schoten = grüne Erbse.

Die Schwierigkeit der diätetischen Verwendung im allgemeinen (über speziellere Indikationen vergl. über das bei der Diätetik der Obstipation gesagte), liegt in der Schwerverdaulichkeit der Gemüse; man wird daher diätetisch auch nur einen kleinen Teil der Gemüse zum Krankentisch zulassen.

Von den Zubereitungsarten der Gemüse: Kochen in Wasser oder Dampf, oder Fett, Backen und Braten wird allein die Zubereitung mit kochendem Wasser oder Dampf in Frage kommen. Desgleichen wird man bei der Küchenzubereitung der Gemüse auf eine möglichst feine Verteilung (womöglich die Gemüse zu wiegen und zerstoßen) zu achten haben.

Jürgensen teilt die Gemüse hinsichtlich ihrer diätetischen Verwertbarkeit in folgende Rangstufen der Verdaulichkeit:

1. Ranges: Junge grüne Kräuter, wie Spinat, Salat, Sauerampfer und die gewöhnlichen Sommergemüse wie Spargel (besonders die Köpfe), grüne Erbsen (Schoten), grüne Bohnen, Wachsbohnen, Perlbohnen, Artischocken (eßbaren Teile), Blumenkohl, Poree, wenn sie jung und frisch.

2. Ranges: Die Wurzelgemüse; die mehlige Kartoffel, Erdartischocke, Stachys, der ersten Gruppe noch sehr nahestehend, außerdem Möhre, Pastinak, Petersilienwurzel, Sellerie, Rabe, Kohlrabi, Zwiebel. Besonders ist hier auf die Frische und Jugend der Gemüse zu arten; sie müssen mürbe und nicht holzig sein. In der Zubereitung ist genügende Wärmeeinwirkung notwendig!

3. Ranges: Die Blattkohlarten, wegen ihrer derben festen Textur und ihres Reichtums an blähenden Stoffen. Jürgensen empfiehlt deshalb eine gründliche Wärmebeeinflussung bei ihrer Zubereitung: Am besten mit zweimal Wasser oder mit einmal Wasser und dann mit Dampf zu kochen.

Bezüglich der Zubereitung werden Kräuter (Spinat, Salat, Sauerampfer) am besten zwei Stunden in Dampf gekocht, Wurzeln (mit Ausnahme von jungen Karotten, mehligen Kartoffeln, Erdartischocken, Stachys) bis vier Stunden, Blattkohlarten vier Stunden und mehr.

Hier seien noch einige praktisch-diätetische Rezepte angeführt.

Die Kartoffel, die nur 1—2 % Eiweiß, 8—20 % Kohlehydrate enthält, gibt man zweckmäßig als Kartoffelbrei mit Milch und Butter:

Kartoffelbrei mit Milch und Butter (nach Hannemann).

250 g Kartoffel
1/8 l Milch,
20 g Butter,
1 Messerspitze Salz.

Die geschälten und gewaschenen Kartoffeln müssen, besonders im Winter, mindestens vier Stunden in kaltem Wasser liegen. Man kocht die Kartoffeln mit Salz weich und läßt sie, nachdem das Wasser abgegossen, gut abdampfen. Dann stößt man sie recht schnell fein, streicht sie durch ein Haarsieb, gibt die kochende Milch und Butter hinzu und rührt sie immer auf heißer Stelle noch etwa fünf Minuten lang recht tüchtig zu einem lockeren Brei, den man mit Salz versetzt und auf heißer Schüssel darreicht.

Es kann auch ein Zusatz von Sahne erfolgen, eventuell kann auch etwas Fleischextrakt oder Pepton in der heißen Sahne aufgelöst werden. Ferner kann in den süßen fertigen Kartoffelbrei ein fester Eierschnee von einem Ei verrührt werden, oder ein Gelbei bezw. beides zusammen.

Als Ersatzmittel der Kartoffel für Diabetiker sehr zu empfehlen sind die Knollen von Topinambur und Stachys affinis. Letztere stammt aus Japan und ist in den Wintermonaten in allen größeren Städten zu haben. Topinambur wird in Deutschland nur wenig angebaut.

Geschmorte Stachys (nach F. v. Winkler).

Man kocht diese halbweich in Salzwasser, gibt für einen großen Tassenkopf voll Stachys drei Eßlöffel voll zerlassener Butter in einen kleinen Tiegel, läßt die Butter heiß werden, schwenkt die Knollen darin, bestreut sie mit etwas gewiegter Petersilie, deckt sie mit einem gut passenden Deckel zu und schmort sie, ohne den Deckel abzunehmen, $1/4$ Stunde lang auf heißer Platte.

Topinamburknollen kann man in der Pfanne mit Butter braten oder in Salzwasser kochen und mit einer Eier-Sahnensauce anrichten.

Sehr empfehlenswert diätetisch ist die gelbe Rübe, Karotte (auch Mohrrübe genannt), doch soll sie zart unn jung sein. Von den Rüben wird das Kraut mitsamt etwas Rübensubstanz, ebenso die Spitzen, weggeschnitten, die Rüben werden dann gewaschen und einige Minuten in kochendes Wasser gelegt. Zur Entfernung der äußeren Haut bestreut man die auf einem Sieb abgetropften Karotten mit Salz und reibt sie in einem Tuch der Länge nach, bis sich die Haut ablöst. Hierauf werden die Rüben in frisches Wasser gelegt, um die Häutchen nebst überflüssigem Salz gründlich zu entfernen.

Man kann die Mohrrüben entweder dämpfen ($1/2$ Stunde lang mit etwas Salz, frischer Butter, wenig Fleischbrühe) oder richtet sie als Püree an.

Mohrrübenbrei (nach Hannemann).

125 g Mohrrüben,
25 g Butter, gehackte grüne Petersilie,

$^1/_4$ l kräftige Fleischbrühe,
1 Messerspitze geriebene Semmel,
1 Messerspitze Salz,
1 Messerspitze Zucker.

Die geschabten Mohrrüben schneidet man in Scheiben, kocht sie in der Brühe mit der Semmel weich und streicht sie durch ein Sieb. Der Brei wird mit der frischen Butter durchkocht und mit Zucker und Salz versetzt. Man serviert ihn mit gehackter Petersilie bestreut.

Ähnlich wie die Mohrrüben kann man auch die Schwarzwurzeln (d. h. die Wurzeln von Scorzonera hispanica) auch als Püree anrichten.

Zubereitung der Schwarzwurzeln nach (Wiel).

Ein Bündel Schwarzwurzel wird gewaschen, die schwarze Haut abgeschabt und dann gespalten und in ca. 4 cm lange Stücke geschnitten. Mit einem Eßlöffel Mehl und etwas kaltem Wasser rührt man einen Brei an, verdünnt ihn mit Wasser und etwas Essig und legt die präparierten Stücke Schwarzwurzel hinein, damit sie schön weiß bleiben. Dann bereitet man ein zweites Mehlwasser ohne Essig, läßt dasselbe zum Kochen kommen, salzt leicht, legt die Schwarzwurzel hinein und läßt sie langsam kochen. Das Geschirr hierzu soll gut verzinnt oder emailliert sein. Nun werden die abgetropften Schwarzwurzeln in einer Kasserolle, in welcher etwas frische Butter geschmolzen, mit wenig Mehl und Fleischbrühe ca. 20 Minuten weiter gekocht und zuletzt mit einem geschlagenen Eigelb und Butter gebunden. Die Schwarzwurzeln taugen nach Neujahr nichts mehr.

Spargel und Hopfensprossen sind diätetisch ebenfalls zu empfehlen.

Die Spargeln (und zwar die jungen) werden in kaltes Wasser gelegt, die Haut an der Spitze abgelöst, dann in kochendem Wasser zirka 20 Minuten, bis die Spargelköpfe weich erscheinen, gar gekocht. Zu Spargelsauce benützt man das Spargelwasser, mit welchem man etwas heiße Butter und Mehl in der Kasserolle verdünnt. Zusatz von geschlagenem Eigelb oder etwas Rahm gibt der Sauce ein gutes Aussehen und Geschmack. Man gestatte nur die Köpfe zu essen.

Die Hopfensprossen werden wie die Spargeln angerichtet, sind aber wegen des Hopfengeruches weniger angenehm.

Diätetisch viel Gebrauch macht man vom Spinat. Man kann indessen auch andere Kräutergemüse durchs Sieb schlagen lassen.

Als Bereitungsregeln empfiehlt sich nach Jürgensen folgendes Verfahren:

Die Kräuter werden geputzt, sehr weich gekocht, in Wasser abgetropft, abgedampft und getrocknet, im Mörser zerstampft und durchs Sieb gestrichen.

Das Püree soll möglichst trocken gehalten werden — wasserreichere Gemüse sind sehr sorgfältig zu trocknen —, eventuell muß Mehl oder ein mehliges Gemüse zugesetzt werden. Das Püree wird dann unter dauerndem Rühren mit Milch oder Rahm oder Butter versetzt; eventuell noch einmal aufgekocht und mit Eidotter abgerührt oder mit kalter Butter versetzt.

Kräuterpüree (aus Spinat, Salat, Sauerampfer, Löwenzahn, Kerbel usw.

500 g Kräuter,
1/8 l Brühe,
40 g Butter,
1/8 l Rahm.

Die Kräuter in Dampf gekocht, getrocknet, gestoßen, werden mit der Brühe verkocht, bis diese weggekocht ist — werden mit Butter und Rahm gerührt und gekocht — durchgestrichen — zuletzt auch noch mit etwas Butter abgerührt.

Gemüsepüree von Schoten, Spargel, Artischockenböden, grünen Bohnen, Blumenkohl, Strandkohl, Kardone usw.

500 g Gemüse,
1/8 l Brühe,
50 g Butter.

Die Gemüse in Dampf gekocht, werden zerstoßen — mit der Brühe gekocht — durchgestrichen — eingekocht — mit etwas frischer Butter stark gerührt — nochmals durchgestrichen — auch mit Rahm, mit etwas Mehl verquirlt, zu bereiten, anstatt mit Brühe.

Rübenpüree — Escoffier.

Die Rüben („Navets") zerschnitten, in wenig Wasser mit etwas Butter, Salz, Zucker sehr weich gekocht — werden durchgestrichen — mit etwas feinem Kartoffelpüree gebunden, bis auf passende Püreekonsistenz.

Schotenpüree à la St. Germain — Escoffier.

Die Erbsen werden in Wasser weichgekocht, mit Salz (10 auf 1000) und wenig Zucker — und etwas Salat und Petersilie — gut abgetropft — durchgestrichen — eingekocht — mit Butter (125 auf 1000) stark verrührt — zuletzt mit der, stark (zu Glace) eingekochten, Erbsenbrühe, nach Bedarf verrührt.

Vom Sauerkraut, wo durch Milchsäuregärung die Holzfaser erweicht ist, kann man unter Umständen diätetisch bei atonisch Obstipierten Gebrauch machen. Dazu sollte indessen auch das Sauerkraut gründlich 3—4 Stunden gekocht werden.

Ein sehr leicht verdauliches Gemüse ist der Blumenkohl, wenn man diejenigen Exemplare, bei denen die Blumen weiß und geschlossen sind, wählt. Der Blumenkohl wird in Salzwasser gekocht und mit einer dünnen Sauce angerichtet (man kann ihn auch als Püree, durchs Sieb geschlagen, anrichten, s. o.).

Obst.

Die Früchte zeichnen sich durch den Gehalt an gut assimilierbaren Kohlehydraten aus (Fruchtzucker, Traubenzucker). Ihr Wassergehalt ist groß, ihr Eiweißgehalt gering. Daneben enthalten die Früchte Fruchtsäuren, durch die sie den aromatischen Geschmack und Geruch erhalten. Der Salzgehalt der Früchte ist gering.

Da die Früchte zum Teil sehr zart sind und hauptsächlich aus Fruchtfleisch bestehen, sind sie im allgemeinen verdaulich, um so mehr als ihre Kohlehydrate leicht assimilierbar sind. Indessen trifft das nicht für alle Früchte zu. Diätetisch lassen sich die Früchte in vielfacher Form verwenden; als Fruchtauszüge:

Apfelwasser.

125 g Äpfel.
30 g Zucker,
250 g Wasser,
5 g Zitronensaft.

Der Apfel wird geschält, das Kerngehäuse ausgestochen — mit Zucker gefüllt — gebacken — mit dem Wasser zerquetscht, 20 Minuten hingestellt — die Flüssigkeit durch ein Stück groben Zeuges geseiht — mit Zitronensaft gewürzt.

Zitronenlimonade.

Saft und Schale von 1 Stück,
½ l Wasser,
60 g Zucker.

Der Saft der Zitrone wird ausgedrückt und gesüßt, mit der feinzerschnittenen Schale ½ Stunde hingestellt — durch ein Linnenstück filtriert — mit Wasser (oder Mineralwasser) verdünnt.

Mandelmilch.

100 g süße Mandeln,
50 g Zucker,
½ l Wasser,
Orangenblütenwasser.

Die Mandeln werden abgebrüht, geschält — mit der halben Portion Zucker und wenig Wasser zerstoßen, ganz fein — das übrige Wasser (kalt oder lauwarm) aufgegossen — gut verrührt — mittelst eines Stück starken Zeuges abgepreßt, nachdem die Mischung ¼ Stunde gestanden — mit dem übrigen Zucker gesüßt.

Nußmilch ebenso, aus Hasel-, Wallnüssen.

Blaubeerengetränk von getrockneten Beeren (nach Hannemann).

100 g Beeren,
40 g Zucker,
1000 g Wasser,
3 Eßlöffel Rotwein,
1 Dotter,
Kaneel.

Die abgespülten, in Wasser eine Stunde geweichten Beeren werden im Wasser eine Stunde gekocht — gesüßt — die durch ein Haarsieb geseihte Flüssigkeit mit dem Wein vermischt, mit dem Dotter verrührt.

Ferner als Fruchtsäfte:

Fruchtsaft, kalt (roh) **abgeseiht.**

Die Früchte (nur frische und besonders saftreiche Früchte) werden zerdrückt — 24 Stunden kalt gestellt — der Saft wird durch ein abgebrühtes und wieder abgekühltes Stück dichten Zeuges abgeseiht, ganz ohne Auspressen.

In gleicher Weise:

Apfelsinen-, Zitronensaft, kalt abgeseiht.
Kirschen-, Himbeerensaft, do.
Johannisbeeren-, Blaubeeren-, Holunderbeerensaft, do.
(Man bekommt in der Weise ca. $^3/_{16}$ l von ½ kg Früchte.)

Fruchtsaft, kalt (roh) **ausgepreßt.**

Die Früchte werden zerdrückt, 24 Stunden hingestellt — mit einem Preßtuch ausgepreßt, oder in einer Saftpresse — hierzu auch die Fruchtreste aus vorigem Rezept verwendbar, und jede andere härtere, festere Fruchtsorte — in eben dieser Weise:

Apfelsinen-, Zitronensaft, kalt ausgepreßt.

Kirschensaft, do.

Erdbeeren-, Brombeeren-, Maulbeerensaft, do.

Johannisbeeren-, Stachelbeeren-, Blaubeeren-, Schwarze-Johannisbeeren-, Holunderbeerensaft, do.

(Man bekommt damit ca. $\frac{1}{3}$ l Saft von $\frac{1}{2}$ kg Beeren.)

Fruchtsaft von frischen Früchten abgekocht und ausgepreßt.

Die Früchte (die verschiedensten verwendbar, wie auch die Abfälle von abgeseihtem Fruchtsaft) werden weichgekocht — mit $\frac{1}{2}$ l Wasser auf 1 kg Früchte — und zerstampft — der Saft mit einem Preßtuch ausgepreßt — in gleicher Weise:

Apfel-, Birnen-, Quittensaft, abgekocht, ausgepreßt.

Kirschen-, Zwetschgen-, Aprikosen-, Pfirsichsaft, do.

Erdbeeren-, Himbeeren-, Brombeerensaft, do.

Johannisbeeren-, Blaubeeren-, Holunderbeerensaft, do. usw.

(Man bekommt hiermit ca. $\frac{3}{8}$ l Saft von $\frac{1}{2}$ kg Früchten.)

Ferner als Fruchtpüree:

Fruchtpüreebereitung.

Die Früchte (geschält, von Kernen usw. befreit) werden zerstampft und durch ein Püreesieb gestrichen, mit Holzlöffel oder Stößer.

Die Früchte können, wenn genügend weich und saftig, in rohem Zustande genommen werden — müssen sonst erst weichgekocht oder gedämpft werden.

Getrocknete Früchte müssen vorher sehr lange Zeit (24—48 Stunden) aufgeweicht werden — und müssen sehr gar gekocht werden.

Als Fruchtsuppen z. B.:

Apfelpüreesuppe mit Dotter legiert.

650 g Äpfel
1000 g Wasser
30 g Dotter
100 g Zucker

Die Äpfel werden im Wasser weichgekocht — glatt geschlagen, durchgestrichen — mit den mit Zucker geschlagenen Dottern verrührt — mit Zwieback o. dgl. angerichtet.

Schließlich als Fruchtgelees, Creme etc.

Fruchtgelees mit Gelbei (nach Hannemann).

Es sind Säfte zu verwenden, die mit Zucker ausgekocht sind. Beispielsweise:

Johannisbeer-, Himbeer-, Kirsch-, Erdbeer- oder Apfelsinensaft.

1/8 l von den angegebenen Säften,
1 frisches Gelbei,
1 1/2 Blatt in Wasser eingeweichte, im Tuch eingedrückte Gelatine.

Gelbei, Fruchtsaft und Gelatine kommen in ein Töpfchen und werden im Wasserbade bis vor das Kochen gequirlt und alsdann kaltgestellt.

Blaubeersaftgelees (nach Dr. Lilienthal).

1/2 l Blaubeersaft ohne Zucker,
3 Eßlöffel Rotwein,
2 Gelbeier,
2 Plättchen Saccharin oder 30 g Zucker,
2 Blatt Gelatine,
1 Stück Zimt.

Der Blaubeersaft wird mit dem Zimt aufgekocht und ihm die in kaltem Wasser eingeweichte und ausgedrückte Gelatine zugefügt. Dann wird der Zimt entfernt. Wenn das Ganze abgekühlt ist, werden die Gelbeier unterrührt. Dann wird das Ganze zum Erkalten gestellt.

Zitronencreme nach (Hannemann).

2 Gelbeier,
2 Eßlöffel Schlagsahne,
50 g Zucker,
1 Eßlöffel Zitronensaft.
1 Blatt weiße Gelatine.

Die Gelbeier rührt man mit Zucker schaumig, dann fügt man die 5 Minuten in kaltem Wasser geweichte, ausgedrückte und darnach in dem Zitronensaft auf warmem Herd gelöste Gelatine hinzu und rührt zuletzt die Schlagsahne darunter. Statt Zitronensaft kann auch Apfelsinensaft oder 4 Eßlöffel Weißwein oder Arrak genommen werden.

Von den Orangen verwenden wir diätetisch die süßen (sog. Apfelsinen) entweder als rohe Frucht oder deren Saft oder als Apfelsinengelees (mit Gelatine, Weißwein und Zucker).

Vom Kernobst verwendet man diätetisch Äpfel und Birnen, roh, gekocht, event. in Musform (event. auch einen mit Zucker gekochten Brei von Quitten, die einen säuerlichen Geschmack haben).

Steinobst: Pfirsich, Aprikosen, Zwetschen, Pflaumen, süße und sauere Kirschen können roh oder gekocht als Kompott diätetisch in Frage kommen. Kirschen, Zwetschen und Pflaumen, gründlich mit Zucker gekocht, lassen sich durchs Sieb schlagen und als Mus anrichten. Oliven in Salz sind schwer verdaulich und daher besser zu meiden.

Vom Beerenobst verwenden wir: Weintrauben, Hagebutten, Johannisbeeren, Stachelbeeren, Preißelbeeren, Heidelbeeren, Himbeeren, Brombeeren, Erdbeeren, schwarze und weiße Maulbeeren, Feigen, Datteln. Die Weintrauben sollen roh ohne Kerne und Schalen genossen werden. Hagebutten lassen sich mit Zucker zu einem Brei verkochen, von den roten Johannisbeeren ist diätetisch empfehlenswert der säuerlich schmeckende Saft (kann auch zu Fruchtgelees Verwendung finden), desgleichen bei Heidelbeeren, Brombeeren und Himbeeren. Vorsicht mit dem Genuß von frischem Beerenobst bei Erkrankungen des Magendarmkanals! Die Feigen und Datteln können in geeigneten Fällen als Nachtisch verabreicht werden. Die Feigen haben speziell eine mild abführende Wirkung.

Unter den Schalenfrüchten sind die Mandeln, da sie uns zur Bereitung der Mandelmilch dienen und ebenso die Maronen, weil sie sehr stärkemehlreich sind, wichtig. Durch Braten wird das Mehl zum Teil in Zucker verwandelt, daher der süße Geschmack der gebratenen Maronen; zweckmässig ist das Maronenpüree, zu dem man auch das Kastanienmehl von Knorr in Heilbronn verwenden kann.

Maronenpüree (nach Wegele).

1 kg Maronen werden geschält und so lange in Wasser gekocht, bis sich die zweite Schale bequem ablösen läßt. Die Maronen werden auf ein Sieb gelegt, bis alles Wasser abgetropft ist, dann werden sie in einer Schüssel zerdrückt und darauf durch ein Haarsieb passiert. 100 g Butter werden auf dem Feuer in einer Kasserolle

zerlassen, etwas Salz und eine Messerspitze Zucker hinzugefügt, worauf die Maronen dazugetan werden. Man dämpft sie unter öfterem Umrühren $1/2$ Stunde lang und gießt dabei soviel Bouillon daran, bis es einen nicht zu dicken Brei gibt.

Von den Pilzen machen wir diätetisch wegen ihrer Schwerverdaulichkeit keinen Gebrauch.

Hier seien noch einige Winke für die Küche der Diabetiker gegeben.

E. Einige Prinzipien der Küche für Diabetiker.

Statt der Mehle wird feingestäubtes Aleuronat angewendet, besonders zur Bereitung von Suppen, Saucen und Gemüsen. Zum Süßen der Speisen benutzt man Saccharintabletten. Zur Herstellung eines Brotes für Diabetiker benützt man Aleuronat, das man zu gleichen Teilen mit Weizenmehl bezw. Roggenmehl mischt.

a) **Schwarzbrot I** (nach v. Winckler).

500 g Aleuronatmischung gibt man in eine erwärmte Schüssel, macht in der Mitte des Mehles eine Vertiefung, in der man mit sechs Eßlöffel voll aufgelöster Preßhefe und $1/8$ l lauwarmer Milch mittelst eines kleinen Holzlöffels einen feinen Teig anrührt, ohne das Mehl ringsherum hineinzuarbeiten. Wenn nun diese Hefe auf dem warmen Herd aufgegangen ist, gibt man zwei ganze Eier, drei Kaffeelöffel voll Salz und einen aufgehäuften Kaffeelöffel voll gestoßenes Brotgewürz — Piment, Koriander und Fenchel — an den Teig, klopft ihn mit $1/4$ l lauwarmer Milch tüchtig ab und läßt ihn in der Ruhe des warmen Ofens noch recht gut aufgehen, formt zwei gleich große Wecken daraus, streicht diese mit kalter Milch und bäckt sie im gut geheizten Rohre auf einem gewachsten Kuchenblech ungefähr 30—50 Minuten. Während des Backens muß das Brot wiederholt mit kalter Milch bestrichen werden.

b) **Schwarzbrot II** (nach v. Winckler).

Ingredienzien: 8 Eßlöffel voll Aleuronatmischung von Roggenmehl, 1 Päckchen (Oetkers) Backpulver, 1 Kaffeelöffel voll Salz, 2 Eier, 1 Kaffeelöffel voll gestoßenes Brotgewürz (s. u. a.) und kaltes Wasser oder kalte Milch.

Behandlung nach c).

c) **Weißbrot** (nach v. Winckler).

8 Eßlöffel voll Aleuronatmischung von Weizenmehl, 1 Päckchen Oetkers Backpulver und 1 schwachen Kaffeelöffel voll Salz mischt man gut durcheinander, gibt zwei ganze Eier darunter und klopft diese Masse mit etwas kalter Milch gut ab, gibt den Teig auf ein Brett, arbeitet ihn noch durch und formt 8 gleich große runde Brötchen davon. In den 8 Rundungen einer Ochsenaugenpfanne läßt man je 1 Eßlöffel voll zerlassener Butter heiß werden, gibt die Brötchen hinein und bäckt sie in gut geheizter Bratröhre auf beiden Seiten schön bräunlich.

Das Fleisch kann in jeder Form (gekocht, geröstet, geschmort, gebraten) angerichtet werden.

Als Fleischsauce empfiehlt sich folgende Grundsauce (nach Hannemann):

3 Gelbeier,
1/8 l Brühe,
2 Teelöffel Zitronensaft,
40 g flüssige Butter,
(eventuell etwas Saccharin).

Alle die angegebenen Zutaten kommen in einen Topf. Dieser Topf wird in kochendes Wasser gestellt, und es wird die Sauce so lange gequirlt, bis sie dicklich wird. Die Sauce kann verändert werden durch Hinzufügen von einem Teelöffel gehackten Dills, Petersilie oder Schnittlauch, Majoran, Kümmel oder Zwiebel, von drei gehackten Sardellen, von gehacktem Hering oder Tomaten sowie von Pilzen aller Art, wie Champignons, Morcheln usw.

Gemüse werden in Salzwasser gekocht und mit Butter angerichtet oder in holländischer Sauce serviert.

Im übrigen siehe die Kochbücher für Zuckerkranke und Fettleibige (z. B. F. v. Winckler, Wiesbaden 1906).

Anhang.

Nährpräparate.

Künstliche Nährpräparate haben unter physiologischen Verhältnissen keine Berechtigung in der Ernährung; sie sind, wenn überhaupt, nur bei Kranken indiziert und zwar dann, wenn es gilt, hochwertigere Nährstoffe in kleinem Volumen, in leicht löslicher und gut assimilierbarer Form einem Kranken beizubringen. Einen ausgedehnteren Gebrauch von den künstlichen Nährpräparaten pflegt man bei der Ernährung kranker Säuglinge zu machen.

Eiweißpräparate.

Dazu gehört nicht, wie gleich hervorgehoben sein mag, das Fleischextrakt.

Unter Fleischextrakt versteht man die zur festen Konsistenz eingedampfte Fleischbrühe aus Ochsenfleisch (nach dem Vorbilde von Justig Liebig). Ein Kilogramm Fleischextrakt enthält die löslichen Bestandteile von 45 kg Ochsenfleisch.

Ihr Wert beruht in den Extraktivstoffen, die die sekretorische Magenfunktion anregen. Liebigs Fleischextrakt enthält 20,5 % lösliches Eiweiß und 38 % Extraktivstoffe. Valentines Meat juice, der Fleischsaft Carno haben eine ähnliche Bedeutung wie Liebigs Fleischextrakt, desgleichen Brands Meat juice und die Präparate Toril und Fluid meat. Man verwende Fleischextrakt als Zusatz zu Bouillon, Suppen, Gemüsen, Saucen usw.

Als Eiweißpräparate zu beurteilen sind die folgenden Peptonpräparate: Pepton, Liebig, Kemmerich, Witte, Koch, Merck, Antweiler, Denayer, Eibel. Der Zweck dieser Präparate ist, dem Magen die Verdauung des Eiweißes abzunehmen; indessen eine spezielle Indikation in der Diätetik der Magenerkrankungen, peptonisiertes Eiweiß zu verabreichen, existiert nicht, da selbst bei fehlender Salzsäuresekretion des Magens koagulables Eiweiß im Darm soweit genügend abgebaut werden kann, um resorbiert zu werden.

Die Somatose, ebenfalls bis zu Albumosen abgebautes Eiweiß darstellend, mit einem Eiweißgehalt von 89—90 %, zeichnet sich durch leichte Resorbierbarkeit aus, macht indessen in größeren Mengen genossen, leicht Durchfälle.

Neuerdings haben die Höchster Farbwerke ein bis zu Aminosäuren und Peptiden abgebautes Eiweiß unter dem Namen Erepton in den Handel gebracht, das sich besonders zu Nährklistieren eignen dürfte.

Als Fleischpulver kommen Tropon und Soson in den Handel; das Tropon besteht aus Fleisch- und Fleischabfällen mit zerstoßenen Getreidekörnern versetzt, vom Pflanzeneiweiß Aleuronat, und Roborat. Sie eignen sich als Pflanzeneiweiß besonders zur Ernährung schwerer Diabetiker. Aus Milcheiweiß besitzen wir das Eukasin (Kaseinammoniak), Nutrose (Kaseinnatrium) und Plasmon (Kaseinnatriumbikarbonat). Sanatogen enthält außerdem noch glyzerinphosphorsaure Salze. Alle diese Milchpräparate sind sehr empfehlenswert. Sanatogen ist zwar ein teures aber sehr reines Eiweißpräparat.

Von sonstigen Eiweißpräparaten sollen noch die Eiereiweißpräparate: Nährstoff Heyden, ferner Protogen erwähnt werden, auch ein Gelatinepräparat, das Gluton.

Es sei hier eine Reihe derartiger Präparate nach Wegele zusammengestellt. Welches man von ihnen wählen will, bleibt Sache des Geschmacks; wir selbst bevorzugen für Diabetiker die Pflanzeneiweißpräparate, für andere Fälle die Milcheiweißpräparate. Diese Präparate sind durchaus nicht alle in Wasser löslich; sie quellen meist nur auf, doch lassen sie sich bequem zu flüssigen oder breiigen Speisen zusetzen.

100 g	Eiweiß	Wasser	Salze	Fette	Kohlehydrate	Kalorien	Preis
Sanatogen	95,0	?	?	—	—	390	3,20
Hämalbumin	95,4	—	4,6	—	—	390	3,40
Roborat	94,2	—	?	—	—	386	0,60
Hämatineiweiß (Dr. Plönies)	79,0	9,8	1,2	0.5	9,5	362	2,00
Tropon	90,0	8,5	0,8	0,15	—	370	0,60
Fersan	90,0	5,45	4,5	0,7	1,0	370	5,20
Aleuronat	91,4	—	0,7	—	—	357	0,20
Alkarnose	23,8	—	3,4	17,7	55,3	348	2,50
Somatose	81,4	10,0	6,7	—	—	382	5,00
Protylin	81,0	7,26	2,7	—	—	—	5,00
Plasmon	74,5	12,5	8,3	1,7	2,7	328	0,55
Galaktogen	73,3	9,1	6,6	0,4	—	300	0,50
Bioson	89,3	6,25	3,8	5,8	10,8	382	0,60
Liebigs Fleischpepton	58,0	30,0	7,0	—	—	238	1,80
Fleischsaft Puro	33,2	36,6	?	—	—	136	1,70

Zuntz hat die Präparate in bezug auf Kaufpreis und Nährwert geordnet. Man erhält

von Aleuronat	in 500 g	ca. 1785 Kalorien,
von Galaktogen	in 200 g	ca. 600 Kalorien,
von Roborat	in 166 g	ca. 645 Kalorien,
von Tropon	in 166 g	ca. 615 Kalorien,
von Bioson	in 166 g	ca. 637 Kalorien,
von Plasmon	in 180 g	ca. 600 Kalorien,
von Hämatineiweiß	in 50 g	ca. 180 Kalorien,
von Alkarnose	in 40 g	ca. 140 Kalorien,
von Liebigs Fleischpepton	in 55 g	ca. 130 Kalorien,
von Sanatogen	in 30 g	ca. 120 Kalorien,

von Fleischsaft Puro in 60 g ca. 80 Kalorien,
von Hämalbumin in 20 g ca. 80 Kalorien,
von Fersan in 20 g ca. 70 Kalorien,
von Somatose in 20 g ca. 65 Kalorien.

Wie weit in dem Gehalt einiger dieser Präparate an Hämatin, Eisen, Lezithin etc. spezielle Indikationen liegen, sei dahingestellt. Eisen, Hämoglobin etc. in Nährpräparaten zuzuführen, halten wir nicht für notwendig.

Unter den Kohlehydrat-Präparaten kommen in Frage die leicht resorbierbaren, feinst vermahlenen Mehle (s. d. Tabelle nach G. Klemperer). Sie bestehen hauptsächlich aus Stärke, von der ein kleiner Teil (etwa 10%) bei den Knorrschen und Hartensteinschen Mehlen aufgeschlossen ist.

	Wasser	Eiweiß	Fett	Kohlehydrate	Asche
Knorrsches Hafermehl	9,4	11,1	5,1	73,6	0,7
„ Reismehl	12,8	6,9	0,7	78,8	0,6
„ Gerstenmehl	10,9	7,9	1,4	77,5	1,4
„ Hafergrütze	10,5	14,1	5,5	67,9	2,0
„ Hafermark	7,2	10,6	6,2	74,3	1,7
„ Tapioka	7,9	—	—	91,9	0,2
„ Bohnenmehl	10,3	23,2	2,13	59,4	1,7
„ Erbsenmehl	10,4	25,2	2,01	57,2	2,9
„ Linsenmehl	10,4	25,5	1,8	57,3	2,6
Maizena	14,3	0,5	—	89,9	0,3
Mondamin	11,9	0,5	—	87,2	0,3
Arrow root	16,9	0,9	—	82,4	0,2

Hartensteins Leguminosenmehle kommen in vier verschiedenen Zusammensetzungen in den Handel:

Mischung I enthält 27 g Eiweiß, 62 g Kohlehydrate,
Mischung II enthält 21 g Eiweiß, 68 g Kohlehydrate,
Mischung III enthält 18 g Eiweiß, 69 g Kohlehydrate,
Mischung IV enthält 15 g Eiweiß, 72 g Kohlehydrate.

Als leichter verdaulich, d. h. aufschließbar und assimilierbar kann man die aufgeschlossenen, dextrinisierten Mehle verwenden, die in der Säuglingsernährung gute Dienste leisten; wir nennen nur Löfflund, Nestle, Kufeke, Timpe, Theinhardt, Rademann u. a. m. Diese Präparate enthalten daneben auch noch Eiweiß.

Als reine Malzpräparate nennen wir die Präparate von Liebe, Löfflund, Schering, Brunnengräber. Sehr brauchbar ist die Braunschweiger doppelte Schiffsmumme. Übrigens stellt der Honig mit einem Zuckergehalt von 80 % ein nahrhafteres Kohlehydrat dar als manche Malzpräparate mit einem Malzzuckergehalt von 50 %.

Die Malzbiere haben ebenfalls mit einem Extraktgehalt von 16—20 % einen höheren Nährwert als gewöhnliche Biere.

Als kombinierte Nährpräparate von zweckmäßiger Zusammensetzung bezeichnen wir die kohlehydratreichen Präparate, wie Hygiama, letzteres von gutem Geschmack; es besteht aus kondensierter Milch, präparierten Mehlen und, zum Teil entfettetem Kakao (22,8 % Eiweiß, 6,6 % Fett, 52,8 % lösliche Stärke und 10,5 % unlösliche Kohlehydrate); man kann es zweckmäßig mit Milch verabreichen. Ferner Odda, hergestellt aus Eigelb, Kakaofett, Molken, dextrinisiertem Mehle und löslichen Kohlehydraten. Odda M. R. enthält zudem noch Kakao. Schließlich Riedels Kraftnahrung (Mischung von Eigelb und Malz). Unter den Kakaopräparaten Merings Kraftschokolade (Kakao und Ölsäure), Rademanns Nährkakao (25 % Kohlehydrat und 21 % Fett.)

Sachregister.